Felix R. Paturi
Mathematische Leckerbissen

Felix R. Paturi

Mathematische Leckerbissen

Ein Buch für Querdenker

Patmos

Autor und Verlag danken Volker Berlenbach und Birgit Engelhard
für das Fachlektorat

Bibliografische Information der Deutschen Nationalbibliothek

Die Deutsche Nationalbibliothek verzeichnet diese Publikation
in der Deutschen Nationalbibliografie; detaillierte bibliografische Daten
sind im Internet über http://dnb.d-nb.de abrufbar.

Inhalt

Acht gute Gründe, die für dieses Buch sprechen

Warum sollte ein Buch über Mathematik erfolgreich sein, wo doch jedermann diesem typischen Schulfach mit tiefer Abneigung begegnet?

Und hatte nicht schon der große englische Physiker Stephen Hawking behauptet, dass jede mathematische Formel in einem Sachbuch die Verkaufszahlen um 50 Prozent senke?

Dass der Patmos Verlag es trotzdem wagt, dieses Mathematikbuch herauszugeben, dafür bin ich ihm als Autor sehr dankbar. Denn ich habe die Arbeit an diesem Buch geliebt, und ich bin mir sehr sicher, dass auch die Leser ihre helle Freude daran haben werden. Dafür gibt es eine Reihe guter Gründe:

1. Die Vermutung, dass sich der Großteil der Menschen in unserem Lande nicht für Mathematik interessiere, ist schlechtweg falsch. Das mag auf das schulische Unterrichtsfach Mathematik zutreffen, also auf die Art und Weise, wie Mathematik hierzulande gelehrt wird. Trockener geht es wirklich nicht. Als ich vor Jahresfrist einen Vortrag über die Mathematik des Goldenen Schnitts vor Laienpublikum in Marburg hielt, bekam ich frenetischen Applaus, und einige Zuhörer bekundeten spontan, so etwas Spannendes hätten sie lange nicht mehr gehört. Wiederholt hörte ich die Frage: Warum wird Mathematik in Schulen nicht *so* gelehrt?

Wie auch könnte ein Volk, das der Mathematik angeblich pauschal ablehnend gegenübersteht, ein wahres Sudoku-Fieber entwickeln, wenn es sich nicht eben doch für mathematische Herausforderungen begeistern ließe? Bücher über diese Zahlentüfteleien standen in den letzten Jahren wochenlang auf den ersten Plätzen der Sachbuch-Bestsellerlisten, und heute überschwemmen eigene Sudoku-Zeitschriften die Kioske und Supermarktregale. Wie könnten sich auch andere Zahlenrätsel verschiedenster Art so erfolgreich in Boulevardzeitschriften halten? Wie könnten Bücher wie jenes über den mathematisch äußerst komplexen Beweis von Fermats letzter Vermutung zu Weltbestsellern avancieren? Das mathematische Interesse unter Laien ist viel weiter verbreitet als allgemein angenommen.

In den USA, die bezüglich der Volksbildung bekanntlich noch weit hinter den Ländern Mitteleuropas hinterherhinken – rund 25 Prozent der Bevölkerung sind Analphabeten –, haben Bücher und Zeitschriften über »recreational mathematics« seit vielen Jahren Hochkonjunktur. Und die wenigen Übersetzungen von Werken dieses Genres ins Deutsche haben auch hierzulande eine große Fangemeinde. Ich erinnere nur an die Werke von Martin Gardner.

2. Wer auch immer mathematische Ausstellungen – etwa das Mathematikum in Gießen – besucht, wird feststellen, dass sich in deren Hallen das Publikum viel dichter drängt als in jedem Kunst- oder Geschichtsmuseum, und auch, dass dort viel größere Begeisterung zu spüren ist. Bei Spezialführungen bleiben oft kaum noch Plätze frei, und vor allem Vorträge vor Kindern beweisen, wie fasziniert selbst die Kleinsten mathematischen Themen folgen, wenn diese nur spannend genug vermittelt werden.

3. Wenn Hawking sagt, dass jede mathematische Formel in einem Sachbuch den Umsatz um 50 Prozent senkt, dann hat er damit im Prinzip recht – aber nur solange es eine oder einige wenige Formeln, Tabellen oder Diagramme bleiben. Werden es deutlich mehr, dann kehren sich die Verhältnisse erfahrungsgemäß um. Das ist kein mathematisches Paradoxon, es lässt sich sehr einfach erklären: Schon eine einzige Formel schreckt einen Mathematik-Phobiker so dramatisch ab, dass er das Buch augenblicklich aus der Hand legt. Das würde er aber ohnehin tun, allein wenn der Titel das Wort Mathematik enthält. Hier geht also kein Leser aufgrund einer Formel verloren. Andererseits schrecken auch die typischen Mathematikfans vor nur einer oder nur wenigen Formeln zurück. Das kann doch nichts Vernünftiges sein, denken sie. Mit einer einzigen Formel kann man schließlich nichts Interessantes anfangen. Genauso gut könnte man versuchen, ein Sachbuch über die Brillanz der französischen Sprache zu schreiben, in dem nur ein einziger französischer Satz vorkommt. Der Frankophile beißt erst an, wenn er seine geliebte Sprache in Fülle findet, und der Mathematikbe-

8

geisterte gibt sich nicht mit einer einsamen Formel zufrieden. Deshalb enthält dieses Buch auch mehr als nur eine Formel, ohne dabei allerdings das Wissen der gymnasialen Mittelstufe zu überschreiten. Und wem das formelmäßig nicht reicht, der wird am Anhang seine Freude haben, den andererseits der »normale« Leser ohne Verständniseinbußen übergehen darf.

4. Schulmathematik beschränkt sich weitgehend auf das trockene Erlernen von Lösungswegen anhand meist völlig uninteressanter Aufgaben. Glauben Sie mir: Wenn *das* Mathematik wäre, dann würden nur Masochisten diese Wissenschaft studieren. Wer will sich dergleichen ein Leben lang antun? Damit will ich nichts gegen das Fach Schulmathematik sagen. Es ist auch langweilig, zwei Jahre lang die Buchstaben eines Alphabets zu lernen und dann den Rest des Schülerlebens damit zu verbringen, diese Krakel zu Wörtern und ganzen Sätzen zusammenzustellen und damit geschriebene Texte lesen zu lernen. Aber auch Schreiben und Lesen lernt man schließlich nicht um ihrer selbst willen, sondern um sich damit einmal ganze faszinierende Welten erschließen zu können, vom Kriminalroman über spannende Reiseberichte bis zu Prominententratsch, den großen Klassikern der Weltliteratur und zu unterschiedlichster Fachliteratur.
Mit der Mathematik ist das nicht anders. In der Schule lernt man mühsam ihre Sprache und ihre »Grammatik«. In der Praxis ist sie ein großartiges Werkzeug für Forscher und Entdecker, Abenteurer, Illusionisten und sogar für Brückenbauer, Finanzgenies und politische Demagogen. Wie die geschriebene Sprache hat auch die Mathematik darüber hinaus ein unerschöpfliches Hobby- und Freizeitpotential.
Fasziniert schon der bloße Konsum mathematischer Rätsel Hunderttausende, so wird es doch erst richtig spannend, wenn man selbst mathematisch kreativ wird. Hier aber geht das Potential der Mathematik weit über das der geschriebenen Sprache hinaus. Lesen ist bestenfalls rekreativ. Selbst schreiben – sei es ein Brief, ein Tagebuch oder ein Roman, seien es Poesie oder Fachtexte – ist zwar kreativ, aber mehr als seine eigenen kreativen Gedanken kann man damit nicht ausdrücken. Kreative Mathematik hingegen ist wie eine Reise in unbekannte Gebiete: Hinter jeder Kurve, hinter jeder Bergkuppe tun sich unverhofft völlig neue Szenarien auf. Dabei stößt man manchmal überrascht auf

Bekanntes, das man aber gerade hier vielleicht überhaupt nicht vermutet hätte; ein anderes Mal steht man staunend vor völlig Neuem, bisher Unbekanntem. Oder man sieht sich plötzlich mit Problemen konfrontiert, wie ein Forschungsreisender, der sich unerwartet vor einem tiefen Canyon, einem grundlosen Moor oder einer steilen Felswand wiederfindet und sich der Herausforderung stellen muss, das Hindernis irgendwie zu überwinden. Anders als der kreative Umgang mit Sprache zwingt die Mathematik aber auch zu absoluter Disziplin. Eine Erzählung mag so viel Unsinn enthalten, wie sie will. Die Mathematik lässt Fehler ebenso wenig zu wie Extremsport. Ein falscher Verbremser in einem Formel-1-Rennwagen, ein falsch angefahrenes Tor beim Riesenslalom kosten nicht nur wertvolle Zeit, die Folge kann auch ein Totalschaden sein. Deshalb vermitteln eine meisterhaft beherrschte sportliche Disziplin oder ein gelungener und eleganter mathematischer Beweis eine viel intensivere innere Befriedigung und einen viel größeren Stolz auf die eigene Leistung als das Schreiben einer noch so schönen Geschichte. Bei Letzterer kann man einfach nicht so recht beurteilen, was man da eigentlich geleistet hat. Im Sport und in der Mathematik liegt das Ergebnis untrüglich auf der Hand.

Mein Buch will auch etwas von der Entdeckerfreude vermitteln, die nicht ausbleibt, wenn man sich ernsthaft mit mathematischen Themen befasst, und es will den Anreiz geben, auf diesem unerschöpflichen Gebiet selbst auf Abenteuersuche zu gehen. Glauben Sie mir: Der Garten der Mathematik ist größer als die ganze Erde. Auf unserem Planeten haben Forscher auch schon die letzten Winkel besucht und beschrieben. Große Entdeckungsreisen sind heute allenfalls noch in der Tiefsee oder im Erdinneren möglich. In der Mathematik gibt es aber noch unzählige völlig unbekannte Welten, wohin das Auge blickt. Viele von ihnen lassen sich mit einer Expeditionsausrüstung entdecken, die die Gymnasialmathematik nicht überschreitet. Auch das will mein Buch beweisen.

5. Die reine Unterhaltungsseite der Mathematik ist ein Faszinosum für sich. Da lassen sich mit Zahlen verblüffende Zaubertricks vorführen, die oft sogar den Experten zum Staunen bringen. Da stolpert man immer wieder mal in Irrgärten, groteske Situationen voller scheinbarer Widersprüche und ausweglose

Sackgassen und muss sehen, wie man irgendwie auf festem Boden weiterkommt. Und da begegnet man regelrechten Fata Morganas, die einem Dinge vorgaukeln, die es gar nicht geben kann.

6. Dann ist da noch die mathematische Ästhetik. Denken Sie nur an die Zauberwelten der Fraktalen oder an mathematische Formeln, die von Rechnern in sinnverwirrend schöne Computergrafiken verwandelt werden. In diesem Buch kommt die faszinierende Schönheit der Mathematik vor allem im Kapitel über den Goldenen Schnitt und in den Spielereien mit n-dimensionalen symmetrischen Körpern zum Ausdruck. Viel subtiler – weil nicht direkt bildhaft sichtbar, sondern versteckt in der Brillanz neu entdeckter mathematischer Zusammenhänge – äußert sich diese Ästhetik etwa auch in den Betrachtungen über Polygondiagonalen im Kapitel »Zahlenmystik« oder bei den inneren Gesetzmäßigkeiten magischer Würfel.

7. Zugleich schlägt das Buch Brücken zu Gebieten außerhalb der reinen Mathematik, etwa zur belebten Natur, zur Kunst, zum religiösen, mystischen und magischen Denken unserer Vorfahren oder zu philosophischen Fragen wie jener scheinbarer Paradoxa oder nicht transitiver Zusammenhänge.

8. Und schließlich gibt es hier jede Menge Neues, das auch der ausgefuchste Fan der »recreational mathematics« – leider gibt es offenbar noch keinen gängigen deutschen Begriff dafür – nicht kennen kann, weil es sich dabei um eigene Entdeckungen des Autors handelt, die bisher noch nirgends publiziert wurden.

Kakteen, Kunst und DNA

Es begann im Zoo

Als ich noch ein kleiner Junge war, gab es für mich Tage, an denen ich mich von kaum einem Erwachsenen richtig verstanden fühlte. Die meisten erwarteten von mir Dinge, die mir ziemlich unnötig erschienen, und was ich andererseits für sehr wichtig hielt, wollten sie einfach nicht begreifen. Eigentlich hat sich bis heute nicht viel an diesem Zustand geändert, aber als Erwachsener habe ich mich daran gewöhnt, damit zu leben. Es kümmert mich nicht mehr, wenn andere mich nicht verstehen oder was sie über mich denken, und ich kann mich auch besser verteidigen. Das ist einer der Vorteile des Älterwerdens. Man sieht zumindest außen aus wie ein Erwachsener und wird deshalb ernst genommen.

Jedenfalls gab es, als ich etwa 13 oder 14 Jahre alt war, wieder mal einen jener Tage, an dem ich mich unverstanden fühlte. Ich beschloss daher, gleich nach der Schule in den Zoo zu fahren und den Nachmittag bei den Tieren zu verbringen. Die würden mich besser verstehen als die meisten Erwachsenen. Wenigstens hörten sie mir besser zu, wenn ich etwas Wichtiges zu sagen hätte.

Nach einer endlos langen Straßenbahnfahrt mit zweimal Umsteigen kam ich an der Wilhelma an. Das ist der Stuttgarter Zoo,

---

Mathematik und Natur

Das Buch der Natur ist mit mathematischen Symbolen geschrieben.
GALILEO GALILEI, ITALIENISCHER PHILOSOPH, MATHEMATIKER UND PHYSIKER IM 16./17. JH.

Es ist unmöglich, die Schönheiten der Naturgesetze angemessen zu vermitteln, wenn jemand die Mathematik nicht versteht. Ich bedaure das, aber es ist wohl so.
RICHARD FEYNMAN, PHYSIKER

Wie ist es möglich, dass die Mathematik, letztlich doch ein Produkt menschlichen Denkens, unabhängig von der Erfahrung, den wirklichen Gegebenheiten so wunderbar entspricht?
ALBERT EINSTEIN, PHYSIKER

Die Mathematik ist eine Art Spielzeug, welches die Natur uns zuwarf zum Troste und zur Unterhaltung in der Finsternis.
JEAN-BAPTISTE LE ROND D'ALEMBERT, FRANZÖSISCHER MATHEMATIKER, PHYSIKER UND PHILOSOPH IM 18. JH.

In jeder reinen Naturlehre ist nur soviel an eigentlicher Wissenschaft enthalten, als Mathematik in ihr angewandt werden kann.
IMMANUEL KANT, DEUTSCHER PHILOSOPH IM 18. JH.

Nach unserer bisherigen Erfahrung sind wir zum Vertrauen berechtigt, dass die Natur die Realisierung des mathematisch denkbar Einfachsten ist.
ALBERT EINSTEIN

der schon damals einer der schönsten deutschen Tiergärten war. Aber ich erlebte eine herbe Enttäuschung. An dem sonnigen Sommertag hatte sich hier die Hälfte aller Stuttgarter getroffen.

Vor den Käfigen und Tiergehegen standen dichte Menschentrauben, und von beiden Seiten drängte es sich an die Gitter und Zäune. Ich fragte mich, wer hier eigentlich wenn angaffte. Ein Schimpanse versuchte sogar, zwischen zwei Gitterstäben eine junge Frau mit einer aufgebrochenen Banane zu füttern.

Normalerweise hätte ich darüber herzlich gelacht, aber an diesem Tag empfand ich die Szene nur als albern. Ich beschloss, in die Gewächshäuser zu fliehen. Die Wilhelma verfügt nämlich zugleich über einen beeindruckenden botanischen Garten. Weil es im Freien schon sommerlich heiß war, kletterten die Temperaturen unter den Glasdächern der Treibhäuser auf astronomische Höhen, und das trieb fast alle Besucher zu den Freigehegen. Wenigstens mit den Pflanzen war ich praktisch allein.

Wertfreie Mathematik

Drei Männer sitzen in einem Heißluftballon. Nach einiger Zeit stellen sie fest, dass sie sich verirrt haben. »Hallo! Wo sind wir?« - Nach einer Viertelstunde kommt eine Antwort: »Im Korb eines Ballons.«
Meint einer der Männer: »Das muss ein Mathematiker gewesen sein.«
»Woher willst Du das wissen", fragen die beiden anderen.
Daraufhin der erste: »Erstens hat er lange nachgedacht, zweitens ist seine Antwort absolut richtig, und drittens ist sie völlig wertlos.«

Kakteenfieber

An diesem Tag schloss ich die Kakteen in mein Herz. Nicht die großen schlanken Säulen hatten es mir angetan, sondern die stachelstarrenden massiven Kugeln. Sie strahlten jene innere Stabilität und unerschütterliche Ruhe aus, die mir selbst gerade an diesem Tag fehlte. Es kümmerte sie überhaupt nicht, was irgendjemand über sie dachte, und mit ihren Nadelpanzern signalisierten sie: »Wir sind unangreifbar.« Zugleich aber zeigten die zarten roten, gelben oder cremeweißen Blüten, mit denen sich selbst im Hochsommer noch einige von ihnen schmückten, dass sie tief in ihrem Inneren gar nicht so starr und widerborstig sein konnten, wie sie äußerlich schienen. Sie kamen mir vor wie gepanzerte mittelalterliche Ritter, die zarte Minnelieder singen.

14

Ein paar Tage später stand mein erster eigener Kaktus zu Hause auf meiner Fensterbank. Es war eine Mammillaria. Das Wort »Mamma« heißt eigentlich Warze. Bei meinem Kaktus handelte es sich also um einen Warzenkaktus. Lange hatte ich leider keine Freude an dem kleinen Kerl. Er verfaulte. Offenbar hatte ich ihn falsch gepflegt. Das musste sich ändern. Also kaufte ich mir ein Buch über Kakteen und ihre Pflege. Kein billiges kleines Handbuch für blutige Anfänger. Nein, ein richtiges, stattliches Buch für ernsthafte Kakteenzüchter. Das war äußerst leichtsinnig, denn natürlich verstand ich nicht die Hälfte. Also musste ich erst mal lernen, die Arten zu unterscheiden. Und damit fing der Ärger an. Es war von Unterscheidungsmerkmalen wie »Areolenstrukturen« oder »Antherenfarbe« die Rede. Und besonders bei Mammillarien las ich immer wieder etwas von Spiralzeilenverhältnissen. Da hieß es »Spiralzeilen meist 8 zu 13« oder »Spiralzeilen 13 zu 21, bei großen Exemplaren auch 21 zu 34«. Dabei fiel mir auf, dass sich immer wieder die gleichen Zahlenpaare fanden. Es waren 2 : 3, 3 : 5, 5 : 8, 8 : 13, 13 : 21 und 21 : 34. Offenbar hatte die Sache System. Und dieses System war überraschenderweise gar kein botanisches, sondern ein mathematisches. Ich schaute mir die Zahlen genauer an. Dass die größere Zahl eines solchen Verhältnisses immer zugleich die kleinere des nächsthöheren Verhältnisses war, fiel mir natürlich sofort auf. Und auch die Tatsache, dass die größere Zahl eines Verhältnisses immer die Summe beider Zahlen des nächstniedrigeren Verhältnisses war, fand ich schnell heraus. Dann fing ich an zu dividieren. Der Doppelpunkt zwischen den beiden Zahlen jedes Paares schien geradezu dazu einzuladen. Dabei entdeckte ich etwas Interessantes:

$2 : 3 = 0,6667;\quad 3 : 5 = 0,6000;\quad 5 : 8 = 0,6250;\quad 8 : 13 = 0,6154;$
$13 : 21 = 0,6190;\quad 21 : 34 = 0,6176.$

Höhere Zahlen kamen bei Kakteen kaum vor. Aber sie ließen sich ja mühelos mathematisch herleiten. Also machte ich weiter: $34 : 55 = 0,61818;\quad 55 : 89 = 0,61798;\quad 89 : 144 = 0,61806;$ $144 : 233 = 0,61803.$

Später lernte ich, dass diese Zahlenverhältnisse nicht nur bei Kakteen vorkommen, sondern auch bei anderen Pflanzen. In den Blüten sehr großer Sonnenblumen sind die einzelnen Anlagen für die späteren »Kerne« in $89 : 144$ Spiralzeilen angeordnet.

Diese Spiralzeilen lassen sich bei Kakteen direkt sehen und zählen. Immer laufen sie vom Scheitelpunkt als spiralig gewundene Linien von stachelpolsterbewehrten Warzen nach außen und dann – weiter spiralig – seitlich am Kakteenkörper hinunter. Dabei gibt es linkslaufende und rechtslaufende Spiralen. Weil die einen steiler und die anderen flacher angeordnet sind, ergeben sich unterschiedliche Anzahlen solcher Zeilen, je nachdem, welche man rund um den Kaktus herum zählt. Das also war das Geheimnis der Spiralzeilenverhältnisse.

Die Natur gehorcht Formeln ...

Mich aber ließ ihre Mathematik nicht mehr los. Vor allem die Spielerei mit dem Dividieren machte mir Spaß. Ich versuchte es einfach mal anders herum und teilte nicht $2 : 3$, $3 : 5$, $5 : 8$, $8 : 13$ usw., sondern $3 : 2$, $5 : 3$, $8 : 5$, $13 : 8$.

Was dabei herauskam, war für mich eine kleine Sensation. Je größer die Zahlen wurden, desto genauer galt offenbar ein mathematisches Gesetz, das ich dabei entdeckte. Ich will es mit den Divisionen $55 : 89$ und $89 : 55$ erklären. $55 : 89 = 0,618$ und $89 : 55 = 1,618$. Die verblüffende Übereinstimmung der Ziffern hinter dem Komma gilt hier zwar nur bis zur dritten Stelle, denn präzisere Werte sind $0,6179775$ und $1,6181818$; aber ich probierte es auch mit sehr großen Zahlen, und da stimmten immer mehr Nachkommastellen überein.

Also wagte ich den Schritt, eine allgemeine Formel aufzustellen. Ich nannte die kleinere Zahl a und die größere b. Dann musste für sehr große Zahlen gelten $b/a = a/b + 1$. Damit ließ sich sofort weiterarbeiten. Schrieb ich statt b/a einfach g, setzte also

16

$g = b/a$, dann war $g = 1/g + 1$, denn $b/a = a/b + 1$ lässt sich ja auch als $b/a = 1/(b/a) + 1$ schreiben. Weil $g = 1/g + 1$ unpraktisch ist, multiplizierte ich beide Seiten dieser Gleichung mit g, was ja mathematisch erlaubt ist. Also erhielt ich $g^2 = 1 + g$ oder, anders geschrieben $g^2 - g - 1 = 0$. Das ist eine quadratische Gleichung[1], und wie man die löst, hatte ich in der Schule gelernt. Für g ergab sich der Wert

$$g = (1 + \sqrt{5})/2 = 1{,}6180339887\ldots \quad [2]$$

Also war das Verhältnis $b : a = 1{,}6180339887\ldots$ Ob das stimmte, ließ sich ganz einfach überprüfen, denn ich wusste ja, dass $b/a = a/b + 1$ sein musste. Und $1/1{,}6180339887\ldots$ ist tatsächlich $0{,}6180339887\ldots$

... und die Kunst folgt ihr

Im Kunstunterricht hatte ich vom Goldenen Schnitt[3] gehört, einem Konstruktionsprinzip, nach dem die alten Meister wie TIZIAN, REMBRANDT, LEONARDO DA VINCI oder TINTORETTO ihre Bilder aufbauten. Wie sie dies allerdings genau machten, hatte ich in der Schule nicht gelernt. Aber ich wusste, was man unter der »Teilung nach dem Goldenen Schnitt« verstand. Eine Strecke c wird so geteilt, dass sich das größere Teilstück b zum kleineren Teilstück a genauso verhält wie die Gesamtstrecke zum größeren Teilstück. Also $b/a = c/b$. Nun ist aber $c = a + b$, und deshalb gilt $b/a = (a + b)/b = 1 + a/b$.

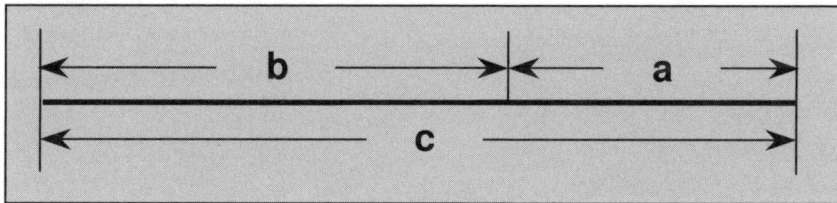

Bild 1
Teilung einer Strecke c nach dem Goldenen Schnitt

Das war genau dieselbe Gleichung, wie ich sie für die Kakteen herausgefunden hatte! Ich hatte also den Goldenen Schnitt in der Natur entdeckt, und darauf war ich mächtig stolz. Ich hatte ganz

---

[1] Siehe »Gleichung, quadratische« im Glossar
[2] Siehe »Wurzel« im Glossar
[3] Siehe »Goldener Schnitt« im Glossar

17

Bild 2 ▲
Der Warzenkaktus
(Mammillaria) im
oberen Bild hat 13
flache und 21 steile
Spiralzeilen.

Bild 3 ▶
Wenn man eine
Mammillaria von der
Seite betrachtet (un-
teres Bild), dann sieht
das Gitterraster, das
die Spiralzeilen bil-
den, fast eben aus.

18

Bild 4
Um 1568 malte T<small>IZIAN</small> sein Bild *Der Sündenfall.* Wie viele große Meister baute er es strikt nach den Prinzipien des Goldenen Schnitts auf.
Den flacheren Linien folgen die Äste und Zweige der Bäume, die Köpfe der Figuren, ihre Arme, Unterkörper, Knie und Fußknöchel.
In das steilere Linienraster fügen sich die Figuren von Adam und Eva in ihrer Körperhaltung ein. Und sogar das Gesicht und der Arm des hier als kleines Kind dargestellten Verführers passen sich dieser Richtung an.
Ich habe die Linien so eingezeichnet, dass sie der Haltung der Figuren folgen. Deshalb sind ihre Abstände unregelmäßig. Würde man die Raster in gleichmäßigen Abständen zeichnen, dann würde sich zeigen, dass auch hier – wie bei den Kakteen – auf 3 flachere ungefähr 5 steilere oder auf 5 flachere ungefähr 8 steilere Rasterfelder kommen.

allein etwas ungeheuer Bedeutendes herausgefunden, das offenbar niemand vor mir erkannt hatte. Ich schrieb damals sogar einen langen Beitrag für die Fachzeitschrift der Deutschen Kakteengesellschaft mit dem Titel »Der Goldene Schnitt in der Natur«. Und dieser Beitrag wurde tatsächlich gedruckt. Es war das Erste, was überhaupt von mir gedruckt worden ist. Und mein Name stand auch in dicken Lettern gleich nach der Überschrift.

Jahre später, als ich Hochfrequenztechnik studierte und mich ernsthafter mit Mathematik auseinandersetzte, musste ich etwas

Bild 5
Auch die Zapfen
von Nadelbäumen
sind genau nach
dem Goldenen
Schnitt aufgebaut.
Dieser Pinienzapfen
von einem Baum in
Italien hat 5 flache
Spiralzeilen und
8 steile (was man
allerdings nur fest-
stellen kann, wenn
man die Zeilen rund
um den Zapfen her-
um zählt).

Furchtbares erkennen. Ich hatte den Goldenen Schnitt in der
Natur zwar für mich selbst entdeckt, aber ich war damit keines-
wegs der Erste. Schon im 13. Jahrhundert hatte der italienische
Mathematiker LEONARDO AUS PISA, genannt FIBONACCI, die
Zahlenfolge 0, 1, 1, 2, 3, 5, 8, 13, 21, 34, 55, ... gefunden und
das Vorkommen dieser Zahlen in der Natur erkannt.

Bild 6
Nicht nur die Ananas mit ihren 8 flachen und 13 steilen Zeilen orientiert sich am Goldenen Schnitt, sondern viele Früchte.

Enttäuschung und Erkenntnisse

Zunächst einmal war ich wütend auf diesen mittelalterlichen italienischen Rechenknecht, der mir um fast ein Dreivierteljahrtausend zuvorgekommen war. Später aber war es genau diese Tatsache, die mir bewusst machte, was Mathematik wirklich ist. Bekanntlich ist es eine besondere Sprache mit sehr wenigen Schriftzeichen, die es uns gestattet, Dinge und Sachverhalte äu-

Mathematik und Gott

Das Wissen vom Göttlichen ist für einen mathematisch Ungebildeten unerreichbar.
NIKOLAUS VON KUES, KARDINAL, PHILOSOPH, MATHEMATIKER UND UNIVERSALGELEHRTER IM 15. JH.

Religion und Mathematik sind nur verschiedene Ausdrucksformen derselben göttlichen Exaktheit
MICHAEL FAULHABER, KARDINAL IM 20. JH.

Gott existiert, weil die Mathematik widerspruchsfrei ist, und der Teufel existiert, weil wir das nicht beweisen können.
ANDRÉ WEIL, FRANZÖSISCHER MATHEMATIKER IM 20. JH.

Das höchste Leben ist Mathematik. – Das Leben der Götter ist Mathematik. – Reine Mathematik ist Religion. – Wer ein mathematisches Buch nicht mit Andacht ergreift und es wie Gottes Wort liest, der versteht es nicht. – Alle göttlichen Gesandten müssen Mathematiker sein.
NOVALIS, DEUTSCHER DICHTER DER FRÜHROMANTIK IM 18. JH.

Die ganzen Zahlen hat der liebe Gott gemacht, alles andere ist Menschenwerk.
LEOPOLD KRONECKER, DEUTSCHER MATHEMATIKER IM 19. JH.

Können wir uns dem Göttlichen auf keinem anderen Wege als durch Symbole nähern, so werden wir uns am passendsten der mathematischen Symbole bedienen, denn diese besitzen unzerstörbare Gewissheit.
NIKOLAUS VON KUES

Gott ist ein Kind, und als er zu spielen begann, trieb er Mathematik. Sie ist die göttlichste Spielerei unter den Menschen.
V. ERATH, DEUTSCHER MATHEMATIKER

Eine Gleichung hat für mich keinen Sinn, es sei denn, sie drückt einen Gedanken Gottes aus.
SRINIVASA RANAMUJAN, INDISCHER MATHEMATIKER IM 19./20. JH.

ßerst exakt zu beschreiben. Das allein wird dem eigentlichen Geist der Mathematik aber überhaupt nicht gerecht. Mathematik ist die einzige Sprache, die mir antwortet, wenn ich sie benutze. Mit bloßen Worten kann ich sagen, so viel ich will, sie werden mich niemals korrigieren, und sie werden mich auch von sich aus niemals etwas lehren. Die mathematische Sprache macht mich dagegen auf Fehler aufmerksam, die mir unterlaufen. Falsche mathematische Aussagen sind einfach nicht stimmig, und meistens lassen sie sich nur allzu leicht auf ihre Richtigkeit hin überprüfen.

Aber die Sprache der Mathematik haut mir nicht nur auf die Finger, wenn ich etwas Falsches sage. Sie führt mich auch weiter. Ich hatte einfach mit Spiralzeilen von Kakteen gespielt. Nur weil ich versucht hatte, diese Zeilen mathematisch zu beschreiben, erfuhr ich ihr ganzes Geheimnis, also das ihnen zugrunde liegende Prinzip. Der Geist der Mathematik führte mich zur Erkenntnis der Wahrheit. Und nicht nur mich, sondern natürlich auch jeden anderen, der ihn ernsthaft befragt; warum also nicht auch den Italiener, der vor über 700 Jahren eine ähnliche Frage gestellt hatte. Sicher hatte sich Fibonacci nicht um die Spiralzeilen von Kakteen gekümmert, denn Kolumbus hatte ja damals Amerika noch nicht entdeckt, und Warzenkakteen sind nun einmal nur jenseits des Atlantiks zu Hause.

Aber Fibonacci wird vielleicht versucht haben, einen Pinienzapfen mathematisch zu beschreiben, oder den Stamm einer Palme oder die Blüte einer Sonnenblume oder ...

Vor den Naturwissenschaftlern kamen die Mystiker

Seit meinen Erfahrungen mit den Kakteen sind Jahrzehnte ins Land gegangen. Aber das Thema »Goldener Schnitt« ist mir auch später immer wieder über den Weg gelaufen. Seither habe ich viel darüber hinzugelernt. Inzwischen ist mir auch bewusst geworden, dass zwar die alten griechischen Mathematiker-Philosophen den Goldenen Schnitt schon vor mehr als zwei Jahrtausenden kannten, dass aber die wahren Wurzeln der Erkenntnis noch viel weiter zurück reichen. Vor fast 5000 Jahren schon verehrten die alten Kulturen Mesopotamiens ein magisches Symbol: das Pentagramm.

Seit dieser Zeit war und ist es in zahlreichen Kulturkreisen ein Glück, Wohlstand und Gesundheit verheißendes Amulett, ein Zeichen göttlichen Schöpfergeistes, ein Attribut verschiedener Götter, Hoheitsemblem zahlreicher Staaten, vom vorchristlichen Stadtstaat Jerusalem bis zum Symbol der islamischen Welt. Die alte UdSSR, die USA, die Volksrepublik China und die Europäische Gemeinschaft haben das Pentagramm gleichermaßen in

Bild 7
Seit jeher gilt das Pentagramm in vielen Kulturkreisen als heiliges Zeichen, als Symbol für die Schöpfung, als Schutz vor dem Bösen und als Glück und Gesundheit bringender Talisman.

Gestalt eines fünfzackigen Sterns auf ihre Fahnen geschrieben. Goethes Faust bannte Mephisto mit dem Pentagramma, und in der New-Age-Bewegung gilt es wie schon vor Jahrtausenden als Schutz vor allem Bösen. Die christliche Kirche sah früher darin ein heiliges Symbol für die fünf Kreuzigungswunden Christi. Als solches ziert es, in Stein gehauen, noch heute so manche Kirche. In unserer Zeit freilich ist es dem Klerus nicht mehr ganz geheuer, nachdem auch die Anhänger magischer Sekten dieses Emblem für sich beanspruchen. Als »Drudenfuß« wurde es sogar zum Symbol des Teufels umgemünzt.

Was hat das Pentagramm mit dem Goldenen Schnitt zu tun? Ganz einfach: Zu ausnahmslos allen seinen Teilstrecken enthält es andere Strecken, die dazu im Verhältnis des Goldenen Schnitts stehen.

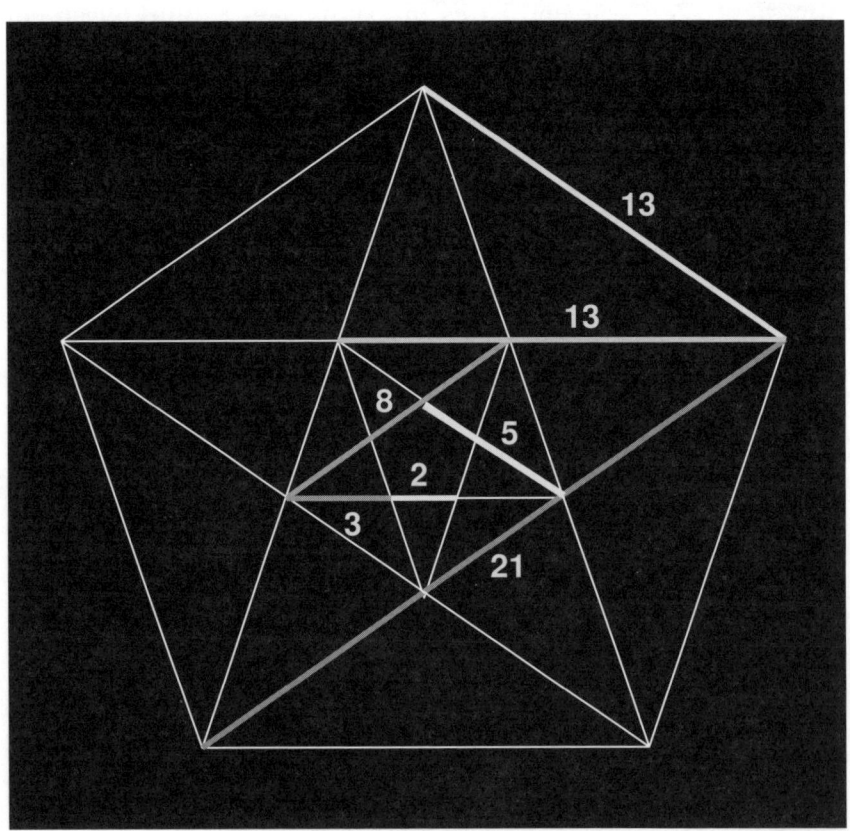

Bild 8
Zu jeder Strecke, die sich in einem Pentagramm finden lässt, gibt es andere Strecken, die dazu entweder im Verhältnis 1 : 0,61803... oder im Verhältnis 1 : 1,61803... stehen. Außer auf die kürzesten und längsten Strecken trifft sogar immer beides zu.

Bild 9
Blüten bevorzugen Kronblattzahlen, die den Zahlen der Fibonacci-Folge entsprechen:
1, 2, 3, 5, 8, 13, 21, 34, 55 ... Diese Zahlen sind aber auch sonst in der Natur häufiger als andere Zahlen, sei es bei der Rippenzahl vieler Kakteen, bei der Schuppenstellung von Nadelbaumzapfen, bei der Stellung der Blätter von Palmen am Stamm oder etwa beim Aufbau der Ananas-Früchte.

25

Und weil der Goldene Schnitt in der belebten Natur weit verbreitet ist, finden sich regelmäßige Fünfeckformen hier besonders häufig.

Blüten mit fünf Kronblättern sind mit Abstand die häufigsten Blüten. Aber ganz grundsätzlich bevorzugen die Pflanzen die Fibonacci-Zahlen: Blüten mit 1, 2, 3, 5, 8, 13, 21, 34, 55 ... Kronblättern sind viel öfter zu finden als solche mit anderen Zahlen (gärtnerische Neuzüchtungen mit sogenannten gefüllten Blüten ausgenommen).

Biologen und auch Mathematiker haben immer wieder versucht, einen Grund dafür zu finden, warum die Natur die Fibonacci-Zahlen favorisiert. Neuere Untersuchungen gehen davon aus, dass immer dort, wo Spiralzeilen wie bei den Stachelpolstern der Kakteen im Spiel sind, die Natur einfach versucht, optimale Raumnutzung zu betreiben, also etwa auf einer fest vorgegebenen Oberfläche möglichst viele Stachelpolster, Blätter, Schuppen von Nadelbaumzapfen und so weiter unterzubringen.

Modellversuche zum Beispiel mit der Verteilung einander abstoßender – weil elektrisch geladener – Öltröpfchen, die nacheinander auf dieselbe Stelle einer ebenen Blechplatte getropft wurden, scheinen diese Gedanken zu bestätigen. Aber mir reicht das nicht als Erklärung. Denn auf 3-, 5-, 8- oder 13-blättrige Blüten trifft das kaum zu. Hier stehen alle Kronblätter in einer Ebene, und das wäre auch der Fall, wenn es 7, 9 oder 11 wären. Diese Zahlen gibt es aber in der Natur so gut wie gar nicht. Und was machen die Fibonacci-Zahlen im Tierreich? Warum trifft man auch hier häufig eine fünffache Strahlensymmetrie, etwa beim Seestern oder beim Seeigel?

Zahlreiche Autoren haben auch nachgewiesen, dass viele Körperproportionen des Menschen recht genau dem Goldenen Schnitt folgen. Auch das kann das Öltröpfchen-Modell nicht erklären. Andere haben gezeigt, dass zum Beispiel die meisten Schmetterlinge mit ausgebreiteten Flügeln genau in Rechtecke

Beobachten und Denken

Die Mathematik ist das Instrument, welches die Vermittlung bewirkt zwischen Theorie und Praxis, zwischen Denken und Beobachten: Sie baut die verbindende Brücke und gestaltet sie immer tragfähiger.

DAVID HILBERT, DEUTSCHER MATHEMATIKER IM 19./20. JH.

26

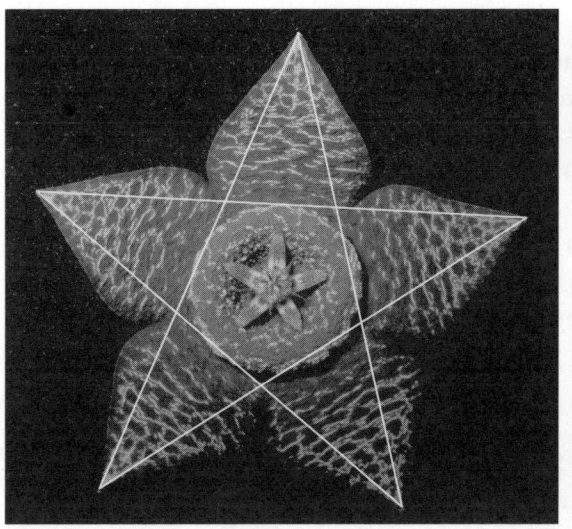

passen, deren Seitenverhältnisse den Proportionen des Goldenen Schnitts entsprechen. Die Literatur ist überreich an verschiedensten Beispielen.

Manche Musiktheoretiker gehen davon aus, dass der Goldene Schnitt – sowohl im Tonintervallverhältnis wie bei den geometrischen Abmessungen von Resonanzkörpern wie etwa der Geige – auch das Klangerlebnis harmonisch optimiert.

Die offensichtlich große Verbreitung des Goldenen Schnitts in vielen Bereichen der Natur, der Kunst und der Mystik führte 1927 den Rumänen MATILA COTIESCU GHYKA dazu, diese Proportionen als das »fundamentale Geheimnis des Universums« zu betrachten und das Pentagramm als eine seiner offensichtlichen Ausprägungen.

Das Pentagramm am Anfang des Lebens

Als um 450 v. Chr. der griechische Naturphilosoph HIPPASOS VON METAPONT die Bedeutung des regelmäßigen Fünfecks für die Geometrie darin erkannte, dass sich aus zwölf solchen Fünfecken ein regelmäßiger Körper aufbauen lässt, und als er das auch noch veröffentlichte, waren die Pythagoräer – ein Philosophengeheimbund, dem er selbst angehörte – darüber so erbost, dass sie ihn deshalb der Überlieferung nach ertränkt haben sollen. Er hatte ihr Weltbild zerstört, dass sich das gesamte Univer-

Bilder 10, 11
Die fünfsternigen Blüten vieler Aasblumengewächse haben im Zentrum einen Ring – ein »Hymen« –, der sich genau in die Proportionen des Goldenen Schnitts im Pentagramm einfügt. Und dieser Seestern unterstreicht seine fünfzählige Symmetrie noch dadurch, dass die Zeichnung in seiner Mitte ein regelmäßiges Fünfeck mit eingeschriebenem Pentagramm zeigt.

27

sum ausschließlich aus geraden Zahlen erklären lassen würde. Auf die unbelebte Natur trifft das weitgehend zu, denn Kristallsysteme zum Beispiel bauen niemals fünfstrahlige Symmetrien auf. Ist die Fünf, sind vor allem das Pentagramm und der Goldene Schnitt also ein Fundament der belebten Natur?

Ich begann, nach den Grenzen des Lebens zu suchen. – Die einfachsten Formen, die Viren, gelten vielen Naturwissenschaftlern als eine Art Übergang zwischen unbelebter und belebter Natur,

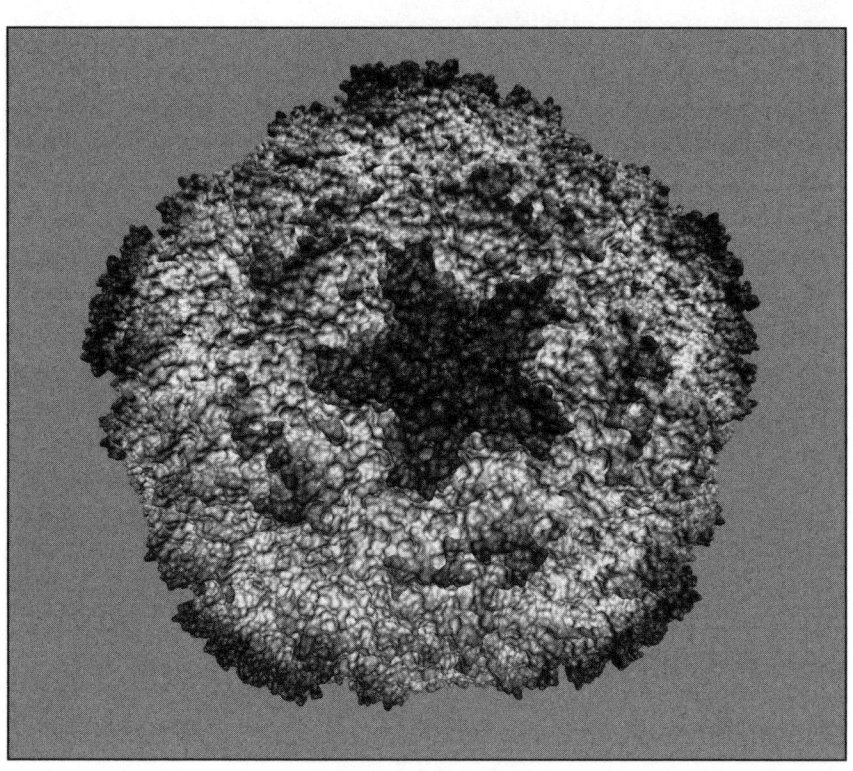

Bild 12
Das Rasterelektronenmikroskop bringt es an den Tag: Viele Viren haben die Gestalt eines Pentagondodekaeders, also eines raumsymmetrischen Körpers, der von 12 regelmäßigen Fünfecken begrenzt ist. Als wollte die Natur das Pentagramm-Prinzip auch hier bewusst unterstreichen, zeigt das abgebildete Virus auf jeder seiner Fünfeckflächen den berühmten fünfzackigen Stern.

und oft werden Viren sogar als »lebende Kristalle« bezeichnet. Aber viele dieser »Kristalle« zeigen ganz deutlich fünfstrahlige Symmetrien und bilden räumlich sogar genau den regelmäßigen Körper aus, wegen dessen Hippasos vermutlich ermordet wurde. So rein anorganisch-kristallin sind sie also doch nicht.

Die Viren brachten mir also nichts Neues. Ich musste noch weiter zurückgehen. Also beschloss ich, beim Grundbaustein des Lebens selbst anzusetzen, beim Molekül der DNA, bei der geometrischen Struktur der Erbsubstanz also.

Die DNA besteht bekanntlich aus zwei ineinander verschränkten Wendeln, die den Schraubengängen eines Gewindebolzens ähneln. In Achsrichtung sind beide Wendel so gegeneinander versetzt, dass die eine Wendel die Umlauflänge der anderen ganz genau im Goldenen Schnitt teilt! Und die Wendelumlauflänge und der Durchmesser der DNA-Schraube stehen ebenfalls im Verhältnis des Goldenen Schnitts zueinander!

Aber es geht noch viel weiter. Die Wendellänge beträgt 34 Ångström (0,0000034 Millimeter). Beide Wendel sind in regelmäßigen Abständen durch Brücken (Basenpaare) miteinander verbunden, die den eigentlichen genetischen Code ausmachen. Die Distanz zwischen zwei »Basenpaarstäbchen« beträgt 3,4 Ångström. Das bedeutet, dass auf jeden Wendelumlauf zehn Stäbchen entfallen (das erste und das letzte zusammen nur einmal gezählt). Diese äußerst präzise Teilung und der der gegenseitige Versatz der beiden Wendel nach dem Goldenen Schnitt führen dazu, dass ein Blick längs der Achse der DNA-Doppelschraube zwei ineinander verschränkte Pentagramme zeigt! Würde das Teilungsverhältnis nicht genau stimmen, dann wären die Spitzen der fünf Ecken nicht geschlossen. Und entfielen nicht genau zehn Basenpaare auf einen Wendelumlauf, dann käme überhaupt keine regelmäßige Fünffachsymmetrie zustande.

Es ist eindeutig: Sowohl die Goldene Proportion wie das Pentagramm sind geometrisch bereits im Grundbaustein des Lebens fest angelegt. Mit Fug und Recht lässt sich deshalb von der grundlegenden Geometrie der Schöpfung sprechen. Liegt hier das »fundamentale Geheimnis des Universums«, wie Ghyka es nannte?

LE CORBUSIER mutmaßte im Zusammenhang mit dem Goldenen Schnitt: »Hinter der Mauer spielen die Götter. Sie spielen mit Zahlen, aus denen das Universum gebildet ist.« – Ist der Blick in die Geometrie der DNA ein Blick hinter die göttliche Mauer?

Offensichtlichkeiten und unwiderlegbare Mathematik

Unwiderlegbarkeit – dein Name ist Mathematik. Sollen sich die Vertreter der Naturwissenschaften mit Offensichtlichkeiten zufriedengeben, der Mathematiker braucht den Beweis.

WILLARD VAN ORMAN QUINE, US-Philosoph und Logiker (1908 – 2000)

Bild 13 (nächste Seite)

Die Doppelwendel der DNA ist in mehrfacher Beziehung genau nach dem Goldenen Schnitt aufgebaut.

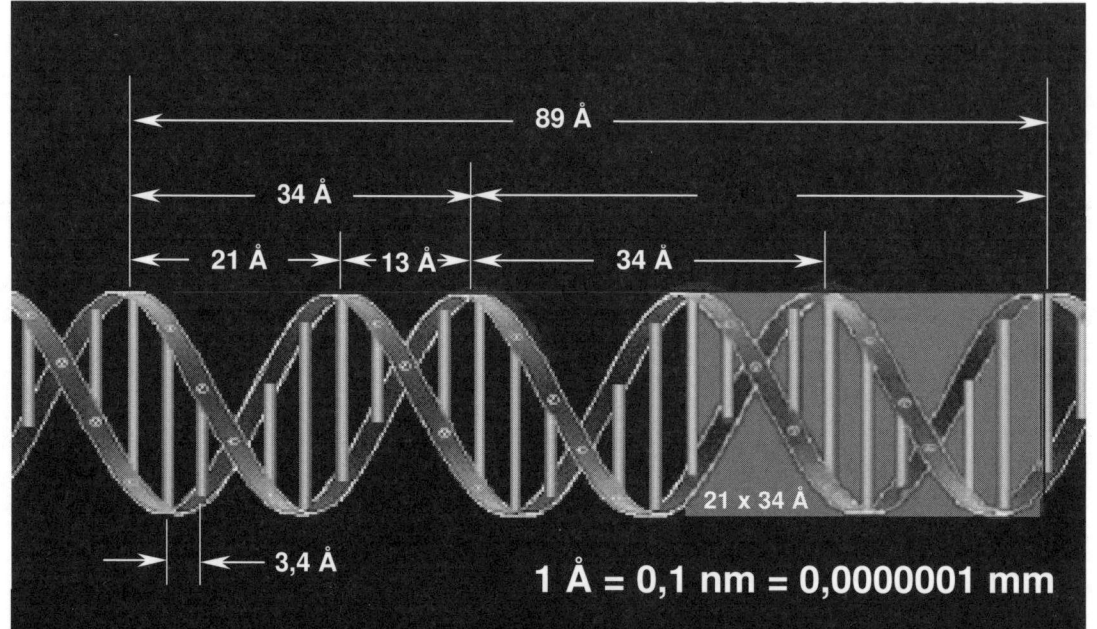

89 Å

34 Å

21 Å — 13 Å — 34 Å

21 x 34 Å

3,4 Å

1 Å = 0,1 nm = 0,0000001 mm

Die beiden Wendel der DNA sind so gegeneinander verschoben, dass ihre gegenseitigen Abstände längs der Achse genau eine Teilung nach dem Goldenen Schnitt ausmachen. Auch die Länge eines Wendelumgangs verhält sich zum Durchmesser der Doppelhelix (grau hinterlegtes Rechteck) nach dem Goldenen Schnitt. In Å gemessen sind die eingetragenen Dimensionen direkt Fibonacci-Zahlen (13, 21, 34, 55, 89).

Schaut man axial in die Doppelhelix hinein (links), dann zeigen sich die Basenbrücken als zwei ineinander verschränkte Pentagramme.

DNA

Spielereien mit Dimensionen

Ein halbes Jahrhundert

1963 schrieb ich meine Diplomarbeit über ein Thema der Informatik. Die Welt war vor fast einem halben Jahrhundert in vielem anders als heute. Die Autobahnen waren leer, und so manche Landstraße war noch nicht asphaltiert. Die wenigen Flugzeuge brummten behäbig mit Propellerantrieb übers Land. In den Küchen brannten zur Mittagszeit Gasherde, und so etwas wie Mikrowellengeräte oder Geschirrspülmaschinen gab es noch gar nicht. Die ersten Stereoschallplatten waren gerade mal ein paar Jahre alt, und in den Büros löste hier und da eine hochmoderne Kugelkopfschreibmaschine die alten typenhämmernden Gusseisenmonster ab. Die Industrie fand kaum genug Mitarbeiter, denn so etwas wie Roboter und Fertigungsautomaten beherrschten die Fabrikhallen noch nicht. Deren Geburtsstunde schlug soeben erst.

Wer als Hausbesitzer einem erwachsenen, in wilder Ehe lebenden Pärchen eine Wohnung vermietete, der machte sich wegen Kuppelei strafbar. Wir Studenten besuchten die Vorlesungen in Anzug und Krawatte und redeten uns untereinander mit Sie an. Einer der führenden Hochfrequenztechniker seiner Zeit, Professor Zinke, hatte uns in einer zweisemestrigen Vorlesung rundweg alles über Elektronenröhren beigebracht und erklärte dann zum

Nichts ist einfacher als Mathematik

Eine mathematische Wahrheit ist an sich weder einfach noch kompliziert, sie ist.
ÉMILE LEMOINE, FRANZÖSISCHER MATHEMATIKER (1840 – 1912)

So seltsam es auch klingen mag, die Stärke der Mathematik beruht auf dem Vermeiden jeder unnötigen Annahme und auf ihrer großartigen Einsparung an Denkarbeit.
ERNST MACH, ÖSTERREICHISCH-UNGARISCHER PHYSIKER UND WISSENSCHAFTSTHEORETIKER (1838 – 1916)

Die Mathematik gehört zu jenen Äußerungen menschlichen Verstandes, die am wenigsten von Klima, Sprache oder Traditionen abhängen.
ILJA EHRENBURG, RUSSISCHER SCHRIFTSTELLER (1891 – 1967)

Ich glaube, dass es, im strengsten Verstand, für den Menschen nur eine einzige Wissenschaft gibt, und diese ist die reine Mathematik. Hierzu bedürfen wir nichts weiter als unseren Geist.
GEORG CHRISTOPH LICHTENBERG, DEUTSCHER MATHEMATIKER UND PHYSIKER IM 18. JH.

Bisher konnte noch nicht bewiesen werden, dass irgendetwas in der Mathematik schwierig ist.
NORBERT A'CAMPO, ZEITGENÖSSISCHER SCHWEIZER MATHEMATIKER

Mathematik ist Phantasie und Poesie

Ein Mathematiker, der nicht irgendwie ein Dichter ist, wird nie ein vollkommener Mathematiker sein.
KARL THEODOR WILHELM WEIERSTRAß, DEUTSCHER MATHEMATIKER IM 19. JH.

Wir Mathematiker sind die wahren Dichter, nur müssen wir das, was unsere Phantasie schafft, noch beweisen.
LEOPOLD KRONECKER, DEUTSCHER MATHEMATIKER IM 19. JH.

Die Phantasie arbeitet in einem schöpferischen Mathematiker nicht weniger als in einem erfinderischen Dichter.
JEAN-BAPTISTE LE ROND D'ALEMBERT, FRANZÖSISCHER MATHEMATIKER IM 18. JH.

Ohne Phantasie wird man nie Mathematiker.
SOPHUS LIE, NORWEGISCHER MATHEMATIKER IM 19. JH.

Durch mein Fach bin ich an bestimmte Arten der Vollkommenheit gewöhnt. Eine davon ist die Mathematik, die, wenn man tiefer in sie eindringt, das Sphärische hoher Poesie aufweist, ohne das Unvorhersehbare und, wenn wir ehrlich sind, das sumpfig Menschliche.
CEES NOOTEBOOM, NIEDERLÄNDISCHER LITERAT, GEBOREN 1933

Mathematik beinhaltet nicht nur Wahrheit, sondern auch allerhöchste Schönheit – eine Schönheit kühl und streng wie die einer Marmorstatue, ohne Wirkung auf jenen Teil unserer Natur, den wir den Trieben zurechnen, ohne den glänzenden Staat, wie ihn die Malerei und Musik machen können, aber von erhabener Reinheit und fähig zu strengster Vollendung, wie sie nur ganz große Kunst aufweist. Das Wesen des Entzückens, das Außersichsein, das Gefühl, mehr zu sein als ein Mensch, was ja ein Prüfstein höchster Leistung ist, ist in der Mathematik ebenso sicher zu finden wie in der Dichtkunst.
SIR BERTRAND RUSSELL, BRITISCHER MATHEMATIKER UND PHILOSOPH (1872 – 1970)

Abschluss: »Seit neuestem gibt es auch sogenannte Transistoren. Aber damit brauchen Sie sich nicht ernsthaft zu beschäftigen, denn die werden sich großtechnisch niemals durchsetzen. Ihre Produktion liefert bis zu 80 Prozent Ausschuss, als elektronische Verstärker sind sie ebenso schlecht wie als Schalter unzuverlässig. Und außerdem eignen sie sich nur für winzige Leistungen.«

Ich hatte damals zwei Diplomarbeitsthemen in die nähere Auswahl gezogen. Zum einen die Entwicklung eines kleinen Computers mit elektrischen Relais als Schaltelementen, der nichts anderes können sollte als Tic-tac-toe spielen. Das wäre die Hardware-Umsetzung einer aus heutiger Sicht lächerlich einfachen Programmierungsaufgabe gewesen und wurde kurz darauf als Doktorarbeit vergeben.

Maschinen lernen lesen

Das zweite Thema, für das ich mich dann entschied, hatte die Universität Darmstadt, die damals noch Technische Hochschule hieß, zusammen mit dem Fernmeldetechnischen Zentralamt der Deutschen Post ausgeschrieben. So etwas wie die Deutsche Telekom gab es noch nicht. Es handelte sich bei der Arbeit um die ersten Gehversuche, Schriftzeichen maschinell zu lesen. Heute ist das längst ein Standardverfahren, mit dem täglich Abermillionen Adressatenanschriften erkannt und die Postsendungen sortiert und den Zustellbereichen zugeordnet werden.

Meine Aufgabe bestand darin, zunächst einmal Grundkriterien für die Schriftlesbarkeit zu erarbeiten. Dabei ging es vor allem um fünf zunächst voneinander unabhängige Parameter, die – jeder einzeln – das Lesen einer Schrift erschweren können: 1. zu geringer Helligkeitskontrast der Schrift gegenüber dem Hintergrund, 2. teilweises Fehlen von Schriftelementen (etwa Kugelschreiberaussetzer oder Flecken auf den Buchstaben), 3. verschieden starke Schräglage einzelner Buchstaben, 4. Entstellungen der Buchstabenform, 5. verschieden starke Abweichungen einzelner Buchstaben von der Schreibzeile.

Natürlich beeinflussen sich die einzelnen Parameter auch gegenseitig. Je stärker die eine Abweichung ausgeprägt ist, desto geringer werden die Toleranzgrenzen für die anderen Parameter.

Bild 14
Der Trick bei der 2-dimensionalen Abbildung eines 3-dimensionalen Würfels liegt in der perspektivischen Verzerrung: rechte Winkel werden dabei nicht immer als 90°-Winkel dargestellt.

Wie zeichnet man einen fünfdimensionalen Würfel?

Ich wollte deshalb eine Kenngröße für die Zeichenerkennbarkeit definieren, die alle Parameter irgendwie miteinander in Verbindung brachte. Dabei kristallisierte sich bald heraus, dass sich diese optimal als räumliche Distanz in einem 5-dimensionalen Würfel beschreiben ließ. Genau genommen war es der Abstand zwischen dem Ursprung eines 5-dimensionalen Koordinatensystems und einem Punkt, dessen einzelne Koordinaten den Größen der fünf Parameter entsprechen. Um das bildhaft zu verdeutlichen, wollte ich einen 5-dimensionalen Würfel zeichnen. Doch wie lässt sich etwas

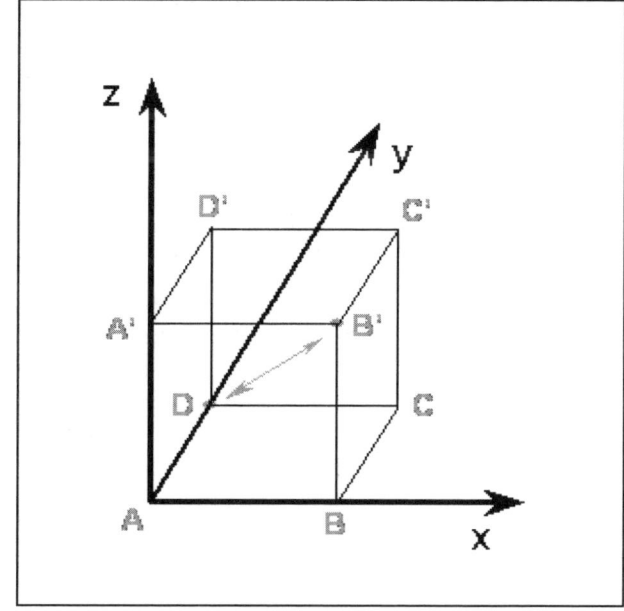

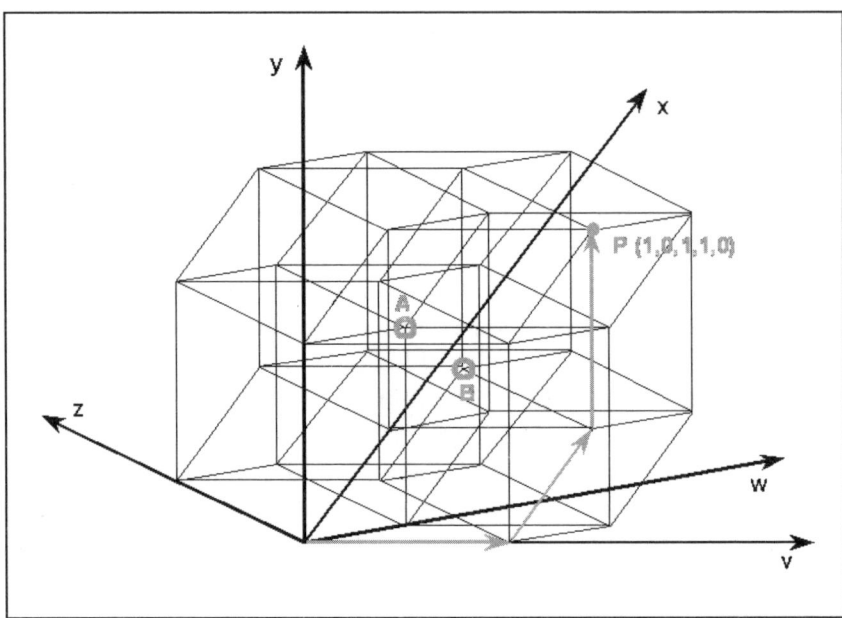

grafisch zu Papier bringen, das man sich nicht einmal bildhaft vorstellen kann? Überraschenderweise gelingt das recht einfach. Schließlich ist es auch nicht schwer, einen ganz normalen 3-dimensionalen Würfel auf ein ebenes, 2-dimensionales Blatt Papier zu zeichnen. Bild 14 zeigt das. Von den räumlichen Koordinatenachsen x, y und z bilden in der Zeichnung nur zwei einen rechten Winkel miteinander, nämlich x und z. Aber per Definition sollen natürlich auch die Winkel zwischen x und y sowie y und z 90°-Winkel sein. Das Auge nimmt das auch so wahr, weil es perspektivisches Sehen – bei dem die Winkel ja auch verzerrt erscheinen – gewöhnt ist.

Ein 5-dimensionaler Hyperwürfel lässt sich auf die gleiche Weise zu Papier bringen (siehe Bild 15). Man zeichnet ausgehend von einem Ursprung einfach fünf Koordinatenachsen – statt drei – in beliebige Richtungen und behauptet, jede stünde auf jeder anderen senkrecht. Das geht natürlich weder in der Zeichenebene noch bei einer Abbildung in dem uns geläufigen 3-dimensionalen Raum, aber im 5-dimensionalen Raum ist das möglich. Nun zeichnet man zunächst ganz »normal« alle möglichen perspektivisch dargestellten 3-dimensionalen Würfel, nämlich je einen für die Koordinatengruppen v, w, x; v, w, y; v, w, z; v, x, y; v, x, z; v, y, z; w, x, y; w, x, z; w, y, z und x, y, z. Dabei fallen schon zahlreiche Flächen, Kanten und Ecken einzelner Würfel zusammen. An jenen Ecken, in denen sich weniger als fünf verschiedene Koordinaten treffen, ergänzt man die noch fehlenden, und diese dann zu weiteren kompletten 3-dimensionalen Würfeln. So ergibt sich langsam aber sicher der gesamte 5-dimensionale Hyperwürfel.

Wie bei einem normalen Würfel lassen sich auch bei diesem die einzelnen Punkte benennen, auch wenn er als Ganzes recht konfus aussieht. So hat der in Bild 15 eingezeichnete Punkt P die Koordinaten $v = 1$, $w = 0$, $x = 1$, $y = 1$ und $z = 0$. Er ergibt sich durch drei aneinander anschließende Strecken der Länge 1 in v-, x- und y-Richtung.

Mit Koordinatenwerten kleiner als 1 lassen sich natürlich auch Punkte im Inneren des Würfels eindeutig beschreiben. Das war für meine Diplomarbeit wichtig. Doch davon möchte ich hier nicht näher berichten. Wie eigentlich alles in meinem Leben verführte mich auch diese Arbeit zum Spielen. Und das ist für dieses Buch wichtig. Direkt aus meiner Zeichnung eines 5-dimensionalen Würfels ging Jahre später spontan der Wunsch hervor, Hyperwürfel verschiedener Dimensionen völlig symmetrisch zu zeichnen. Wie einfach das geht, zeigt Bild 16. Hier ist der 3-dimensionale Würfel aus Bild 14 so verzerrt, dass die Punkte D und B' in einem einzigen Punkt der Zeichenebene zusammenfallen. Es entsteht ein regelmäßiges Sechseck mit drei Diagonalen, die sich im Zentrum schneiden. Dennoch ist das Gebilde unschwer als Würfel zu erkennen, wenn man in Bild 16 versucht, die Fläche mit den Eckpunkten A', B', C' und D' als obere Würfelseite zu sehen.

Ganz entsprechend lässt sich der 5-dimensionale Würfel aus Bild 15 so verzerrt, dass er in ein regelmäßiges Zehneck passt. Dann wird daraus Bild 17. Denkt man sich die der Ästhetik abträglichen Koordinaten v bis z weg, dann hat

Bild 16
Bei geeignet gewählter Projektion erscheint ein normaler 3-dimensionaler Würfel in der Zeichenebene als regelmäßiges Sechseck mit »Speichen«.

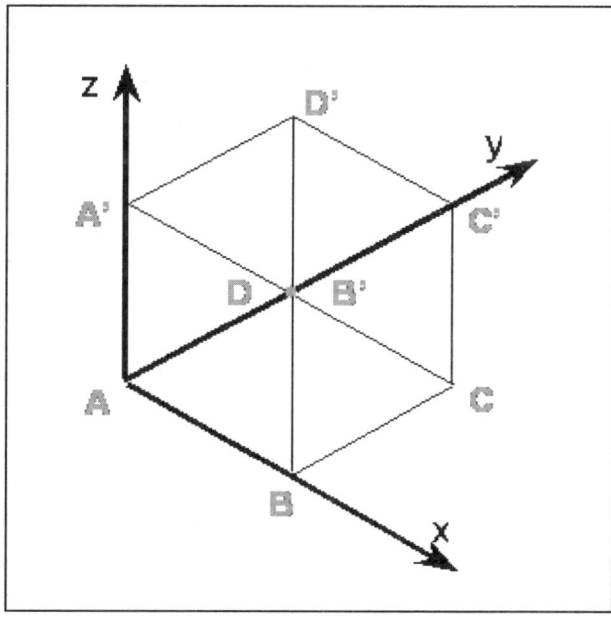

35

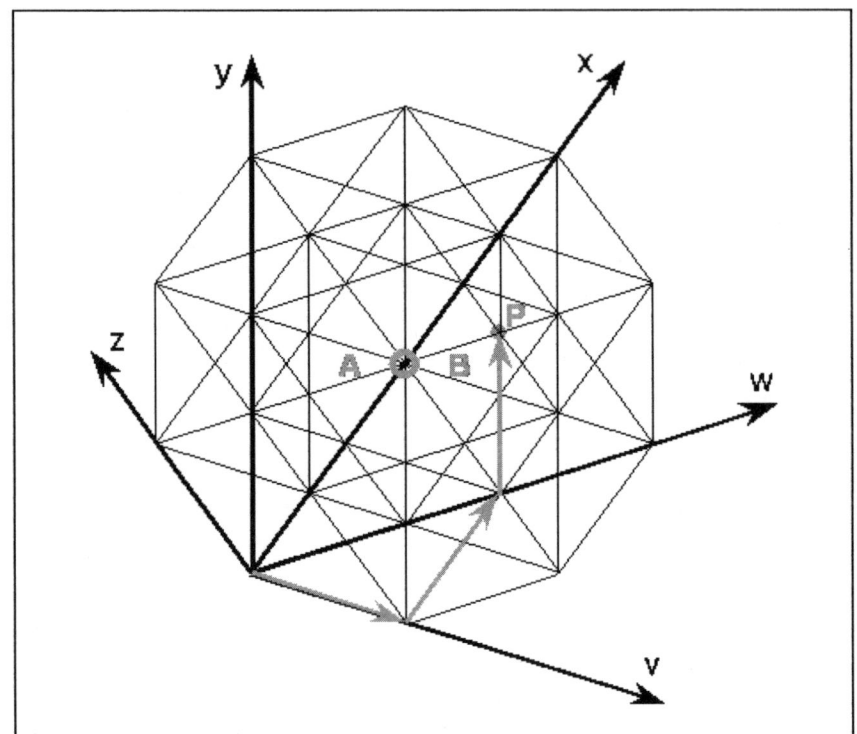

man eine optisch recht ansprechende, mandalaähnliche Figur. Solche symmetrisch in die Zeichenebene projizierten Hyper- würfel werden umso schöner, je höher ihre Dimensionen sind. Bild 18 zeigt sie – ohne störendes Koordinatensystem – für die Dimensionen 3 bis 8. Bild 19 ist die wunderschöne Projektion des 9-dimensionalen Würfels.

Diese Spielerei begann, mir ästhetisch Freude zu bereiten, stieß aber Anfang der 1980er Jahre, als ich damit meine Freizeit totschlug, bald an ihre Grenzen. Hat der 9-dimensionale Würfel doch bereits 512 Ecken und 2304 Kanten. Um ihn zu Papier zu bringen, muss man 2304 Linien zeichnen. Bei noch größeren Würfeln explodiert das Ganze dann regelrecht. Der 10-dimen- sionale Würfel hat schon 5120 Kanten! Selbst wenn man ihn mit dünnem Stift auf ein DIN-A2-Blatt zeichnet, wird das Papier zumindest im inneren Bereich des Würfels ziemlich einheitlich schwarz. Immerhin habe ich damals diese Zeichnung in mühsa- mer Arbeit noch geschafft. Aber die Neugier blieb natürlich: Wie sehen noch höher dimensionale Würfel aus? Mit den leistungsschwachen Personal Computern dieser Zeit ließ sich

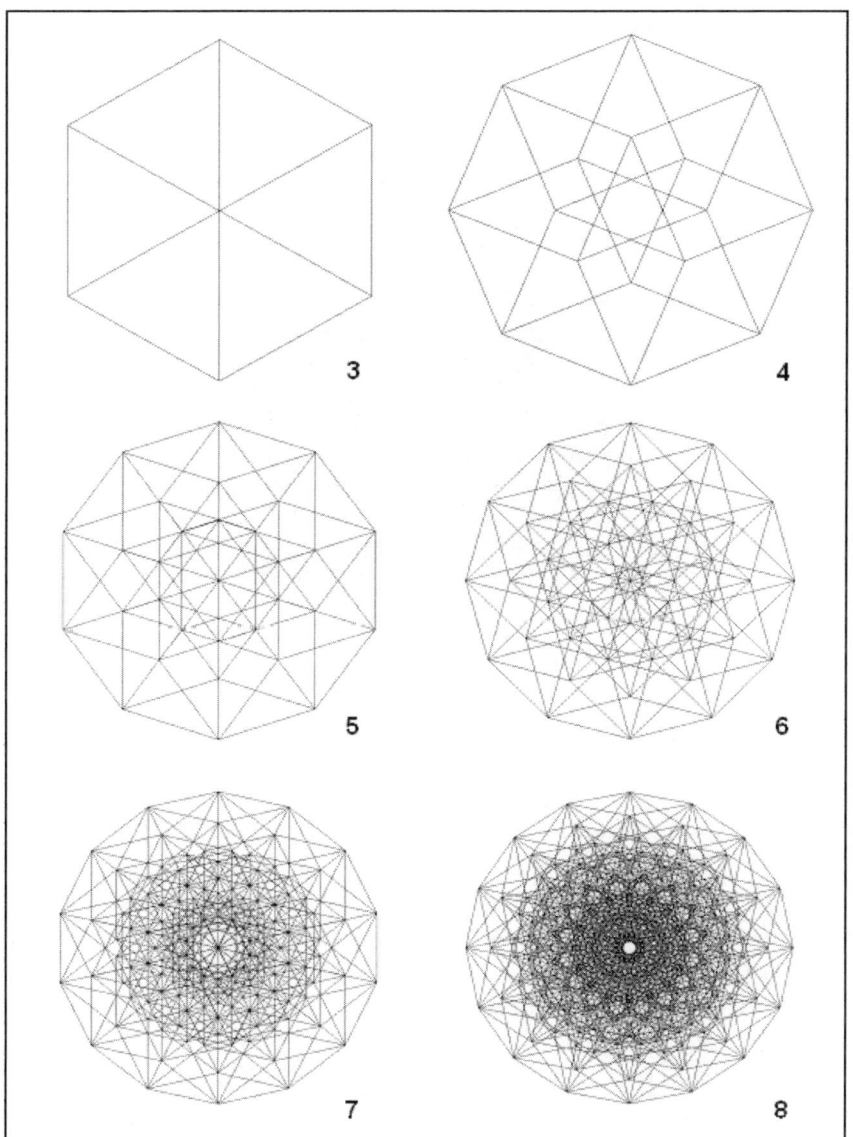

Bild 18
Die Hyperwürfel der
Dimensionen 3 bis 8
wirken in symmetri-
scher Projektion mit
zunehmender Di-
mension immer
ästhetischer ...

ihnen nicht so recht beikommen. Aber heute ist es mit einem
modernen PC nicht sonderlich schwer, Hyperwürfel zumindest
bis zur 20. Dimension zu zeichnen. Natürlich geht das nicht
mehr auf kleinem Raum. 10 485 760 Linien (für den 20er-
Würfel) sind schließlich eine ganze Menge. Weil aber die
Randpartien der Würfel optisch ziemlich langweilig sind und
weil die Vielseitigkeit der Formen vor allem im Zentrum so
richtig ästhetisch zum Ausdruck kommt, habe ich einfach ein

37

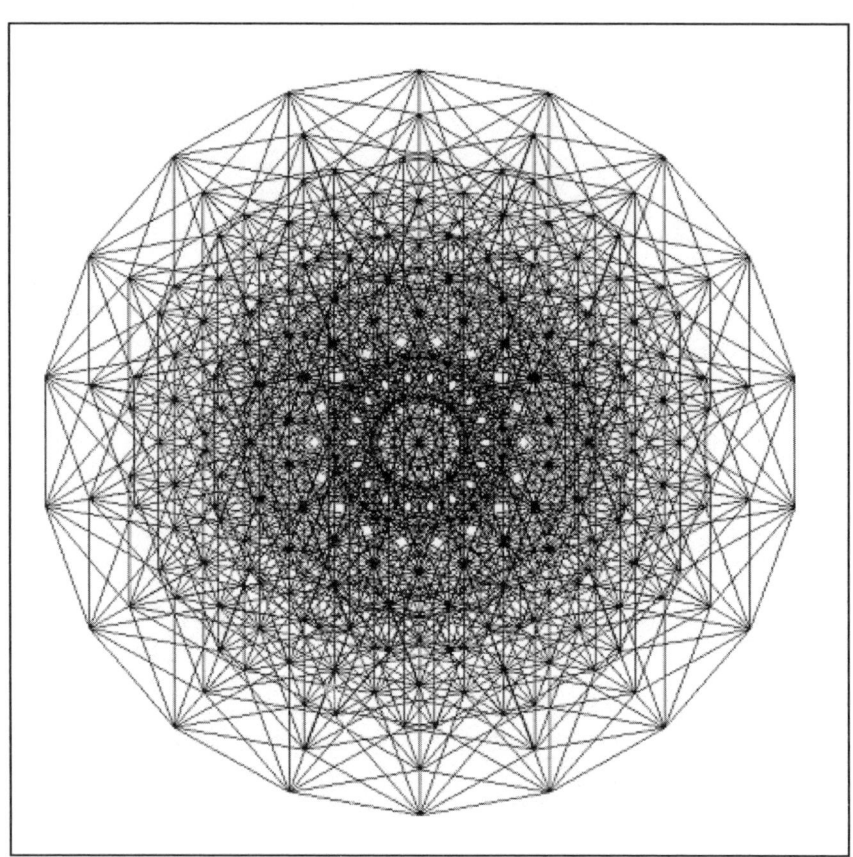

Bild 19
... und der 9-dimen-
sionale Würfel wirkt
fast wie ein filigranes
Deckchen in Spit-
zenstickerei.

Rechenprogramm geschrieben, das – stark vergrößert – nur die
Zentralregionen der Würfel zeichnet. Einige Ergebnisse zeigen
die Abbildungen 20 bis 23 auf der nächsten Seite.
So weit, so gut. Mathematik ist schön, ist ästhetisch. Aber sie ist
immer zugleich auch mehr. Ich begann, mit den in die Ebenen
projizierten Hyperwürfeln zu spielen, sie genauer zu untersuchen. Zunächst lag der Wunsch nahe, die Ecken eines
solchen platt geschlagenen Hyperwürfels ansprechen zu können,
und dazu bietet sich natürlich wieder ihre Benennung nach den
einzelnen Koordinaten an. In Bild 24 ist das für den 4-
dimensionalen Würfel gezeigt, und zwar von oben nach unten
längs der Koordinaten w, x, y, z fortschreitend.

Bilder 20 bis 23 (Seite 39):
Die Zentralregionen (verschieden stark vergrößert) der Hyperwürfel mit den
Dimensionen 10 (*o. l.*), 11 (*o. r.*), 15 (*u. l.*), 16 (*u. r.*) ...

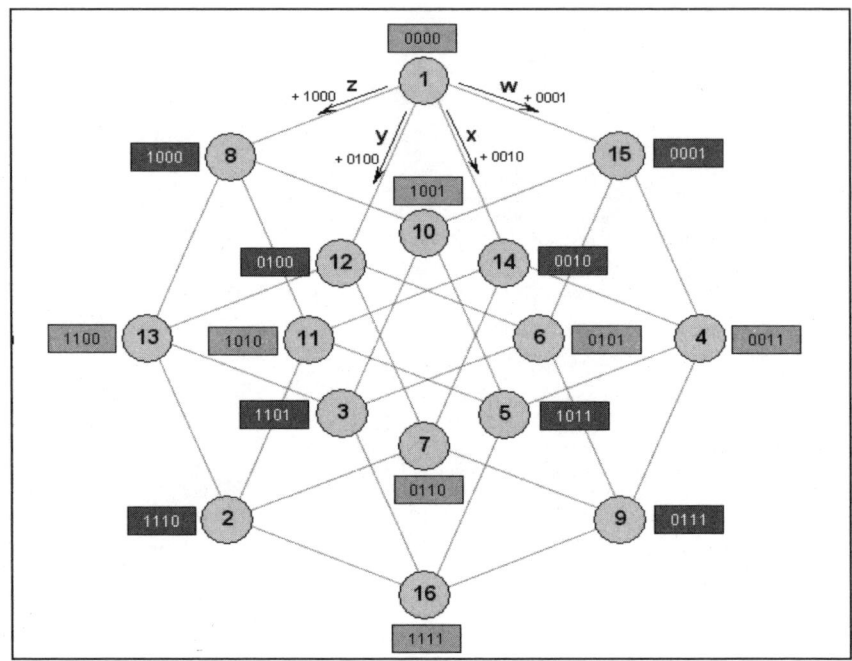

Bild 24
In den rechteckigen Feldern sind die Bezeichnungen der 16 Ecken des 4-dimensionalen Würfels gemäß ihren Koordinaten angegeben.
Die korrespondierenden dezimalen Zählnummern der Ecken in den runden Feldern erklärt der nebenstehende Text.

Der Nullpunkt des Koordinatensystems heißt 0000 (oberes rechteckiges Zahlenfeld in der Grafik). Erhöht sich die Koordinate w um 1, dann wird daraus 0001, erhöht sich x um 1, dann ergibt sich 0010. Nehmen y oder z und 1 zu, dann werden von 0000 aus die Ecken 0100 beziehungsweise 1000 erreicht. 0101 bezeichnet dann zum Beispiel eine Ecke, die vom Ursprung einen Schritt in w- und einen Schritt in y-Richtung entfernt ist.

Fasst man die vierstelligen Eckenbezeichnungen als Binärzahlen auf (sie bestehen schließlich aus Nullen und Einsen), dann lassen sich diese in Dezimalzahlen umrechnen und die Ecken mit diesen nummerieren (hellgraue Kästchen). Damit diese Nummerierung mit 1 und nicht mit 0 beginnt, habe ich zu den errechneten Dezimalzahlen stets 1 addiert. 0000 wird dann zu 1, 0101 zu 6 und so weiter. Die höchste Nummer, die sich so errechnen lässt, ist die der 1111 entsprechende 16.

Nun fällt in der Grafik auf, dass ich jede zweite Binärzahl dunkel hinterlegt habe. Das hat natürlich einen besonderen Grund. Hier habe ich die dezimalen Eckenbezeichnungen nicht direkt aus den Digitalzahlen berechnet, sondern immer den Ergänzungswert des Rechenergebnisses zu 17 als Zählnummer angegeben. So entspricht zum Beispiel 1011 dem Dezimalwert 11 + 1 = 12, und 17 − 12 ist 5. Also steht in der Grafik neben dem dunklen Feld 1011 im Kreis die Eckenzählnummer 5.

Jede Ecke hat jetzt also eine dezimale Zählnummer, aber diese Nummern sind zunächst scheinbar recht unregelmäßig verteilt. Natürlich folgen sie aber einem festen System, denn sie wurden ja systematisch ermittelt.

Dadurch ergeben sich interessante Eigenschaften des Würfels. Die Nummern von jeweils vier Ecken, die gemeinsam eine Würfelfläche abstecken, addieren sich immer zur gleichen Summe, nämlich 34. Beispiele dafür sind etwa 1 + 15 + 6 + 12, 3 + 6 + 9 + 16, aber auch die perspektivisch verzerrt dargestellten Quadrate 15 + 4 + 9 + 6 oder 1 + 14 + 7 + 12. Und auch die Nummern der Ecken, die auf einer geraden Linie durch das Zentrum der Figur liegen, addieren sich zu 34, zum Beispiel 1 + 10 + 7 + 16 oder 2 + 3 + 14 + 15. Die Figur ist also eine sogenannte »magische« Figur.

Magische Quadrate

Aus ihr lässt sich nun sehr einfach ein »magisches« Quadrat mit überraschend vollkommenen Eigenschaften ableiten: Man nehme 16 kleine Quadrate – oder, wie in Bild 25 – Holzwürfel und beschrifte sie mit den Nummern 1 bis 16. Zunächst lege man die 1 auf den Tisch. In der Grafik des 4-dimensionalen Würfels (Bild 24) ist die Ecke 1 direkt mit den Ecken 15, 14, 12 und 8 verbunden. Diese Elemente lege man im magischen

Quadrat so, dass sie direkt oben, unten, links und rechts an die 1 grenzen. Auf die Reihenfolge kommt es dabei nicht an. Alles geht, denn die Koordinatenachsen w, x, y, z im Hyperwürfel sind ja auch beliebig gewählt. Im Bild 25 grenzt zum Beispiel die 15 oben an die 1, die 8 rechts, die 12 unten und die 14 links. In Bild 24 ergänzt die 4 die Ecken 1, 15 und 14 zu einem (perspektivisch verzerrten) Quadrat beziehungsweise zu einer Würfelfläche. Also ergänzen wir auch im magischen Quadrat die drei Elemente 14, 15 und 1 durch die 4 zu einem Quadrat. Auf gleiche Weise kommen die Elemente 10, 13 und 7 hinzu.

Die Zeile 4, 15, 10 ergänzen wir jetzt links (oder rechts) durch die 5, denn auch die 4, 15, 10, 5 sind ein Quadrat in Bild 24. Auf gleiche Weise kommen die 11 und die 2 als Ergänzungen von 14, 1, 8 und 7, 12, 13 hinzu.

Bei den senkrechten Spalten geht es entsprechend. Das Quadrat 2, 11, 5 schließt die 16 ab, das Quadrat 7, 14, 4 die 9, das Quadrat 12, 1, 15 die 6 und das Quadrat 13, 8, 10 die 3.

Bild 25
Aus dem nummerier-
ten 4-dimensionalen
Hyperwürfel lässt
sich sehr einfach
dieses »magische«
Quadrat ableiten.

Das fertige magische 4×4-Quadrat besitzt eine ganze Reihe interessanter Eigenschaften:

1. Die Nummern von jeweils vier benachbarten Elementen, die zusammen ein Quadrat bilden, addieren sich jeweils zu 34. Das gilt auch für solche Viererquadrate, die bei der Konstruktion des magischen Quadrats keine Rolle spielten, etwa 9 + 6 + 4 + 15 oder 4 + 15 + 14 + 1. Auch diese Viererfelder entsprechen Hyperwürfelseiten in Bild 24.

2. Die Nummern zweier benachbarter Felder an einem (seitlichen, oberen oder unteren) Rand der Figur addieren sich mit den Nummern der beiden Felder am gegenüberliegenden Rand zu 34. Das gilt zum Beispiel für (16 + 5) + (3 + 10) oder (9 + 16) + (7 + 12). Deshalb behält das Quadrat auch dann seine magischen Eigenschaften, wenn man eine ganze Spalte vom linken Rand entfernt und am rechten Rand wieder anfügt oder vom oberen Rand zum unteren verschiebt. Daraus erklärt sich auch, dass die Ecken des Quadrates magisch sind: 16 + 3 + 2 + 13 = 34.

3. Die Summen aller Elemente in jeder Zeile und in jeder Spalte addieren sich zu 34.

4. Darüber hinaus trifft das für die Nummern der Elemente in den beiden Hauptdiagonalen zu: 16 + 4 + 1 + 13 = 34 und 3 + 15 + 14 + 2 = 34. Die erste Summe entspricht in der Abbildung 24 den Ecken eines großen mittelpunktsymmetrischen Quadrats, die zweite Summe einer Diagonalen durch den Mittelpunkt der Figur.

5. Als »gebrochene« Diagonalen bezeichnet man solche, die nicht in einer Ecke des Quadrats beginnen, sondern in einem anderen Randelement. Sie verlaufen dann bis zu einem anderen Rand (zum Beispiel 9, 15, 8), verlassen danach das Quadrat und treten – gebrochen – eine Zeile tiefer auf der gegenüberliegenden Seite wieder in das Quadrat ein, in diesem Falle bei der 2.
Eine andere gebrochene Diagonale wäre 9, 5, 8, 12. Auch alle diese gebrochenen Diagonalen unseres magischen Quadrates haben wieder die Elementensumme 34. Erforscher magischer Quadrate nennen diese Eigenschaft »pandiagonal«. – Ich überlasse es dem Leser,

die Abbildungen der gebrochenen Diagonalen im Hyperwürfel (Bild 24) selbst ausfindig zu machen.

6. Schließlich gibt es noch eine Reihe anderer Felderzusammenstellungen, deren Nummern sich jeweils zu 34 addieren, zum Beispiel $16 + 15 + 1 + 2$ oder $9 + 6 + 11 + 8$, $16 + 9 + 1 + 8$ und $14 + 7 + 10 + 3$.

Gewiss, das Ganze ist bloß eine Spielerei. Aber es ist eine sehr schöne Spielerei, die zugleich zeigt, wie in der Mathematik immer eines zum anderen führt, wie sich systematische Zusammenhänge vielseitig abbilden, also zum Beispiel in andere geometrische Systeme übersetzen.

Ein magisches Riesenquadrat und ein magischer Würfel

Der 4-dimensionale Hyperwürfel hat $2^4 = 16$ Ecken. Weil 16 eine Quadratzahl ist, ließ sich daraus ein magisches 4×4-Quadrat entwickeln. Der nächstgrößere Hyperwürfel, mit dem Entsprechendes möglich ist, weil auch seine Eckenzahl eine Quadratzahl ist, ist der 6-dimensionale Würfel. Er hat 64 Ecken. Nummeriert man diese (Bild 26) auf gleiche Weise wie die Ecken des 4-dimensionalen Würfels in Bild 24, dann gibt es zunächst etwas Verwirrung, weil hier Doppelpunkte vorkommen, in denen in der ebenen Abbildung jeweils zwei Ecken zusammenfallen. In der 3-dimensionalen Projektion würden sie exakt hintereinanderliegen.

Eckenpaare dieser Art sind zum Beispiel 9/30 und 40/51. Und im Zentrum des Würfelabbildes liegt sogar eine Vierfachecke: 13/26/39/52. Das muss man berücksichtigen, wenn man die Figur in ein magisches Quadrat umwandelt. So gehören zu den Seitenflächen mit den beiden Ecken 64 und 33 die ergänzenden Ecken 5 und 28, während sich die beiden zusammenfallenden Ecken 47 und 50 mit 11 und 22 zu einer Hyperwürfelfläche ergänzen.

Das magische Quadrat, das sich aus dem 6-dimensionalen Würfel ableitet, zeigt Bild 27. Auch hier haben die Nummern je vierer benachbarter Elemente, die zusammen ein Quadrat formen, immer dieselbe Summe, in diesem Falle die 130.

Gleiches gilt für die Eckelemente jedes beliebigen Rechtecks oder Quadrats mit geradzahliger Kantenlänge. Beispiele sind: 64 + 22 + 9 + 35, 24 + 45 + 9 + 52 oder etwa 31 + 50 + 36 + 13.

Jede Halbzeile hat die gleiche magische Summe, zum Beispiel

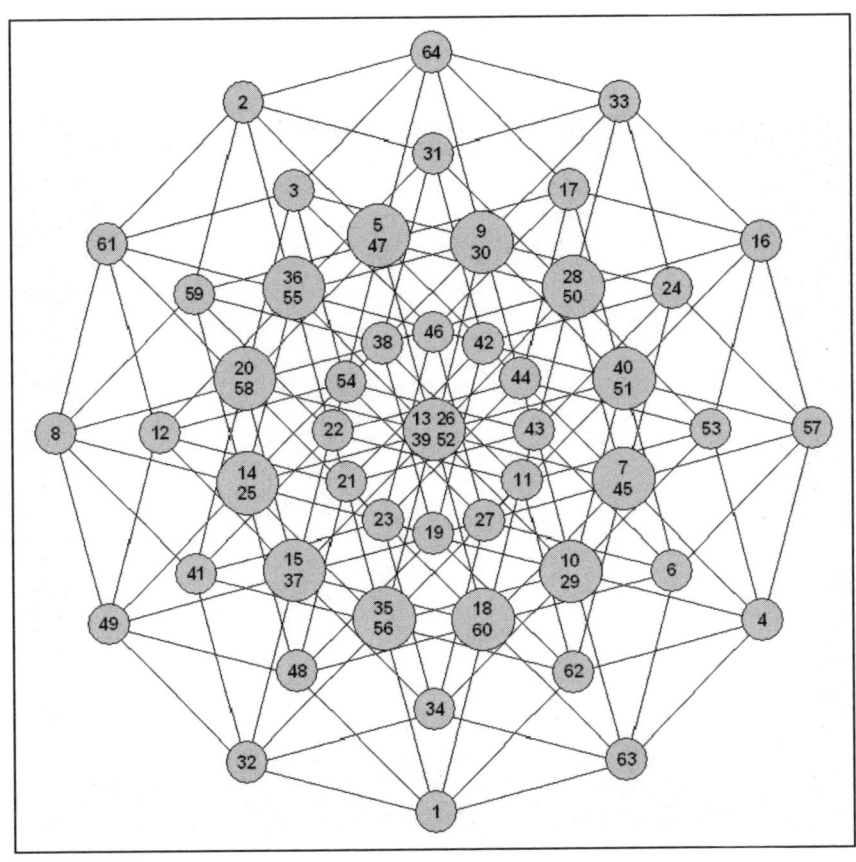

Bild 26
So stellt sich die Nummerierung der Ecken des 6-dimensionalen Hyperwürfels dar. Stehen 2 (oder 4) Nummern in einem Kreis, dann repräsentiert dieser Punkt zwei Würfelecken, die in der perspektivischen 2-dimensionalen Abbildung exakt aufeinanderliegen und deshalb in einem Punkt zusammenfallen. (Im Unterschied zu Abbildung 24 liegt der Ursprung der Koordinatenachsen hier unten und nicht oben.)

45

64 + 2 + 59 + 5 oder 7 + 62 + 4 + 57. Und für die Halbspalten gilt Gleiches, zum Beispiel 59 + 38 + 19 + 14 oder 13 + 60 + 37 + 20. Und »pandiagonal« ist dieses Quadrat ebenfalls. Allerdings bestehen die geraden und gebrochenen Diagonalen hier aus jeweils 8 Elementen, und entsprechend ist deren Summe jeweils 2 × 130 = 260.

Wer Gefallen daran findet, kann tagelang immer neue magische Eigenschaften an diesem Quadrat entdecken.

Nun lassen sich 64 Elemente nicht nur als 8×8-Quadrat anordnen, denn 64 ist auch eine Kubikzahl: 4 × 4 × 4 = 64. Es liegt also nahe, aus den 64 Elementen einen Würfel zu bauen. In Bild 28 ist das geschehen. Die einzelnen vertikalen 4×4-Scheiben des Würfels wurden für das Bild gestaffelt auseinandergezogen, um alle Elementennummern zeigen zu können. Die Konstruktion dieses 4×4×4-Würfels ist ebenso einfach wie jene des 4×4-Quadrats aus Bild 25. In Bild 26 ist die Ecke 1 direkt mit den Ecken 32, 48, 56, 60, 62 und 63 verbunden. Im magischen Würfel (Bild 28) grenzen diese Elemente ebenfalls

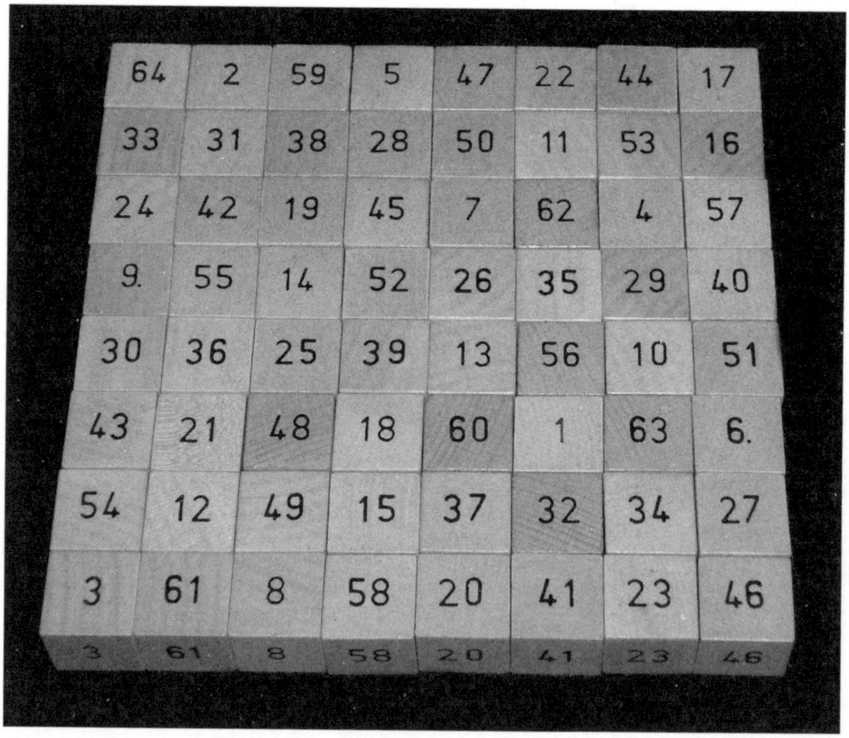

Bild 27
Aus dem 6-dimensionalen Hyperwürfel lässt sich dieses magische Quadrat mit der Kantenlänge 8 ableiten.

vorne/hinten, links/rechts und oben/unten an das Element 1. Der Rest ist einfach Rechenarbeit. Jeweils 4 als Quadrat benachbarte Elementennummern müssen sich zu 130 addieren; ebenso die Nummern aller »Zeilen«, »Spalten« und »Säulen«. Unter »Zeilen« verstehe ich dabei im Bild horizontal von links nach rechts verlaufende Elementenreihen wie 44 + 23 + 46 + 17 oder 35 + 32 + 37 + 26. »Spalten« sind horizontale Reihen über die 4 vertikalen Scheiben hinweg, also etwa 44 + 29 + 52 + 5, und »Säulen« sind die senkrechten Reihen wie 23 + 41 + 56 + 10.

Insgesamt besteht dieser interessante Würfel aus 4 quadratischen 4×4-Ebenen, 4 vertikalen 4×4-Scheiben (wie in Bild 28 auseinandergezogen) und 4 vertikalen 4×4-Scheiben, die rechtwinklig zu diesen vom Vordergrund in den Hintergrund verlaufen. Alle zwölf 4×4-Quadrate sind magisch. Allerdings besitzen sie keine ebenen magischen Diagonalen. Aber der Würfel als Ganzes hat durchweg räumliche magische Diagonalen, zum Beispiel die Hauptdiagonalen wie 44 + 32 + 21 + 33 und 64 + 12 + 1 + 53. Auch sämtliche gebrochenen räumlichen Diagonalen sind magisch.

Bild 28
Um die Nummern aller einzelnen Elemente des magischen 4×4×4-Würfels zeigen zu können, habe ich ihn in Scheiben auseinandergezogen fotografiert.

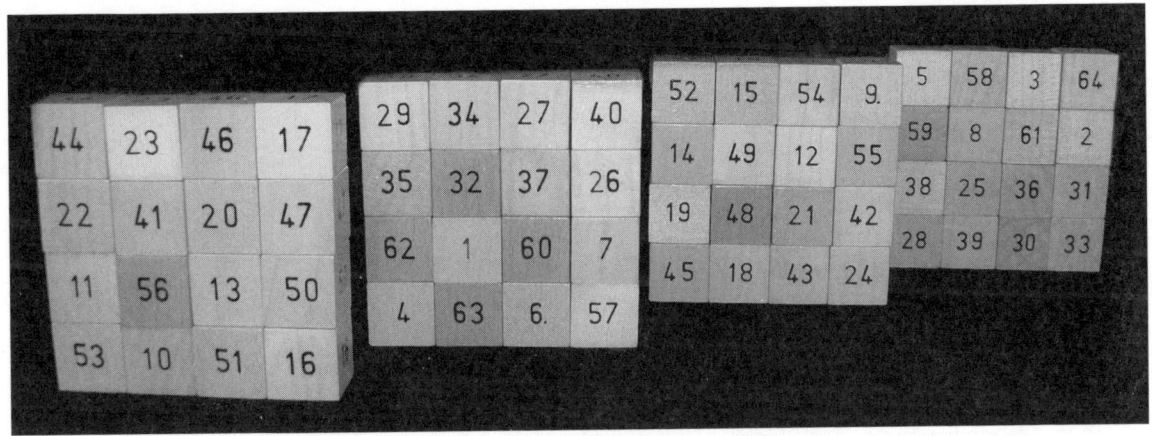

Ein Stein »aus der vierten Dimension«

Aus mehrdimensionalen Körpern lassen sich nicht nur magische Quadrate und magische Würfel basteln. Sie haben ein weitaus größeres »Spielpotential«. Interessant wird es unter anderem auch, wenn man diese Hyperwürfel nicht in die Ebenen projiziert, sondern im 3-dimensionalen Raum abbildet. Bild 32 auf Seite 50 zeigt so eine 3-D-Projektion eines 6-dimensionalen Würfels, gebastelt aus Holzstäbchen. Dieser Hyperwürfel hat 64 Ecken, 192 Kanten und 240 Flächen. In der 3-D-Projektion grenzen 60 Kanten und 30 Flächen das Gebilde nach außen hin ab, bilden also so etwas wie eine Oberfläche der Projektion. Übersichtlicher ist das beim 4-dimensionalen Würfel. Bild 29 zeigt ihn, und hierbei habe ich die im 3-D-Raum außen liegenden 24 Kanten und 12 Flächen deutlich hervorgehoben.

Faszinierend genug kommt genau so ein Gebilde in der Natur vor: der Granatkristall (Bild 30). Offenbar hatte auch die Natur hier Freude am Spielen.

Bild 29
Die 2-dimensionale Projektion des 4-dimensionalen Hyperwürfels (kleines Bild rechts oben) lässt sich als ebenes Abbild einer 3-dimensionalen Projektion auffassen. Das große Bild zeigt das. Diese räumliche Projektion hat – wie jedes Gebilde im 3-dimensionalen Raum – äußere Konturen, hier also Kanten und Flächen. Die restlichen im 4-dimensionalen Raum äußeren Konturen liegen im 3-dimensionalen Bild im Inneren der Figur. In der Abbildung sind sie als schwache gestrichelte Linien erkennbar.

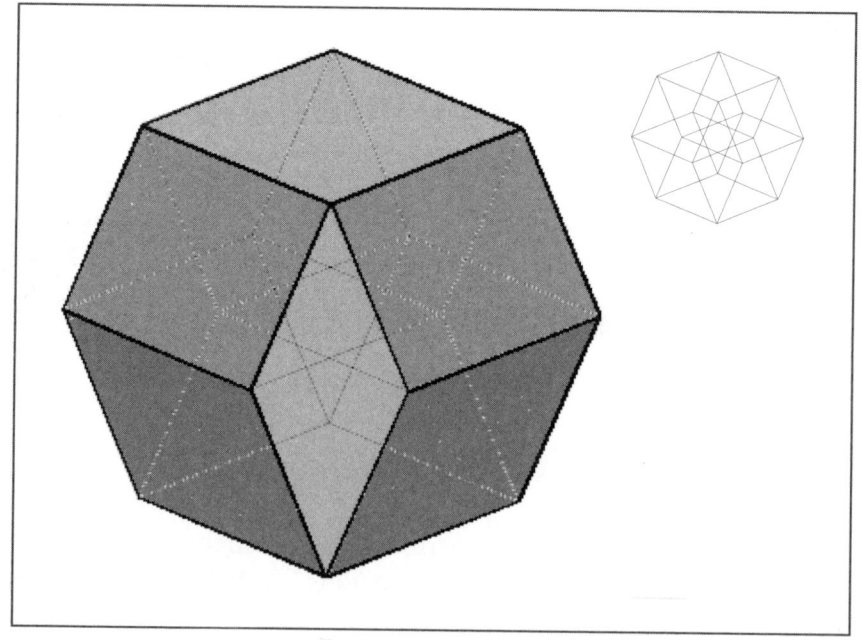

48

Bild 30
Ein natürlicher
Körper, der prinzi-
piell die gleiche
Außenstruktur hat
wie der in den
3-dimensionalen
Raum projizierte
4-dimensionale
Hyperwürfel, ist der
Granatkristall (ihm
gegenüber ist Bild
29 aus Symmetrie-
gründen verzerrt
dargestellt).
Der Science-
Fiction-Autor Ro-
bert Heinlein gab
diesen 4-dimen-
sionalen Hyperwür-
feln die Bezeich-
nung Tesserakt und
baute sich eine
Dachkuppel nach
diesem Vorbild.

Aussagekräftige »Knoten« auf der Mittelachse

Betrachtet man die 3-dimensionalen Darstellungen höher-
dimensionaler Würfel näher, dann fällt sofort ins Auge, dass sie
– sofern man sie symmetrisch aufbaut – radialsymmetrisch zu
einer Achse strukturiert sind. Radialsymmetrisch heißt hier
»strahlensymmetrisch«. Dabei unterscheiden sich Hyperwürfel
mit geradzahligen Dimensionen grundlegend von solchen mit
ungeradzahligen. Betrachtet man die Letzteren in Richtung ihrer
Zentralachse (ausgehend vom Koordinatenursprung), dann
sehen sie so aus wie ihre 2-dimensionalen Projektionen (linke
Spalte in Bild 18). Sie haben dann also eine $(2 \times n)$-zählige
Symmetrie, wenn n ihre Dimension ist. Für gerade n wird die
Struktur einfacher. Es ergibt sich nur eine n-zählige Symmetrie.
Bild 31 zeigt das für den 12-dimensionalen Würfel.
Bei genauerem Hinsehen fällt auf, dass die »Pole«, also der
Koordinatenursprung des Hyperwürfels und sein Gegenpunkt,
immer auf der Zentralachse liegen. Im Bild 32 sind das die
Punkte A und B.

Bild 31
So sieht der 12-
dimensionale Wür-
fel aus, wenn man
ihn in den
3-dimensionalen
Raum projiziert und
dann in Richtung
seiner zentralen
Achse betrachtet.
Im Gegensatz zur
direkten 2-dimen-
sionalen Projektion
(s. Bild 25) zeigt er
nur eine
12-zählige (keine
24-zählige) Radial-
symmetrie.

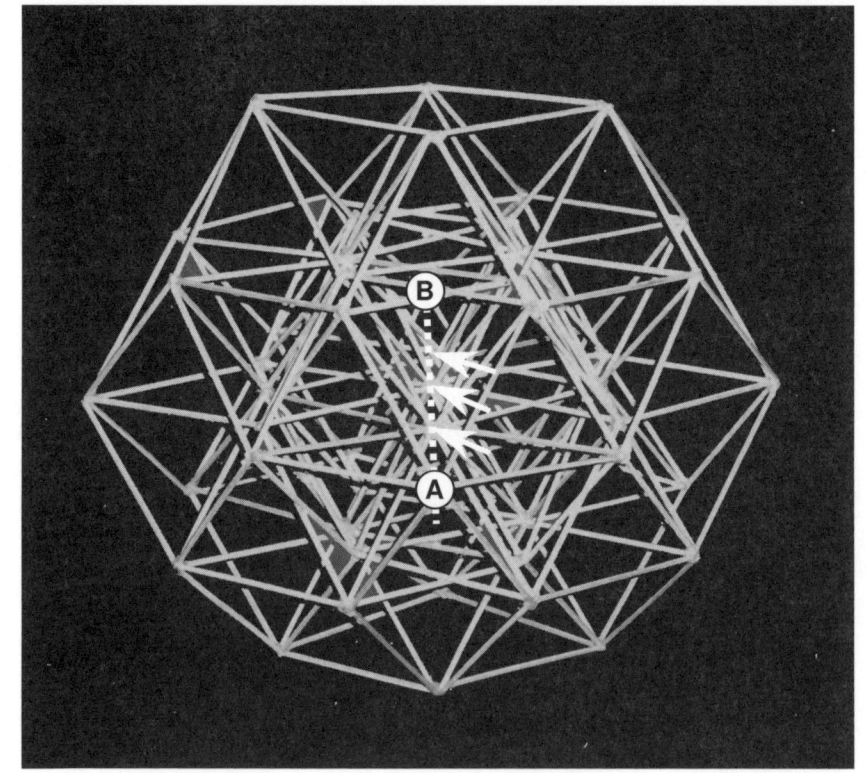

Bild 32
Die 3-dimensionale
Projektion eines
6-dimensionalen
Hyperwürfels zeigt,
dass dieser Raum-
körper 6-zählig dreh-
symmetrisch zu
einer Raumachse
aufgebaut ist, die
durch die Endpunkte
(»Pole«) A und B
verläuft. (Durch die
schräge Perspektive
der Fotografie ist die
Drehsymmetrie nicht
klar erkennbar.)
Die drei weißen
Pfeile weisen auf
Würfelecken hin, die
genau auf der Zen-
tralachse liegen.

50

Bei manchen Hyperwürfeln liegen auch zwischen A und B weitere Eckpunkte genau auf der Zentralachse, bei anderen aber nicht. Warum ist das so? – Um eine Antwort zu finden, empfiehlt es sich, das Gebilde senkrecht zu seiner Zentralachse in $n+1$ parallele Ebenen zu zerlegen. Die einzelnen Figuren in Bild 33 (Seiten 52/53) zeigen das für den 5-dimensionalen Hyperwürfel. In dieser Abbildung sind jeweils zwei Ebenen zusammengefasst. In der Ebene 1 liegt natürlich der obere »Pol« der Figur, also der Koordinatenursprung. Von ihm aus verlaufen radialsymmetrisch 5 Würfelkanten zur nächsttieferen Ebene 2 und enden dort in 5 Würfelecken. Figur für Figur zeigt Bild 35 den weiteren Aufbau des 5-dimensionalen Würfels – fortschreitend von Ebenenpaar zu Ebenenpaar – und gibt dabei jeweils an, wie viele Eckpunkte in jeder Ebene liegen. Ich will sie hier tabellarisch zusammenfassen:

Ebene:	Eckenzahl:
1	1
2	5
3	10
4	10
5	5
6	1

In keiner der Ebenen 2 bis $n = 5$ liegt eine Ecke im Zentrum, also auf den Zentralachse der Figur. Und: Keine zwei Ecken fallen in der Projektion als Doppel- oder Mehrfachpunkt zusammen.
Anders ist das beim 6-dimensionalen Hyperwürfel, den ebenfalls doppelebenenweise das Bild 34 seziert. Hier ergeben sich folgende Verhältnisse:

Ebene:	Eckenzahl:	Ebene:	Eckenzahl:
1	1	5	15
2	6	6	6
3	15	7	1
4	20		

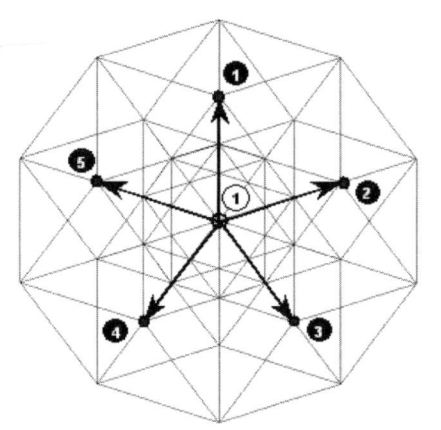

Ebenen 1 – 2
In der Ebene 1 liegt als einzige Ecke des Hyperwürfels Punkt ①. Dies ist der »obere Pol« des Hyperwürfels. Von ihm aus führen 5 Kanten zur Ebene 2.
In der Ebene 2 liegen auf einem Kreis die 5 Ecken ❶ bis ❺. Jede von ihnen wird von der Ebene 1 aus von nur einer Kantenlinie erreicht.

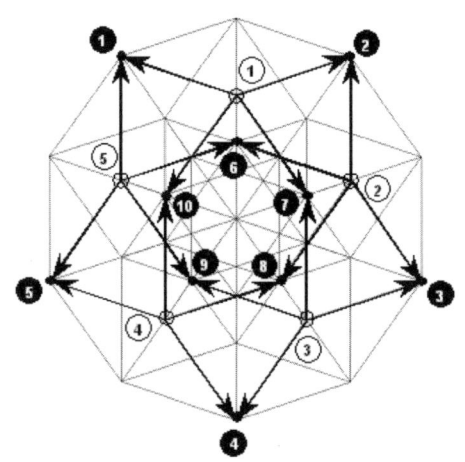

Ebenen 2 – 3
In der Ebene 2 liegen auf einem Kreis die 5 Ecken ① bis ⑤. Von jedem dieser Eckpunkte führen 4 Kanten zur Ebene 3.
In der Ebene 3 liegen auf zwei konzentrischen Kreisen jeweils 5 Ecken, auf dem äußeren Kreis die Ecken ❶ bis ❺, auf dem inneren Kreis die Ecken ❻ bis ❿. Jeder dieser Eckpunkte wird von der Ebene 2 aus von jeweils 2 Kantenlinien erreicht.

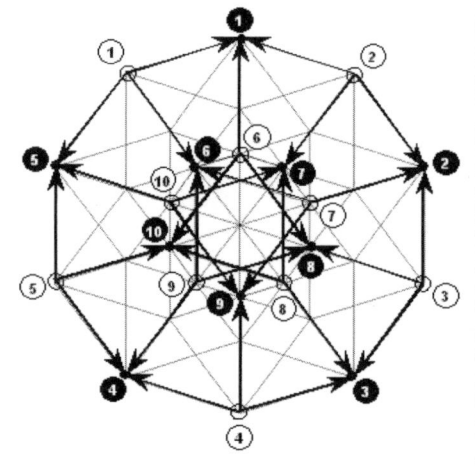

Ebenen 3 – 4
In der Ebene 3 liegen auf zwei konzentrischen Kreisen die Ecken ① bis ⑩. Von jedem dieser Eckpunkte führen 3 Kanten zur Ebene 4.
In der Ebene 4 liegen auf zwei konzentrischen Kreisen jeweils 5 Ecken, auf dem äußeren Kreis die Ecken ❶ bis ❺, auf dem inneren Kreis die Ecken ❻ bis ❿. Jeder dieser Eckpunkte wird von der Ebene 3 aus von jeweils 3 Kantenlinien erreicht.

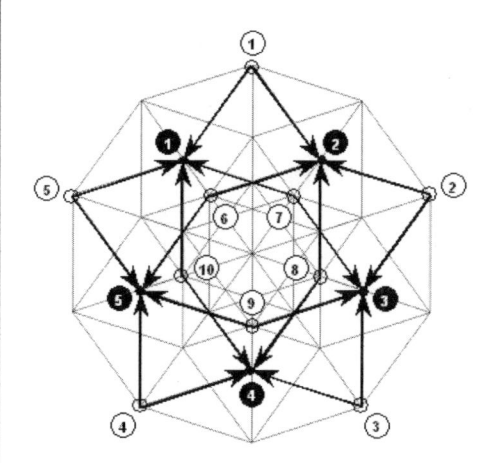

Ebenen 4 – 5

In der Ebene 4 liegen auf zwei konzentrischen Kreisen die Ecken ① bis ⑩. Von jedem dieser Eckpunkte führen 2 Kanten zur Ebene 5.

In der Ebene 5 liegen auf einem Kreis die 5 Ecken ❶ bis ❺. Jeder dieser Eckpunkte wird von der Ebene 4 aus von jeweils 4 Kantenlinien erreicht.

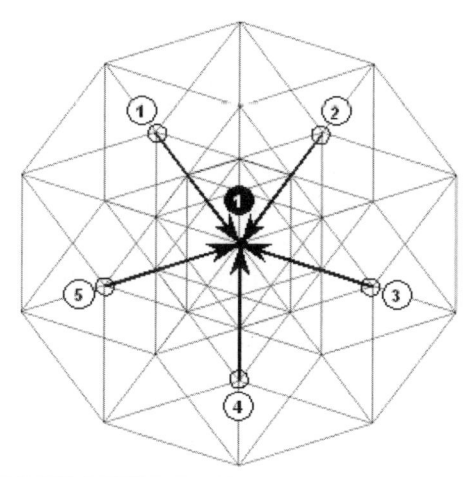

Ebenen 5 – 6

In der Ebene 5 liegen auf einem Kreis die Ecken ① bis ⑤. Von jedem dieser Eckpunkte führt eine Kante zur Ebene 6. Im Zentrum der Ebene 6 liegt als einzige Ecke der Punkt ❶. Dies ist der »untere Pol« des Hyperwürfels. Er wird von der Ebene 5 aus von 5 Kantenlinien erreicht.

Dabei liegen außer in den Ebenen 1 und 6 auch in den Ebenen 3, 4 und 5 Ecken auf der Zentralachse. Im Bild 32 ist mit weißen Pfeilen auf sie hingewiesen. Vom oberen Pol (Ebene 1) sind sie jeweils 2, 3 oder 4 Kanten entfernt. 2 und 3 sind Teiler der Dimensionszahl 6. 4 ist ein Vielfaches des Teilers 2.

Warum ist das so? – Für jeden n-dimensionalen Würfel ergibt sich zwischen den Ebenen 1 und 2 eine Kantenkonfiguration, die aussieht wie ein völlig regelmäßiger n-strahliger Stern. Zwischen den Ebenen n und $n+1$ laufen wiederum n regelmäßige Strahlen zu einem einzigen Punkt – dem unteren »Pol« – auf der Achse zusammen. Betrachtet man nun die erste Figur in Bild 34 (Ebenen 1 und 2), dann zeigt sich sofort, dass der

Bild 33
(Seiten 52 und 53)
So verteilen sich die Ecken des in den 3-dimensionalen Raum projizierten 5-dimensionalen Hyperwürfels auf dessen einzelne Ebenen.

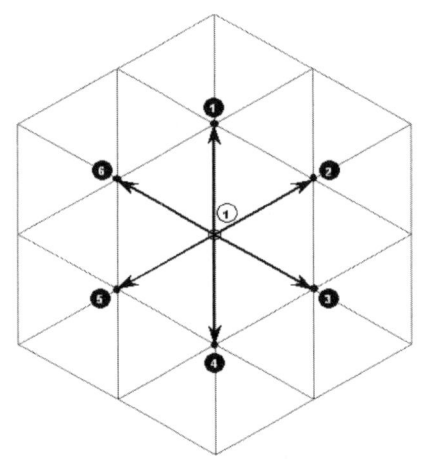

Ebenen 1 – 2

In der Ebene 1 liegt als einzige Ecke des Hyperwürfels Punkt ①. Dies ist der »obere Pol« des Hyperwürfels. Von ihm aus führen 6 Kanten zur Ebene 2.
In der Ebene 2 liegen auf einem Kreis die 6 Ecken ❶ bis ❻. Jede von ihnen wird von der Ebene 1 aus von nur einer Kantenlinie erreicht.

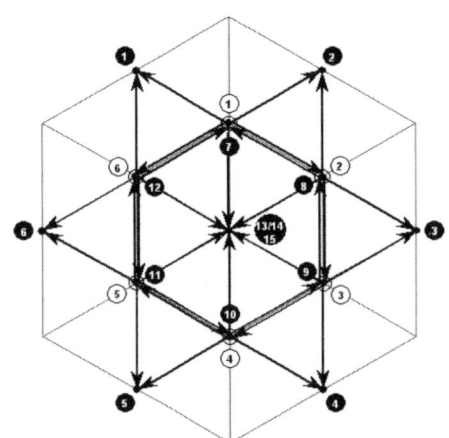

Ebenen 2 – 3

In der Ebene 2 liegen auf einem Kreis die 6 Ecken ① bis ⑥. Von jedem dieser Eckpunkte führen 5 Kanten zur Ebene 3.
In der Ebene 3 liegen auf einem äußeren Kreis die 6 Ecken ❶ bis ❻, auf einem inneren Kreis die 6 Ecken ❼ bis ⓬ und im Zentrum der Dreifachpunkt ⓭ bis ⓯. Jeder dieser Eckpunkte wird von der Ebene 2 aus von jeweils 2 Kantenlinien erreicht.

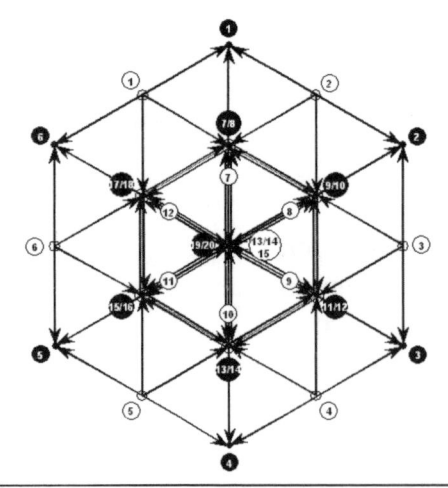

Ebenen 3 – 4

In der Ebene 3 liegen auf einem äußeren Kreis die Ecken ① bis ⑥, auf einem inneren Kreis die Ecken ⑦ bis ⑫ und im Zentrum der Dreifachpunkt ⑬ bis ⑮. Von jedem dieser Eckpunkte führen 4 Kanten zur Ebene 4.
In der Ebene 4 liegen auf einem äußeren Kreis die Ecken ❶ bis ❻, auf einem inneren Kreis und im Zentrum die Doppelecken ❼/❽ bis ⓳/⓴. Jeder dieser Eckpunkte wird von der Ebene 4 aus von jeweils 3 Kantenlinien erreicht.

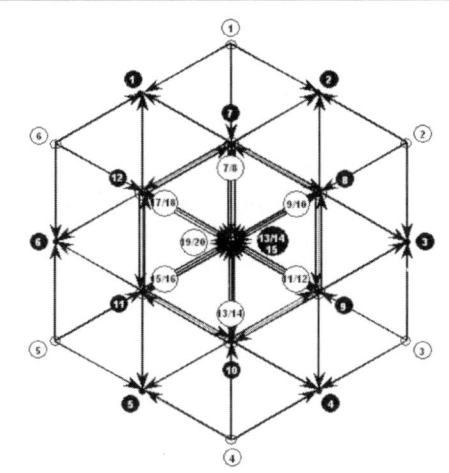

Ebenen 4 – 5

In der Ebene 4 liegen auf einem äußeren Kreis die Ecken ① bis ⑥, auf einem inneren Kreis und im Zentrum die Doppelecken ⑦/⑧ bis ⑲/⑳. Von jedem dieser Eckpunkte führen 3 Kanten zur Ebene 5.

In der Ebene 5 liegen auf einem äußeren Kreis die Ecken ❶ bis ❻, auf einem inneren Kreis die Ecken ❼ bis ⓬ und im Zentrum die Dreifachecke ⓭ bis ⓯. Jeder dieser Eckpunkte wird von der Ebene 4 aus von jeweils 4 Kantenlinien erreicht.

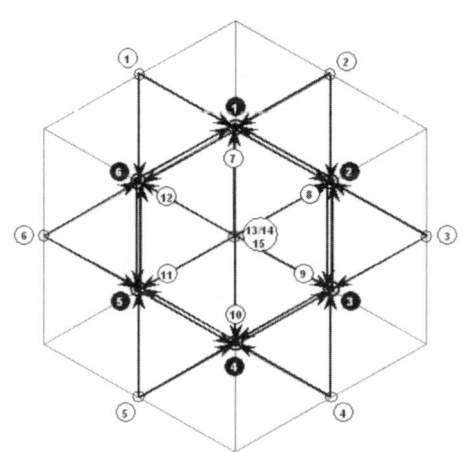

Ebenen 5 – 6

In der Ebene 5 liegen auf einem äußeren Kreis die Ecken ① bis ⑥, auf einem inneren Kreis die Ecken ⑦ bis ⑫ und im Zentrum die Dreifachecke ⑬ bis ⑮.
Von jedem dieser Eckpunkte führen 2 Kanten zur Ebene 6.

In der Ebene 6 liegen auf einem Kreis die Ecken ❶ bis ❻. Jeder dieser Eckpunkte wird von der Ebene 5 aus von jeweils 5 Kantenlinien erreicht.

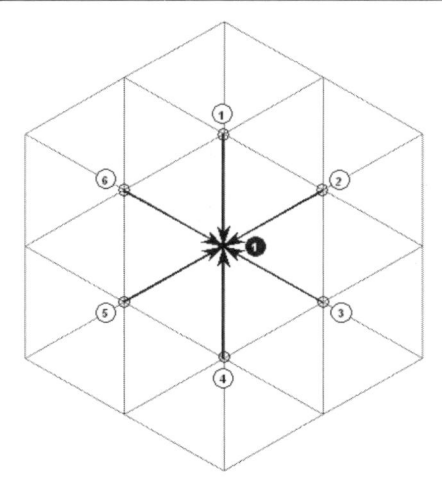

Ebenen 6 – 7

In der Ebene 7 liegen auf einem Kreis die Ecken ① bis ⑥. Von jedem dieser Eckpunkte führt eine Kante zur Ebene 7. Im Zentrum der Ebene 7 liegt als einzige Ecke der Punkt ❶. Dies ist der »untere Pol« des Hyperwürfels. Er wird von der Ebene 6 aus von 6 Kantenlinien erreicht.

regelmäßige 6-strahlige Stern zugleich auch 3 regelmäßige »2-strahlige Sterne« (also durch den Mittelpunkt verlaufende Strecken) enthält und außerdem 2 regelmäßige 3-strahlige Sterne. Alle 2-strahligen führen zu einem abschließenden »Pol« in der Ebene 3. Zwischen diesem »Pol« und dem oberen »Pol« der Figur ist also quasi ein »2-dimensionaler Würfel« (also ein Quadrat) aufgespannt. Weil es drei 2-strahlige Sterne sind, gibt es im Zentrum der Ebene 3 also einen Dreifachpunkt (Ecken 13, 14 und 15). — Die beiden 3-strahligen Sterne führen entsprechend zu einem abschließenden »Pol« in der Ebene 4. Weil es zwei 3-strahlige Sterne sind, ist dieser Punkt ein doppelter Eckpunkt (19, 20).

In den 6-dimensionalen Hyperwürfel sind also längs seiner Zentralachse, beginnend am oberen »Pol« auch 2- und 3-dimensionale Gebilde eingelagert. Wo sie ihren jeweiligen unteren »Pol« erreichen, beginnen immer neue 2- und 3-dimensionale Gebilde, sodass auch bei Vielfachen von 2 und 3 wiederum Pole auf der Zentralachse liegen.

Im Falle des 5-dimensionalen Hyperwürfels geht das aber nicht, weil der regelmäßige 5-strahlige Kantenstern zwischen den Ebenen 1 und 2 keine weiteren regelmäßigen Sterne enthält, denn die Zahl 5 hat keine ganzen Teiler. 5 ist eine Primzahl.

Primzahlen und *n*-dimensionale Würfel

Generell ergibt sich daraus, dass *n*-dimensionale Würfel immer dann Eckpunkte zwischen den »Polen« auf der Zentralachse besitzen, wenn *n* keine Primzahl ist. Ist *n* dagegen prim, dann liegen (außer den Polen) keine Eckpunkte auf der Zentralachse.

Die Ecken auf der Zentralachse sind immer Mehrfachpunkte. Dabei ist das Vielfache dieser Eckenzahlen davon abhängig, wie oft ein Faktor in der Dimension *n* enthalten ist. Beim 6-dimensionalen Würfel ist der Faktor 2 dreimal enthalten, also ist der Mehrfacheckpunkt im Zentrum der Ebene 3 ein Drei-

---

Bild 34 (Seiten 54 und 55):
So verteilen sich die Ecken des in den 3-dimensionalen Raum projizierten 6-dimensionalen Hyperwürfels auf dessen einzelne Ebenen.

56

fachpunkt. Der Faktor 3 ist zweimal enthalten, also ist der Mehrfacheckpunkt in der Ebene 4 ein Doppelpunkt.

Generell lässt sich sagen: Lässt sich die Dimension n in mehrere Faktoren, zum Beispiel f_1, f_2, f_3 ... zerlegen, dann sind die zugehörigen Zentralpunkte (n/f_1)-, (n/f_2)-, (n/f_3)-fache Punkte. Immer ergibt sich ein Mehrfaches, das ein Bruchteil von n ist und das deshalb selbst nicht ohne Rest durch n teilbar ist.

Das hat weitreichende Konsequenzen. Alle anderen Eckpunkte als die Zentralpunkte in den Ebenen liegen auf Kreisen und folgen einer n- oder $2n$-strahligen Radialsymmetrie. Ohne die Punkte auf der Zentralachse lässt sich die Anzahl aller Eckpunkte in jeder Ebene also ohne Rest durch n teilen. Mit den Punkten auf der Zentralachse (sofern es solche gibt) ist das aber garantiert nicht der Fall.

Um festzustellen, ob eine Zahl n eine Primzahl ist, braucht man also nur Ebene für Ebene die Anzahl der Punkte durch n zu teilen. Gelingt das für alle Ebenen (außer den beiden Polebenen 1 und $n+1$) ohne Rest, dann ist die Zahl n prim. Ist das auch nur in einem einzigen Fall nicht möglich, dann ist n keine Primzahl.

Nun fragt sich natürlich sofort, ob es eine einfache Möglichkeit gibt, die Zahlen der Ecken in allen Ebenen einer n-dimensionalen Figur direkt anzugeben, ohne erst Zeichnungen anfertigen zu müssen. Natürlich geht das. Der Rechenweg ist einfach, und ich möchte keinen Leser damit langweilen. Wer will, der mag ihn für sich selbst herleiten. Aber das Ergebnis dieser Rechnung ist höchst interessant, denn es schlägt eine überraschende Brücke zu einer in der Algebra sehr gut bekannten Zahlentabelle. Diese Tabelle heißt Pascalsches Dreieck[4]. Sie spielt unter anderem bei der Berechnung von Termen der Art $(a + b)^m$ eine wichtige Rolle und ist eine gute Bekannte aus Schultagen. Sie entsteht, wenn man, ausgehend vom Zahlenpaar 1, 1 in der zweiten Zeile, zeilenweise neue Zahlenreihen entwickelt, wobei man immer in die Lücken zweier Zahlen eine Zeile tiefer die Summe dieser beiden Zahlen einträgt. Bild 35 zeigt das. In diesem Bild stehen in der linken schrägen Randspalte (markiert mit »oberer Pol« des Hyperwürfels) lauter Einsen, in der folgenden schrägen Spalte (Dimension n des Hyperwürfels) die Zahlen 1, 2, 3, 4, 5 ... Diese Zahlen lassen sich als Dimensionen

---

[4] Siehe »Pascalsches Dreieck« im Glossar

57

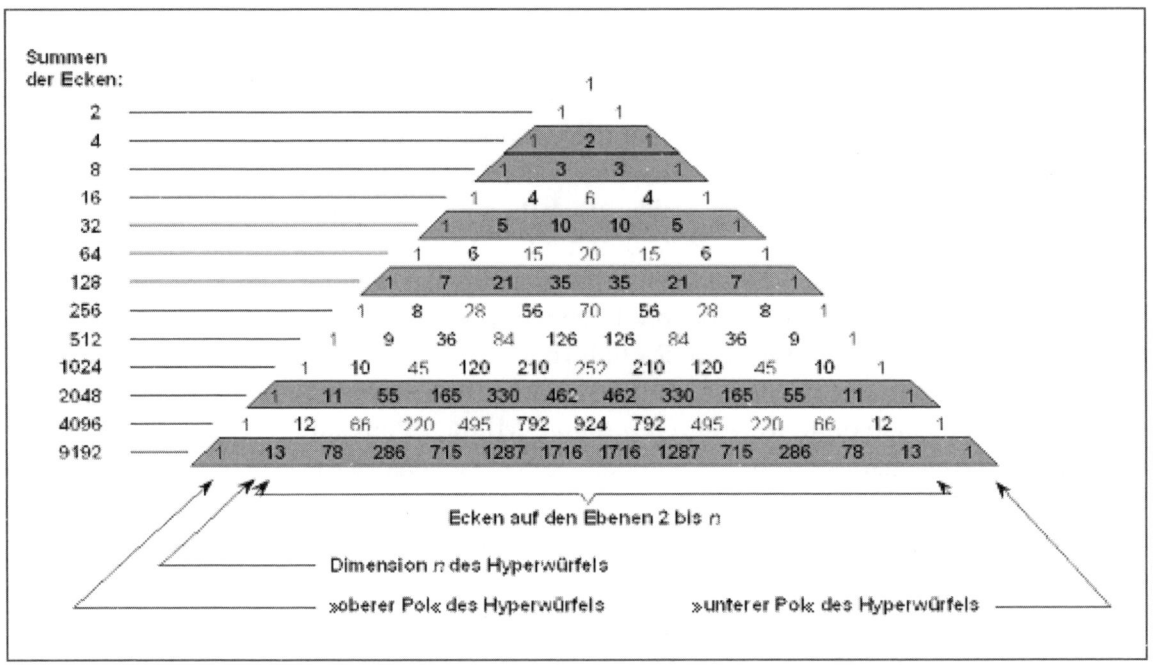

Summen
der Ecken:

								1							
2							1		1						
4						1		2		1					
8					1		3		3		1				
16				1		4		6		4		1			
32			1		5		10		10		5		1		
64		1		6		15		20		15		6		1	
128	1		7		21		35		35		21		7		1

1 8 28 56 70 56 28 8 1
1 9 36 84 126 126 84 36 9 1
1 10 45 120 210 252 210 120 45 10 1
1 11 55 165 330 462 462 330 165 55 11 1
1 12 66 220 495 792 924 792 495 220 66 12 1
1 13 78 286 715 1287 1716 1716 1287 715 286 78 13 1

256
512
1024
2048
4096
9192

Ecken auf den Ebenen 2 bis *n*

Dimension *n* des Hyperwürfels

»oberer Pol« des Hyperwürfels   »unterer Pol« des Hyperwürfels

von Hyperwürfeln auffassen. Nehmen wir als Beispiel $n = 5$, dann lautet die Zeile, die mit 1, 5 beginnt: 1, 5, 10, 10, 5, 1. Das sind genau die Anzahlen der Ecken in den Ebenen 1 bis 6 des 5-dimensionalen Hyperwürfels. Für $n = 6$ lassen sich die Eckenzahlen ebenfalls direkt ablesen: 1, 6, 15, 20, 15, 6, 1. Für alle anderen *n* erweist sich das Pascalsche Dreieck ebenfalls als korrekt. Die Primzahlrechnung vereinfacht sich also zu dem Satz: »Lassen sich alle Zahlen in der mit 1, *n* beginnenden Zeile des Pascalschen Dreiecks ohne Rest durch *n* teilen, dann ist *n* prim.«

Im Bild 35 sind die Primzahlzeilen grau hinterlegt. Alle Ecken-zahlen, die durch die jeweilige Dimension *n* ohne Rest teilbar sind, habe ich fett gedruckt, alle nicht ganzzahligen Vielfachen von *n* sind dagegen mager gedruckt. Sie finden sich ausschließ-lich in Zeilen, für die *n* nicht prim ist.

Nun wäre es sehr umständlich, auf diese Weise bestimmen zu wollen, ob eine sehr große Zahl *n* eine Primzahl ist oder nicht. Es fragt sich also, ob sich das Verfahren vereinfachen lässt. Das scheint sich zunächst auch anzubieten. Addiert man nämlich alle Zahlen einer Zeile des Pascalschen Dreiecks, dann ist deren um 2 verminderte Summe (für die beiden »Pole« 1 am linken und

58

rechten Ende der Zeile) ebenfalls ohne Rest durch n teilbar, wenn n eine Primzahl ist. Ist n dagegen keine Primzahl, dann ist auch die Eckensumme minus 2 sehr vermutlich wiederum kein ganzes Vielfaches von n, weil die Summe mehrerer Brüche selten eine ganze Zahl ergibt. Die Summe aller Zahlen einer Zeile des Pascalschen Dreiecks ist natürlich nichts anderes als die Summe aller Ecken eines n-dimensionalen Hyperwürfels, und die kennen wir ja bereits. Sie ist 2^n. Also lässt sich sagen:

Für Primzahlen ist $(2^n - 2)/n$ stets ganzzahlig.

Das fand auch schon der berühmte französische Mathematiker PIERRE DE FERMAT (1607 – 1665) heraus, eine der brillantesten und zugleich schillerndsten Gestalten der gesamten Mathematikgeschichte. Einige Mathematikhistoriker halten ihn für den genialsten mathematischen Denker, der überhaupt jemals lebte.
Er hatte nur eine für uns Epigonen unliebsame Eigenschaft. Sein reger Geist gestattete keine Beschäftigung mit langweiligen Routinearbeiten. Und so gab er fast immer nur die Resultate seiner brillanten Gedanken bekannt und brachte die Rechenwege oder gar mathematischen Beweise, die dazu führten, kaum jemals zu Papier. Eigentlich ist es sogar übertrieben zu sagen, dass er die Resultate bekannt gegeben hätte. Der weltfremde Eigenbrötler kümmerte sich kaum um andere Menschen. Warum also sollte er ihnen etwas mitteilen? Das meiste, was uns von seinen Arbeiten erhalten geblieben ist, sind stenografisch kurze Randnotizen in irgendwelchen Büchern oder Skripten. So kritzelte er auch die berühmte »Fermatsche Behauptung«, die jahrhundertelang die bedeutendsten Mathematiker beschäftigte, einfach in ein Buch, nämlich, dass es keine ganzzahligen Lösungen a, b und c für die Gleichung $a^n + b^n = c^n$ für ganzzahlige n > 2 gibt. Fermat selbst schrieb dazu, er habe dafür einen völlig einfachen Beweis gefunden. Den aber teilte er der Nachwelt nicht mit, und erst drei Jahrhunderte später, 1995, gelang es dem Briten Andrew Wiles, nach langjähriger intensiver Arbeit und unter Verwendung vieler mathematischer Methoden der neuesten Zeit, ebenfalls die Richtigkeit von Fermats Behauptung zu beweisen. Die dafür erforderliche Arbeit ist ein dickes Buch.
Die Aussage, dass $(2^n - 2)/n$ für Primzahlen n ganzzahlig ist, wurde als »Fermats kleiner Satz« bekannt und spielt in der

Geschichte der Primzahlforschung noch heute eine bedeutende Rolle.

Mathematik schlägt Brücken

Auch in diesem Fall scheint nicht geklärt zu sein, wie Fermat zu seiner Erkenntnis gelangte. Die Beweisführung über die n-dimensionalen Würfel (und das Pascalsche Dreieck) gefällt mir nicht nur deshalb so gut, weil ich sie entdeckte, sondern vor allem, weil sich hier wieder einmal zeigt, wie wundervoll und auf wie verblüffende Weise in der Mathematik oft scheinbar unterschiedlichste Dinge im Grunde doch miteinander verknüpft sind.

Natürlich kann man mir vorwerfen, ich folge in diesem Kapitel keinerlei sinnvollem Konzept. Ich käme vom Hundertsten zum Tausendsten und würde frei schwebend durch alle Schichten mathematischen Spielens wandern. In diesem Kapitel habe ich damit begonnen, schriftlesende Systeme zu untersuchen, mich dann an die Ästhetik spielerisch symmetrisch gezeichneter Hyperwürfel verloren, nur weil's Spaß machte, daraus dann eine eher zufällige Brücke zu magischen Quadraten und Würfeln geschlagen, um schließlich auf dem Umweg über den Granatkristall zu Untersuchungen an Primzahlen zu gelangen. – Für mich liegt gerade darin ein ungeheurer Reiz der Mathematik. Was mich dabei treibt, ist ähnliche Entdeckerfreude, als würde ich ziellos in ein unbekanntes Land vordringen und mich je nach Lust und Laune einmal mit der Wuchskraft von Lianen befassen, ein anderes Mal von bunten Papageien und farbenfrohen Baumfröschen begeistern lassen oder ernsthaft den Wasserhaushalt des Biotops untersuchen. Ich glaube, dieses Vorgehen ist legitim, denn es lässt die Begeisterung nicht zur Ruhe kommen und verleiht unermüdliche Schaffenskraft. Was dabei entsteht, ist keineswegs unwissenschaftliches Flickwerk, sondern ein faszinierendes, in sich stimmiges Gesamtbild, das sich vor den staunenden Augen Mosaiksteinchen für Mosaiksteinchen zusammenfügt, bis endlich ein dahintersteckendes großes Konzept erkennbar wird.

Wirklich Neues lässt sich nur entdecken, wenn man die ausgetretenen Spuren verlässt und nicht nur versucht, bekannte oder unbekannte Probleme mit sattsam bekannten Methoden zu lösen.

»Fast richtig« ist trügerisch

Doch zurück zu den Hyperwürfeln, den Primzahlen und Fermats »kleinem Satz«.

Lange dachte man, er ließe sich umkehren: »Ist $(2^n - 2)/n$ ganzzahlig, dann ist n eine Primzahl.« Aber leider stimmt das nur fast. In einigen – sehr wenigen – Fällen trifft diese Aussage nicht zu. Denn wie die Summe der Bruchzahlen $2/7 + 3/7 + 4/7 + 3/7 + 2/7 = 14/7 = 2$ ist, so kann es natürlich in seltenen Fällen vorkommen, dass auch alle Zahlen einer Zeile des Pascalschen Dreiecks, geteilt durch die Dimensionszahl n, sich zu einer ganzen Zahl addieren. Dann ist $(2^n - 2)/n$ ausnahmsweise ganz, obwohl n keine Primzahl ist.

Das ist, wie gesagt, sehr selten der Fall. Im Bereich der Zahlen 2 bis 1105 sind es lediglich die Zahlen 341, 561, 645 und 1105, während es im selben Bereich 184 Primzahlen und 917 zuverlässig erkennbare Nichtprimzahlen gibt. Eine wirklich sichere Aussage lässt sich mit Fermats »kleinem Satz« aber nur treffen, wenn es darum geht, eine Zahl als Primzahl auszuschließen. Auch lässt sich mit sehr hoher Wahrscheinlichkeit sagen, dass eine Zahl prim ist, mit letzter Gewissheit aber leider nicht.

Gelänge es nun, herauszufinden, in welchen konkreten Fällen sich die einzelnen Brüche in den Zeilen des Pascalschen

Sind alle ungeraden Zahlen Primzahlen?

Offensichtlich sind alle ungeraden Zahlen entgegen dem Glauben der Mathematiker Primzahlen, denn so viele unterschiedliche honorige Berufszweige können nicht irren:

Physiker: *3 ist prim, 5 ist prim, 7 ist prim, 9 ... Messfehler, 11 ist prim, 13 ist prim ...*

Ingenieur: *3 ist prim, 5 ist prim, 7 ist prim, 9 ... ist prim, wenn man approximiert, 11 ist prim, 13 ist prim ...*

Windows-Benutzer: *3 ist prim, 5 ist prim, 7 ist prim, 9 ... Allgemeine Schutzverletzung im Modul PRIMZAHL.DLL*

Quantenphysiker: *Alle Zahlen sind sowohl Primzahlen wie Nichtprimzahlen, solange man sie nicht untersucht.*

Psychologe: *3 ist prim, 5 ist prim, 7 ist prim, 9 ... ist prim, verdrängt es aber und muss therapiert werden, 11 ist prim, 13 ist prim ...*

Politiker: *3 ist prim, 5 ist prim, 7 ist prim, 9 ... ist in der Minderheit und kann ignoriert werden, 11 ist prim, 13 ist prim ...*

Statistiker: *100 % der Stichproben 3, 5, 13, 29, 47, 53, 127 sind prim. Also sind alle ungeraden Zahlen prim.*

Mediziner: *Was sind Primzahlen?*

Linksintellektueller: *Es ist das Denken von vorgestern, alle Zahlen in Klassen einteilen zu wollen. Dem kann und will ich nicht folgen.*

Dreiecks zu einer ganzen Zahl addieren, dann wäre eine zuverlässige Entscheidung über den Primzahlcharakter einer Zahl möglich. Vielleicht findet das ja ein Leser meines Buches heraus. Ich habe es bisher nicht geschafft.

Faktoren bilden sich auch in den Ebenen ab

Übrigens zeigen sich Teiler der Dimension n auch bei der ebenen Projektion der n-dimensionalen Hyperwürfel. Die Figuren enthalten, wenn n nicht prim ist, immer zahlreiche regelmäßige Vielecke mit der Eckenzahl der Teiler von n. Bild 36 zeigt das für $n = 12$. Hier ist der Randbereich der 2-dimensionalen Projektion gezeigt, und die Polygone für die Teiler 3, 4 und 6 sind hervorgehoben. Für den Teiler 2 geht das nicht, denn ein regelmäßiges »Zweieck« lässt sich natürlich nicht nachweisen. Ist die Dimension n eine Primzahl, dann finden sich in den Bildern keine regelmäßigen Vielecke mit weniger als n Ecken.

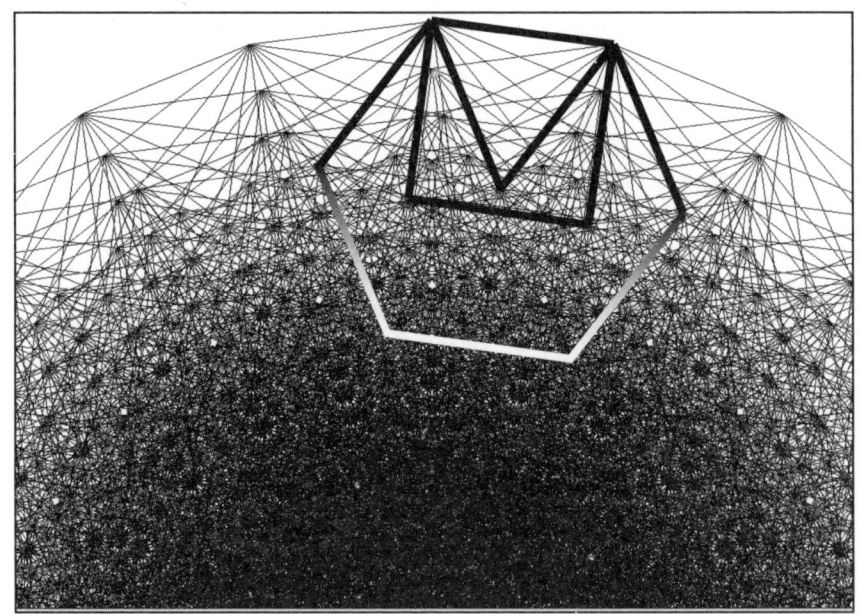

Bild 36
Im Randbereich des 12-dimensionalen Würfels lassen sich die Teiler der Zahl 12 besonders gut als regelmäßige Vielecke mit den Eckenzahlen 3, 4 und 6 erkennen.

Mehr zur Mathematik der multidimensionalen Hyperwürfel finden Sie im Anhang auf S. 241.

Überzeugend falsch

Faszination des Unmöglichen

Aus irgendeinem unerfindlichen Grund geht oft vom Unmöglichen eine weitaus größere Faszination aus, als vom rational Erfassbaren. Viele Menschen glauben auch in unserer naturwissenschaftlich aufgeklärten Zeit noch immer gerne an die Existenz von Ufos, an Spukhäuser oder an den Einfluss ferner Gestirne auf ihr persönliches Schicksal. Vielleicht hängt das mit

Bild 37
Kinder und Forscher gehen mit Neuem unbefangen und neugierig um.

63

Bild 38
Ein Bild sagt mehr
als tausend Worte ...

dem fundamentalen menschlichen Forschergeist und Erkenntnistrieb zusammen, mit dem unstillbaren Bedürfnis, immer Neues zu entdecken. Das sensibilisiert für die vorurteilsfreie Suche in unbekannten Regionen. Aber die Felder, auf denen dergleichen noch möglich ist, werden immer weniger und kleiner. Auf der Landkarte gibt es kaum noch weiße Flecken, der Kosmos ist weitgehend berechenbar geworden, die Welt subatomarer Elementarteilchen liegt strukturiert vor uns, und sogar unser Gehirn lässt sich scheibchenweise bei seiner elektrochemischen Arbeit beobachten. Bleibt mehr und mehr die bloße Sehnsucht nach dem Unerforschten. Ich glaube, deshalb haben Fantasy-Literatur und Science-Fiction-Filme in unserer nüchtern gewordenen Zeit Hochkonjunktur. Das Unmögliche scheint Realität zu werden und der Tristesse des klar Berechenbaren und exakt Begründbaren ein Schnippchen zu schlagen.

Aber was macht den Forschergeist aus? Das Bestreben, das Unbekannte und sogar das scheinbar Unmögliche am Ende eben doch logisch zu durchdringen. Ist das geschafft, dann stellt sich

64

Bild 39
... es kann aber auch
tausendmal so gut
lügen.

zwar große Befriedigung ein, zugleich aber das Unbehagen, das
eigene Spielfeld selbst noch weiter eingeschränkt zu haben.

Ein bisschen vom Reiz des auf den ersten Blick Unergründli-
chen haben falsche mathematische Beweise. Da steht man vor
einer in sich scheinbar konsistenten Gedankenkette, die offenbar
das Unmögliche salonfähig macht. Man weiß zwar, dass da irgendetwas grundlegend falsch sein muss, aber man sieht nicht
gleich, was. Das ist ärgerlich und reizvoll zugleich.

Ich möchte Ihnen in diesem Kapitel eine ganze Reihe von Klassikern aus dem Gebiet falscher mathematischer Beweise präsen-
tieren, aber auch weniger Bekanntes und Neues. Und schließlich
werde ich die Hintergründe jener Gefahren erklären (zum Teil
im Anhang zu den einzelnen Beweisen), die zu fatalen Irrtümern
bei mathematischen Argumentationen führen.

Alle Zahlen sind gleich

Wenn es gelänge, auch nur die Identität zweier verschiedener Zahlen zu beweisen, dann wäre es bis zum Nachweis, dass alle Zahlen untereinander gleich sind, kein weiter Weg.

Angenommen, es ließe sich der Beweis erbringen, dass $2 = 6$ ist. Zieht man auf beiden Seiten der Gleichung 2 ab, dann ergibt sich $0 = 4$. Teilt man beide Seiten durch 4, dann wird daraus $0 = 1$. Nun lässt sich schrittweise auf beiden Seiten immer wieder 1 addieren, woraus folgt: $1 = 2$, $2 = 3$, $3 = 4$, $4 = 5$ und so weiter. Damit wäre dann die Identität aller natürlichen Zahlen untereinander bewiesen. Fehlt also nur noch der Nachweis, dass $2 = 6$ ist. Nichts ist einfacher als das:

Beweis 1[5]

Behauptung:	$2 = 6$	
Es sei	$a = b + c$	(1)
Dann ist	$2a = 2b + 2c$	(2)
und	$6b + 6c = 6a$	(3)

Addiert man die Gleichungen (2) und (3), dann ergibt sich:

	$6b + 6c + 2a = 2b + 2c + 6a$	(4)
oder	$6b + 6c - 6a = 2b + 2c - 2a$	(5)
oder	$6(b + c - a) = 2(b + c - a)$	(6)

Teilt man nun beide Seiten der Gleichung (6) durch $(b + c - a)$, dann folgt: $6 = 2$ q. e. d.

»q. e. d.« sind die drei häufigst gebrauchten Buchstaben bei mathematischen Beweisführungen und als solche aus dem Mathematikunterricht bestens im Gedächtnis. Sie stehen für »quod erat demonstrandum« (lat. »was zu beweisen war«), sollten hier aber besser als »quo errat demonstrator« (lat. »wobei sich der Beweisführer irrte«) verstanden werden.

Im Dritten Reich, als sich das Regime dem Deutschtum verpflichtet fühlte, mochte man derartige Latinismen nicht. Eine führende Verbandszeitschrift deutscher Dampfkesselbauer texte-

---

[5] Wer Freude daran hat, selbst herauszufinden, wo die Fehler in diesem und den folgenden Beweisen dieses Kapitels liegen, der mag sie suchen. Wem das keinen Spaß macht, der findet die Erklärungen ab Seite 243 im Anhang.

te seinerzeit zum Beispiel: »Wieder über 100 Tote beim Zerpuffen eines Großkessels«. Denn »Explosion« wäre schließlich ein kulturfremdes Wort gewesen. »Motorrad« hieß eingedeutscht »Zerknallgaszweiradstreibling«, und statt »Tabletten« hatte der linientreue Apotheker tunlichst die eingedeutschte Wortneuschöpfung »Gesundheitsrundling« zu verwenden. Auch das gute alte »q. e. d.« war damals verpönt und musste in den deutschen Schulbüchern einem »w. z. b. w.« (»was zu beweisen war«) weichen. Das hielt sich dort noch bis in die 1960er Jahre.

Doch zurück zu den etwas irregeleiteten Beweisen. Hier sind zwei weitere dieser Art:

Beweis 2

Behauptung: $7 = 9$

Es ist $7 + 2 = 9$

Multipliziert man auf jeder Seite mit 7, dann ergibt sich

$$7 \times (7 + 2) = 7 \times 9$$

oder ausmultipliziert: $49 + 14 = 63$

Nun zieht man auf jeder Seite 63 ab und subtrahiert rechts 18, die man sofort wieder addiert:

$$49 + 14 - 63 = 63 - 63 - 18 + 18$$

oder umgeformt $49 + 14 - 63 = 63 + 18 - 81$

Nach Ausklammern von 7 bzw. 9 ergibt sich daraus

$$7 \times (7 + 2 - 9) = 9 \times (7 + 2 - 9)$$

Nun dividiert man beide Seiten durch die Klammer und erhält

$$7 = 9 \qquad \text{q. e. d.}$$

Beweis 3

Behauptung: $5 = 7$

Man setzt $a = 1{,}5$ und $b = 1$

Dann ist $10a = 15b$ (1)

und $14a = 21b$ (2)

Subtrahiert man Gleichung (1) von Gleichung (2), dann erhält man

$$14a - 10a = 21b - 15b$$

oder umgeformt $15b - 10a = 21b - 14a$

Ausklammern ergibt $5 \times (3b - 2a) = 7 \times (3b - 2a)$

Nun dividiert man beide Seiten durch die Klammer und erhält

$$5 = 7 \qquad \text{q. e. d.}$$

Ein allgemeiner Beweis zur Gleichheit aller natürlichen Zahlen ist der folgende:

Beweis 4

Behauptung: $n = m$ für alle natürlichen Zahlen n und m
Man setze $n = m + p$
Multipliziert man jede Seite mit $(n - m)$, dann erhält man
$$n(n - m) = (m + p)(n - m)$$
oder ausmultipliziert: $n^2 - mn = mn - m^2 + np - mp$
Wird auf jeder Seite np subtrahiert, dann ergibt sich
$$n^2 - mn - np = mn - m^2 - mp$$
Nun lässt sich links n und rechts m ausklammern:
$$n(n - m - p) = m(n - m - p)$$
Beide Seiten werden durch die Klammer geteilt und man erhält
$$n = m \qquad\qquad \text{q. e. d.}$$

Sind, wie inzwischen mehrfach bewiesen, alle Zahlen untereinander gleich, dann gilt das natürlich auch für die Gleichheit mit null. Aber es lässt sich auch unmittelbar belegen, dass alle natürlichen Zahlen gleich null sind:

Beweis 5

Behauptung: Alle natürlichen Zahlen a sind gleich null.
Man setzt $a = b$
Multipliziert mit a: $a^2 = ab$
Nun wird auf beiden Seiten b^2 subtrahiert und es ergibt sich
$$a^2 - b^2 = ab - b^2 \qquad\qquad (1)$$
Nach dem 3. Binomschen Satz ist $a^2 - b^2 = (a - b)(a + b)$. Damit wird
aus Gleichung (1) $(a - b)(a + b) = b(a - b)$ (2)
Geteilt durch $(a - b)$: $a + b = b$ (3)
Zieht man in Gleichung (3) auf beiden Seiten b ab, dann bleibt
$$a = 0 \quad \text{für jede natürliche Zahl a} \qquad \text{q. e. d.}$$

Wenden wir uns nun kurz den Quadratzahlen zu. Dieses Thema lässt sich rasch abhandeln, denn sie sind alle gleich 1, wie der folgende Beweis zeigt:

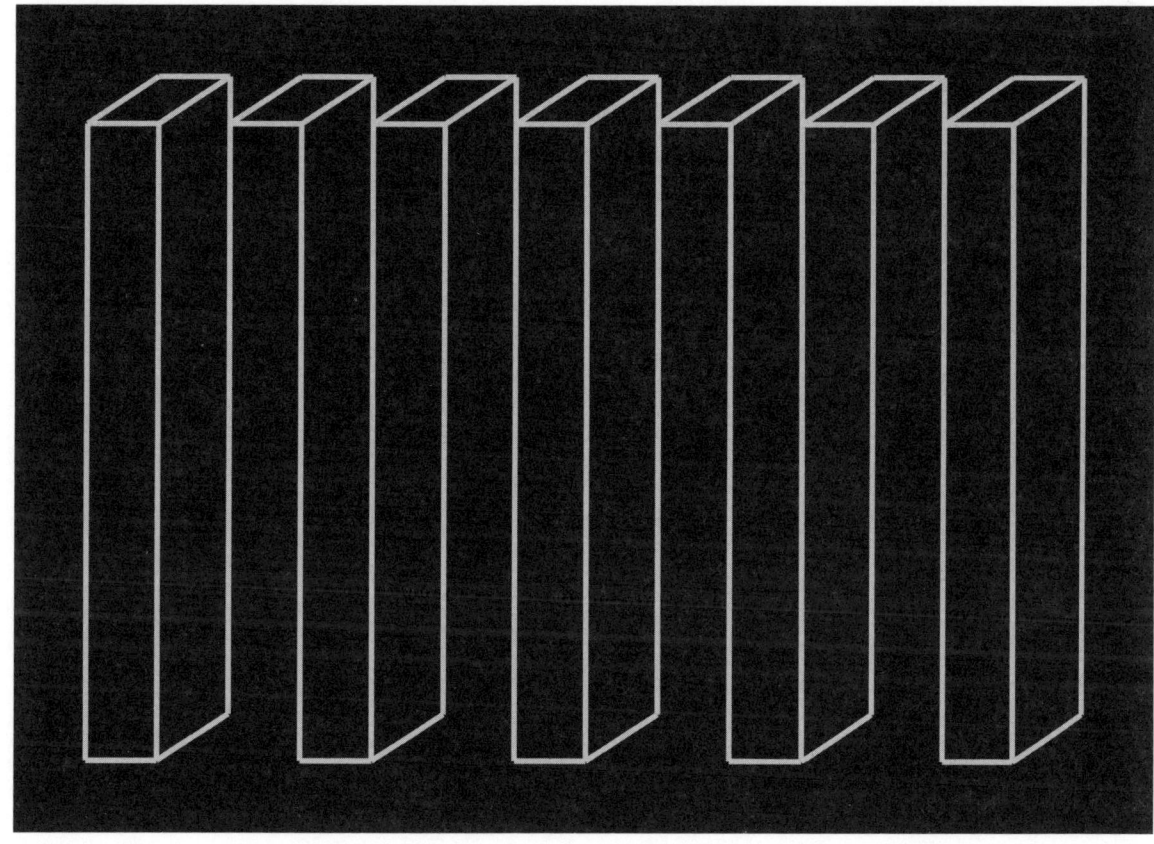

Bild 40
Bild ohne Worte

<u>Beweis 6</u>

Behauptung: Das Quadrat jeder natürlichen Zahl n ist 1.

Zunächst setzt man $\qquad a = b = n^2 / 4 \qquad$ (1)

Daraus folgt $\qquad \sqrt{a} = \sqrt{b} \qquad$ (2)

Nun wird Gleichung (2) von Gleichung (1) subtrahiert und es ergibt sich $\qquad a - \sqrt{a} = b - \sqrt{b}$

Umsortieren liefert $\qquad a - b = \sqrt{a} - \sqrt{b}$

Auf die linke Seite der Gleichung wenden wir nun die dritte Binomsche Formel $(u^2 - v^2) = (u + v)(u - v)$ an, wobei $u^2 = a$ und $v^2 = b$ gesetzt wird. Es ergibt sich $\qquad (\sqrt{a} + \sqrt{b})(\sqrt{a} - \sqrt{b}) = (\sqrt{a} - \sqrt{b})$

Teilt man beide Seiten durch $(\sqrt{a} - \sqrt{b})$, dann erhält man

$$\sqrt{a} + \sqrt{b} = 1 \qquad (3)$$

69

Gemäß Gleichung (1) ist $a = b$. Setzt man das in Gleichung (3) ein,
ergibt sich $\qquad\qquad\qquad 2\sqrt{a} = 1 \qquad\qquad\qquad$ (4)

In Gleichung (4) setzt man wiederum aus Gleichung (1) $a = n^2/4$ ein

und erhält $\qquad\qquad\qquad 2\sqrt{n^2/4} = 1$

oder $\qquad\qquad\qquad\qquad 2(n/2) = 1$

Also ist $n = 1$ und demnach auch $n^2 = 1^2 = 1$ $\qquad\qquad$ q. e. d.

Interessant wird es, wenn wir uns dem Unendlichen zuwenden.
Dann zeigt sich nämlich, dass dieses kleiner als −1 ist. Der folgende Beweis belegt das eindrücklich:

Beweis 7

Behauptung: $\qquad\qquad\qquad \infty < -1$
Ein Bruch ist umso kleiner, je größer sein Nenner ist. Also gilt
$\qquad\qquad\qquad\qquad 1/(n + 1) < 1/n$
Daraus folgt $\qquad\qquad$ ... $1/3 < 1/2 < 1/1 < 1/0 < 1/(-1) < 1/(-2)$ ...
Also ist $\qquad\qquad\qquad 1/0 < 1/(-1)$
oder $\qquad\qquad\qquad\quad \infty < 1/(-1)$
beziehungsweise $\qquad\quad \infty < -1$ $\qquad\qquad$ q. e. d.

Der Zahlenwert −1 selbst ist allerdings ganz offensichtlich identisch mit dem Unendlichen. Hier ist der Beweis:

Beweis 8

Behauptung: $\qquad\qquad\qquad \infty = -1$
Zunächst setzt man $\qquad n = 1 + 2 + 4 + 8 + 16 + $ ... (unendliche Reihe)
Verdopplung ergibt $\qquad 2n = 2 + 4 + 8 + 16 + 32 + $ ...
Also ist $\qquad\qquad\qquad 2n + 1 = n$
oder $\qquad\qquad\qquad\quad n + 1 = 0$
oder $\qquad\qquad\qquad\quad n = -1$
Wegen der anfänglichen Definition von n ist demnach
$\qquad\qquad\qquad\qquad 1 + 2 + 4 + 8 + 16 + ... = -1$
Die linke Seite der Gleichung hat die Summe ∞.
Also folgt direkt $\qquad\qquad \infty = -1$ $\qquad\qquad$ q. e. d.

Allerdings muss dann auch 1 identisch mit ∞ sein, weil 1 mit -1 identisch ist. Ein Beweis dafür ist der folgende:

<u>Beweis 9</u>

Behauptung: $\qquad\qquad$ $1 = -1$

Es ist offensichtlich, dass $\qquad$ $\sqrt{-1} = \sqrt{-1}$

Dafür lässt sich schreiben $\qquad$ $\sqrt{\dfrac{1}{-1}} = \sqrt{\dfrac{-1}{1}}$

Das ist das Gleiche wie $\qquad$ $\dfrac{\sqrt{1}}{\sqrt{-1}} = \dfrac{\sqrt{-1}}{\sqrt{1}}$

Umgeformt ergibt sich $\qquad$ $\sqrt{1} \cdot \sqrt{1} = \sqrt{-1} \cdot \sqrt{-1}$

oder $\qquad\qquad\qquad$ $1 = -1$ $\qquad\qquad$ q. e. d.

Wem die bisherigen Beweise zu einfach erschienen, weil er immer gleich den Fehler darin erkannt hat, der möge sich an den folgenden versuchen:

<u>Beweis 10</u>

Behauptung: $\qquad$ $4 = 6$
Es ist fraglos $\qquad$ $4 \times 6 = 6 \times 4$
beziehungsweise $\qquad$ $4 \times (10 - 4) = 6 \times (10 - 6)$
Ausmultiplizieren gibt $\quad$ $4 \times 10 - 4^2 = 6 \times 10 - 6^2$
Vorzeichen umdrehen: $\quad$ $4^2 - 4 \times 10 = 6^2 - 6 \times 10$
Nun addiert man auf jeder Seite 25 und erhält
$\qquad\qquad$ $4^2 - 2 \times 4 \times 5 + 25 = 6^2 - 2 \times 6 \times 5 + 25$
Auf jeder Seite der Gleichung steht jetzt ein Term der Art $a^2 + 2ab + b^2$
Dabei ist links $a = 4$ und $b = 5$ und rechts $a = 6$ und $b = 5$.
Das zweite Binomsche Gesetz besagt, dass $a^2 - 2ab + b^2 = (a - b)^2$.
Wendet man das auf jede Seite der Gleichung an, dann ergibt sich
$\qquad\qquad$ $(4 - 5)^2 = (6 - 5)^2$
Zieht man auf jeder Seite die Wurzel, dann erhält man
$\qquad\qquad$ $4 - 5 = 6 - 5$
Addiert man schließlich auf jeder Seite 5, dann folgt daraus
$\qquad\qquad$ $4 = 6$ $\qquad\qquad$ q. e. d.

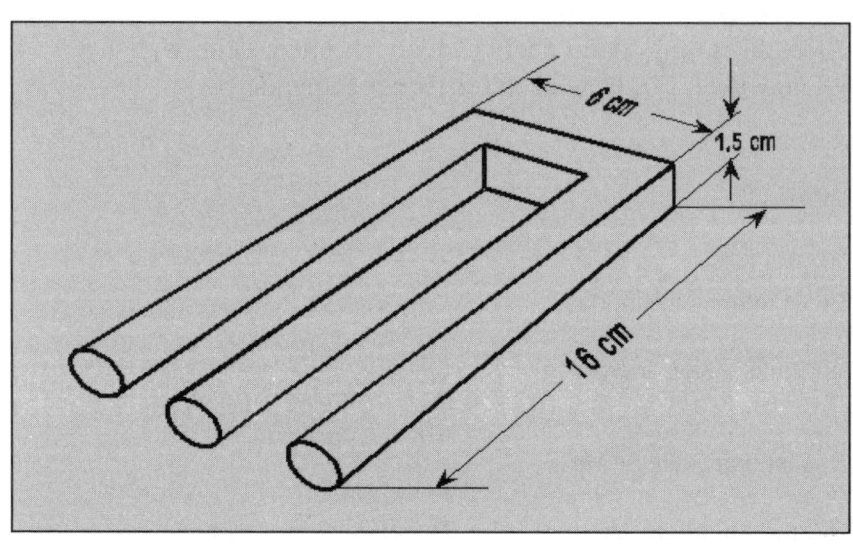

Bild 41
In den späten 1970er Jahren legte die Stuttgarter Firma LATENT Energie GmbH einzustellenden Werkzeugmachern diese Maßzeichnung als Test vor und bat um Vorschläge zur Herstellung des abgebildeten Objekts.

Beweis 11

Behauptung:	a = b für alle natürlichen Zahlen a und b
Es sei	$c = (a + b)/2$
Dann ist	$a + b = 2c$
oder	$a = 2c - b$ \qquad (1)
und	$2c - a = b$ \qquad (2)

Multipliziert man Gleichung (1) mit Gleichung (2), dann ergibt sich
$$a(2c - a) = b(2c - b) \qquad (3)$$

Ausmultipliziert	$2ac - a^2 = 2bc - b^2$
oder	$a^2 - 2ac = b^2 - 2bc$

Addiert man auf jeder Seite c^2, dann erhält man
$$a^2 - 2ac + c^2 = b^2 - 2bc + c^2$$
Laut dem 2. Binomschen Satz ist das
$$(a - c)^2 = (b - c)^2$$

Wurzelziehen liefert	$a - c = b - c$
Daraus folgt	$a = b$ \qquad q. e. d.

Beweis 12

Behauptung: Für alle natürlichen Zahlen n gilt $n = n + 1$
Ausmultiplizieren des folgenden quadratischen Terms ergibt
$$(n + 1)^2 = n^2 + 2n + 1$$
Zieht man auf jeder Seite $(2n + 1)$ ab, dann erhält man
$$(n + 1)^2 - (2n + 1) = n^2$$
Nun zieht man noch auf jeder Seite $n(2n + 1)$ ab. Das ergibt
$$(n + 1)^2 - (n + 1)(2n + 1) = n^2 - n(2n + 1)$$
Jetzt wird auf jeder Seite $\frac{1}{4}(2n + 1)^2$ addiert:
$$(n + 1)^2 - (n + 1)(2n + 1) + \tfrac{1}{4}(2n + 1)^2 = n^2 - n(2n + 1) + \tfrac{1}{4}(2n + 1)^2$$

Anwendung des 2. Binomschen Satzes ergibt

$[(n + 1) - \frac{1}{2}(2n + 1)]^2 = [n - \frac{1}{2}(2n + 1)]^2$

Zieht man die Wurzel auf beiden Seiten, erhält man

$(n + 1) - \frac{1}{2}(2n + 1) = n - \frac{1}{2}(2n + 1)$

Wenn man schließlich noch $\frac{1}{2}(2n + 1)$ addiert, folgt unmittelbar

$n + 1 = n$ q. e. d.

Beweis 13

Behauptung: Für alle natürlichen Zahlen n gilt $-n = n$
Es sei m eine natürliche gerade Zahl.
Folgende Identität ist evident:
$$-n = (-n)^1$$
Das ist dasselbe wie $\quad -n = (-n)^{m/m}$
oder $\quad -n = [(-n)^m]^{1/m}$
oder (weil eine negative Zahl $(-n)$ hoch eine gerade Zahl m den Betrag n^m ergibt): $-n = [n^m]^{1/m}$
beziehungsweise $\quad -n = n^{m/m} = n^{1/1}$
Also ist $\quad -n = n$ q. e. d.

Verbreitet in der Mathematik ist eine Beweismethode, bei der von einer Voraussetzung ausgegangen ist, von der zunächst nicht bekannt ist, ob sie richtig oder falsch ist. Zeigt sich im Verlauf der Beweisführung ein Resultat, das eindeutig richtig ist, dann schließt man daraus zurück, dass auch die primäre Annahme richtig gewesen sein muss. Hier ist ein nettes Beispiel:

Beweis 14

Behauptung: $\quad 4 = 5$
Es sei b eine beliebige natürliche Zahl und $\quad a = b + 1 \quad$ (1)
Beide Seiten der Gleichung (1) werden jetzt mit $(a - b)$ multipliziert:
$a(a - b) = ab + a - b^2 - b$
Umgeformt ergibt das $\quad a^2 + b^2 = 2ab + a - b \quad$ (2)
Wir setzen jetzt $\quad a = 4$ und $b = 4 \quad$ (3)
Damit wird Gleichung (2) zu $\quad 4^2 + 4^2 = 2 \times 4 \times 4 + 4 - 4$
oder $\quad 32 = 32$
Das ist offensichtlich richtig. Deshalb muss auch die ursprüngliche Annahme (1) richtig sein.
Es trifft also zu, dass $\quad a = b + 1 \quad$ (4)
Weil aber gemäß Annahme (3), die wegen des korrekten Ergebnisses ebenfalls richtig sein muss, $a = 4$ und $b = 4$ ist, ergibt sich damit aus Gleichung (4) $\quad 4 = 4 + 1 = 5 \quad$ q. e. d.

1 + 1 = 2

Auf der Website *WWW.MATHEWITZE.DE* findet sich in ungefähr die folgende zauberhafte »Vereinfachung« der Gleichung
$1 + 1 = 2$ *(1)*

Wer schon einmal mit Logarithmen zu tun hatte, weiß, dass:
$1 = \ln e$ (2)

Aus der Trigonometrie ist außerdem bekannt, dass:
$1 = \sin^2 a + \cos^2 a$ (3)

Und eine Formel für eine unendliche Summe besagt, dass:

$$2 = \sum_{n=0}^{\infty} \frac{1}{2^n}$$ (4)

Setzt man (2), (3) und (4) in die Gleichung (1) *ein, dann erhält man:*

$$\ln e + \sin^2 a + \cos^2 a \;=\; \sum_{n=0}^{\infty} \frac{1}{2^n}$$ (5)

Nun ist aus der Trigonometrie aber auch bekannt, dass:

$$1 = \cosh s \cdot \sqrt{1 - \tanh^2 s}$$ (6)

Und für e gilt:

$$e = \lim_{c \to \infty}\left(1 + \frac{1}{c}\right)^c$$ (7)

Außerdem gilt bekanntlich:
$0! = 1$ (8)

und:
$m^0 = 1$ (9)

Eine der merkwürdigsten Beziehungen in der Mathematik ist schließlich:
$e^{i\pi} = -1$ (10)

Mit (6), (7), (8), (9) *und* (10) *lässt sich Gleichung* (5) *umformen in:*

$$\ln\left[\lim_{c \to \infty}\left(0! + \frac{m^0}{c}\right)^c\right] + \sin^2 a + \cos^2 a \;=\; \sum_{n=0}^{\infty} \frac{\cosh s \cdot \sqrt{-e^{i\pi} - \tanh^2 s}}{2^n}$$ (11)

Die Gleichung (11) *besagt nichts anderes als* 1 + 1 = 2, *wirkt aber viel beeindruckender.*

Wer sich mit Logarithmen[6] auskennt, wird seine Freude an folgenden zwei Beweisen haben:

Beweis 15

Behauptung: $\ln(2) = 0$

Für $\ln(2)$ gilt bekanntlich die folgende unendliche Reihenentwicklung:

$\ln(2) = 1 - 1/2 + 1/3 - 1/4 + 1/5 - 1/6 + ...$

Das lässt sich umordnen, indem man die positiven und die negativen Summanden zusammenfasst:

$\ln(2) = (1 + 1/3 + 1/5 + 1/7 + ...) - (1/2 + 1/4 + 1/6 + 1/8 + ...)$

Das ist dasselbe wie

$\ln(2) = (1 + 1/3 + 1/5 + 1/7 + ...) + (1/2 + 1/4 + 1/6 + 1/8 + ...)$
$\qquad - 2 \times (1/2 + 1/4 + 1/6 + 1/8 + ...)$

Nun fasst man die beiden ersten Klammern auf der rechten Gleichungsseite zusammen und multipliziert die dritte Klammer mit 2 aus:

$\ln(2) = (1 + 1/2 + 1/3 + 1/4 + 1/5 + ...) - (1 + 1/2 + 1/3 + 1/4 + 1/5 + ...)$

oder $\ln(2) = 0$ q. e. d.

Beweis 16

Behauptung: $\log(-1) = 0$

Es ist bekanntlich $\log(1) = 0$

Die linke Seite lässt
sich umschreiben: $\log(1) = \log[(-1)^2] = 2 \times \log(-1) = 0$

Wenn $2 \times \log(-1) = 0$ ist, dann ist natürlich auch $\log(-1) = 0$. q. e. d.

Einen schönen Beweis der etwas irrigen Sorte liefert auch die Trigonometrie:

Beweis 17

Behauptung: $1/4 > 1/2$

Es gilt die Identität $\sin(\pi/6) = \sin(\pi/6)$

und damit auch $\log[\sin(\pi/6)] = \log[\sin(\pi/6)]$

Daraus lässt sich durch Verdopplung nur der linken Seite der Gleichung die folgende Ungleichung ableiten:

$\qquad\qquad 2 \times \log[\sin(\pi/6)] > \log[\sin(\pi/6)]$

---

[6] Siehe »Logarithmen« im Glossar

Das lässt sich nach den Gesetzen für Logarithmen umschreiben in
$$\log[\sin(\pi/6)]^2 > \log[\sin(\pi/6)]$$
»Entlogarithmieren« macht daraus
$$[\sin(\pi/6)]^2 > \sin(\pi/6)$$
Weil nun bekanntlich $\sin(\pi/6) = 1/2$ ist, folgt daraus
$$(1/2)^2 > 1/2$$
oder $\qquad\qquad\qquad 1/4 > 1/2 \qquad\qquad$ q. e. d.

Solange das alles nur mathematische Spielerei bleibt, ist es unterhaltsam, aber nicht ganz ernst zu nehmen. Wirklich bedenklich wird es aber, wenn es dabei an unser liebes Geld geht. Wie wenig das tatsächlich wert ist, zeigt der nächste Beweis nur allzu schmerzhaft:

Beweis 18

Behauptung: $\qquad\qquad$ 1 € = 1 cent
Die Rechnung ist denkbar einfach:
$$1\ € = 100\ cent$$
$$= (10\ cent)^2$$
$$= (0,1\ €)^2$$
$$= 0,01\ €$$
$$= 1\ cent \qquad\qquad \text{q. e. d.}$$

Wären auch 95° recht?

Nicht nur mit den Mitteln der Algebra lässt sich Verwirrung stiften, wenn man es darauf anlegt. Wohl noch überzeugender gelingt das mit geometrischen Beweisführungen.
Auch in den folgenden beiden Fällen dürfen Sie sich wieder selbst den Kopf zerbrechen, um den Fehler zu finden, oder Sie können im Anhang auf Seite 247 nach der Aufklärung suchen.
Das Spiel beginnt mit der Behauptung, dass auch ein 95°-Winkel ein rechter Winkel ist, oder – ganz allgemein – dass eigentlich jeder Winkel 90° misst.

Beweis 19

Behauptung: Jeder Winkel ist ein rechter Winkel.

Im Bild 42 wurde zunächst die Strecke [AB] gezeichnet und dann an diese in A unter 90° die Strecke [AC] angetragen.
Der Winkel CAB ist also gemäß Konstruktion ein rechter Winkel. Im Punkt B wurde dann unter einem beliebigen Winkel φ ungleich 90° (im Bild etwa φ = 95°) die Strecke [BD] = [AC] angetragen.

Es soll bewiesen werden, dass der Winkel ABD ≡ φ ebenfalls ein rechter ist. Dazu wurden folgende Hilfslinien gezeichnet:

Bild 42
Hilfskonstruktion für den Beweis, dass jeder beliebige Winkel ein rechter Winkel ist

1. die Verbindungslinie zwischen den Punkten C und D,
2. die Mittelsenkrechte auf der Strecke [AB] im Punkt P,
3. die Mittelsenkrechte auf der Strecke [CD] im Punkt Q.

Die Strecken [AB] und [CD] sind zueinander nicht parallel, weil φ > 90°. Aus demselben Grund ist [CD] > [AB]. Deshalb sind auch die Mittelsenkrechten in P und Q nicht parallel und schneiden sich deshalb im Punkt S.

Nun wurden noch vier weitere Hilfslinien gezogen:
die Verbindungen [SA], [SC], [SB] und [SD].
Wir betrachten jetzt die beiden Dreiecke CAS und DBS. Hier sind:

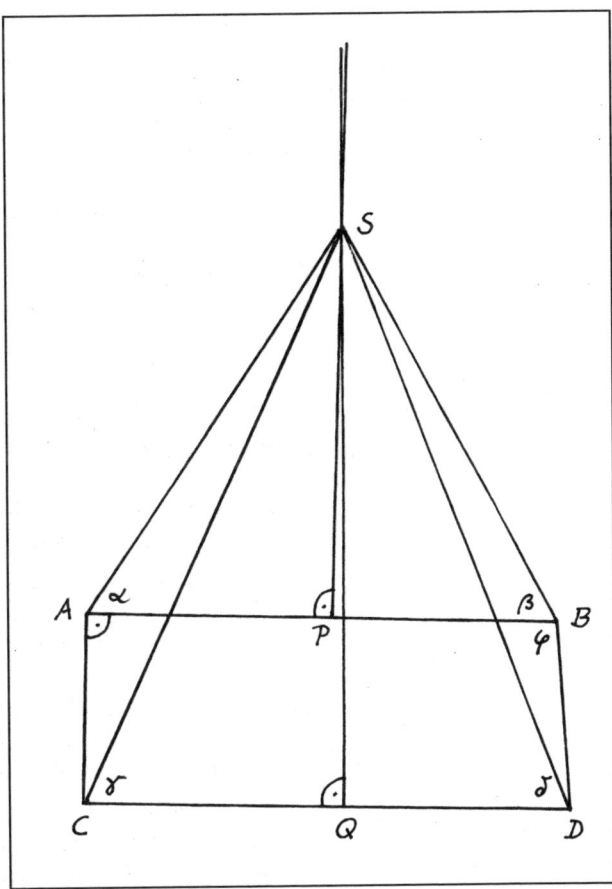

a) Seite [AC] = Seite [BD] (gemäß Konstruktion)
b) Seite [SA] = Seite [SB] (Das Dreieck ASB ist gleichschenklig, weil S auf der Mittelsenkrechten von [AB] liegt.)
c) Seite [SC] = Seite [SD] (Das Dreieck CSD ist gleichschenklig, weil S auf der Mittelsenkrechten von [CD] liegt.)

Stimmen zwei Dreiecke in drei Seiten überein, dann nennt sie der Mathematiker kongruent. Das heißt, sie sind deckungsgleich oder spiegelbildlich de-

77

ckungsgleich. Im vorliegenden Fall trifft das Letztere zu. In kongruenten Dreiecken stimmen auch alle Winkel des einen Dreiecks mit den entsprechenden Winkeln des anderen überein, in diesem Fall also u. a. Winkel CAS = Winkel SBD.

Weil Dreieck ASB gleichschenklig ist, sind auch die Winkel α und β gleich.

Natürlich ist dann auch

Winkel CAS – Winkel α = Winkel SBD – Winkel β

d. h. Winkel CAB = Winkel ABD

Weil nun aber laut Konstruktion der Winkel CAB 90° beträgt, muss auch der Winkel ABD, also der Winkel φ, ein rechter Winkel sein.

q. e. d.

Nun wissen wir jetzt zwar, dass jeder Winkel ein rechter Winkel ist, aber das kann auch nicht so ganz stimmen, weil sich ebenso leicht zeigen lässt, dass jeder Winkel 60° misst. Das geht schon daraus hervor, dass jedes beliebige Dreieck ein gleichseitiges Dreieck ist, und die Winkel in einem solchen messen nun einmal alle 60°. Gehen wir an den Beweis:

Beweis 20

Behauptung: Jedes Dreieck ist gleichseitig.

Zunächst geht man von einem offensichtlich beliebigen Dreieck aus, wie es zum Beispiel das Dreieck ABC in Bild 43 ist. Nun werden zunächst zwei Hilfslinien gezogen:

    1.   die Mittelsenkrechte auf der Seite [AB] im Punkt D,

    2.   die Winkelhalbierende des Winkels ACB.

Beide schneiden sich im Punkt S.

Jetzt zeichnet man 4 weitere Hilfslinien:

    3.   das Lot von S aus auf die Seite [AC],

    4.   das Lot von S aus auf die Seite [CB],

    5.   die Verbindungslinie [AS],

    6.   die Verbindungslinie [BS].

Betrachten wir nun die beiden Dreiecke SEC und SFC.

Bei ihnen stimmen drei Elemente überein:

    a)   die beiden Winkel φ (weil [SC] die Winkelhalbierende des Winkels ECF ist),

    b)   die Winkel SEC und SFC (beides sind rechte Winkel),

    c)   die beiden Dreiecken gemeinsame Seite [SC]

Stimmen zwei Dreiecke in einer Seite und zwei Winkeln überein, dann sind sie kongruent. Also müssen im vorliegenden Fall auch die Seiten [EC] und [FC] gleich sein.

Betrachten wir nun die beiden Dreiecke ASE und BSF. In ihnen stimmen überein:

a) Winkel AES = Winkel SFB (beide sind rechtwinklig),
b) Strecke [ES] = Strecke [SF] (Seiten der kongruenten Dreiecke SEC und SFC),
c) Strecke [AS] = Strecke [SB] (denn [DS] ist die Mittelsenkrechte der Seite [AB])

Weil sie in zwei Seiten und dem eingeschlossenen Winkel übereinstimmen, sind auch die Dreiecke ASE und BSF kongruent. Deshalb sind auch die Seiten [AE] und [BF] gleich.

Weil nun einerseits [AE] = [BF] und andererseits [EC] = [FC], so ist auch [AE] + [EC] = [BF] + [FC]. Das heißt, die Seiten [AC] und [BC] des Gesamtdreiecks ABC sind gleich.

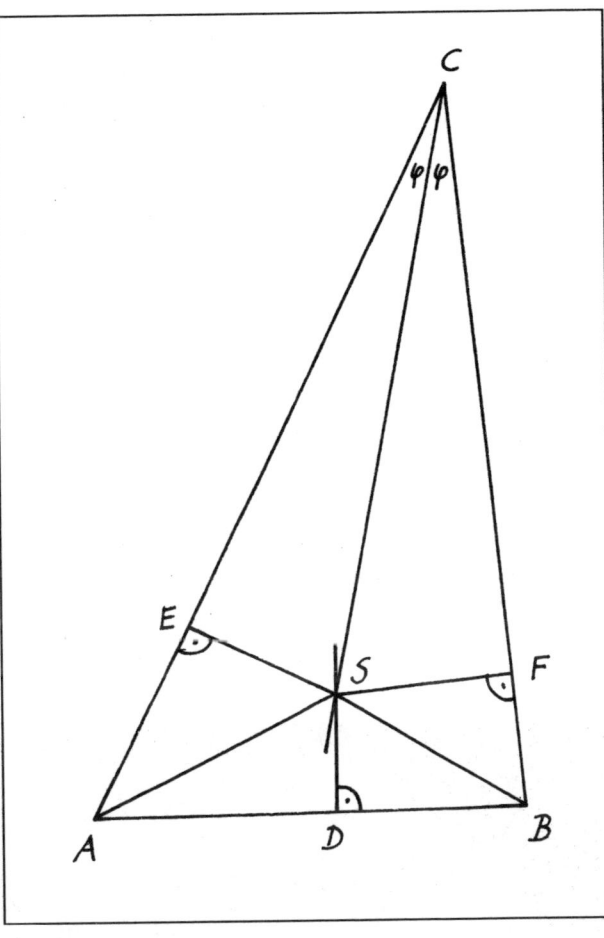

Bild 43
Hilfskonstruktion für den Beweis, dass jedes Dreieck gleichseitig ist

Der Beweis ergab bisher also, dass zwei beliebige Seiten eines beliebigen Dreiecks gleich sind. Und weil es sich um beliebig gewählte Seiten handelt, muss Gleiches auch für zwei beliebige andere Seiten gelten. Also sind alle Seiten eines Dreiecks einander gleich. q. e. d.

Fibonacci-Zahlen sorgen für Verwirrung

Einer der großartigsten Mathematik-Puzzler, den es je gab, war der US-Amerikaner SAM LOYD der Ältere, der im 19. Jahrhundert lebte. Nach eigener Aussage stellte er 1858 dem US-Schachkongress ein geometrisches Paradoxon vor, das heute unter mathematischen Denksportenthusiasten berühmt ist. Allerdings erwähnte Loyd nicht, ob er der Erfinder dieses Paradoxons war oder ob es schon älter ist. Auch auf die Gefahr hin, dass es vielen meiner Leser bekannt ist, will ich es in dieses Buch aufnehmen, denn es gibt Interessantes dazu zu sagen, das sich vielleicht weniger herumgesprochen hat als das Problem selbst.

Worum es geht, zeigt Bild 44. In der linken oberen Figur ist aus den Elementen A, B, C und D ein Quadrat von 8 × 8 = 64 Kästchen gelegt. In der rechten Figur finden sich genau dieselben vier Elemente A bis D wieder. Diesmal bilden sie zusammen ein Rechteck von 5 × 13 = 65 Kästchen. Auf rätselhafte Weise ist diese Figur also ein Kästchen größer als die erste. Man könnte das als den geometrischen Beweis dafür werten, dass eben 64 = 65 ist. Doch nicht genug damit. Legt man die vier Elemente so zusammen wie in der linken unteren Figur von Bild 44, dann ergibt sich ein Gebilde aus einem oberen und einem unteren Rechteck von je 5 × 6 Kästchen, verbunden durch eine

Bild 44
Legt man die vier Elemente A, B, C und D auf unterschiedliche Weisen zusammen, dann entstehen merkwürdigerweise Gebilde mit unterschiedlich großen Gesamtoberflächen.

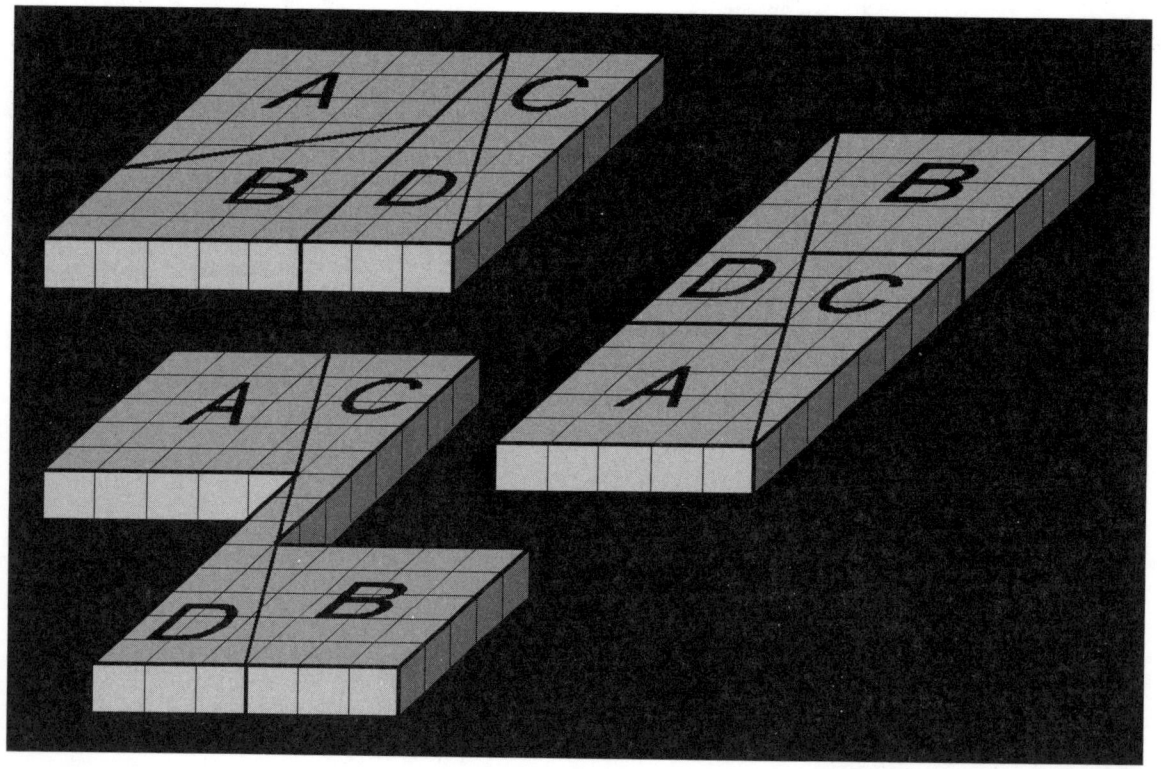

Mit der Mathematik auf Kriegsfuß

So kann also die Mathematik definiert werden als diejenige Wissenschaft, in der wir niemals das kennen, worüber wir sprechen, und niemals wissen, ob das, was wir sagen, wahr ist.
BERTRAND RUSSELL, BRITISCHER PHILOSOPH UND MATHEMATIKER (1872 – 1970)

Die Furcht vor der Mathematik steht der Angst erheblich näher als der Ehrfurcht.
FELIX AUERBACH, DEUTSCHER PHYSIKER (1856 – 1933)

Die Mehrheit bringt der Mathematik Gefühle entgegen, wie sie nach Aristoteles durch die Tragödie geweckt werden sollen, nämlich Mitleid und Furcht. Mitleid mit denen, die sich mit der Mathematik plagen müssen, und Furcht, dass man selbst einmal in diese gefährliche Lage geraten könne.
PAUL EPSTEIN, DEUTSCHER MATHEMATIKHISTORIKER (1883 – 1966)

Die Mathematiker, die nur Mathematiker sind, denken also richtig, aber nur unter der Voraussetzung, dass man ihnen alle Dinge durch Definitionen und Prinzipien erklärt, sonst sind sie beschränkt und unerträglich, denn sie denken nur dann richtig, wenn es um sehr klare Prinzipien geht.
BLAISE PASCAL, FRANZÖSISCHER MATHEMATIKER, PHYSIKER UND PHILOSOPH IM 17. JH.

Es kann nicht geleugnet werden, dass ein großer Teil der elementaren Mathematik von erheblichem praktischem Nutzen ist. Aber diese Teile der Mathematik sind, insgesamt betrachtet, ziemlich langweilig. Dieses sind genau diejenigen Teile der Mathematik, die den geringsten ästhetischen Wert haben. Die »echte« Mathematik der »echten« Mathematiker, die Mathematik von Fermat, Gauß, Abel und Riemann, ist fast völlig »nutzlos«.
GODEFREY HAROLD HARDY, BRITISCHER MATHEMATIKER (1877 – 1947)

$1 \times 1 = 1$, unzweifelhaft. Aber $(1)^2$ ist nicht 1, weil das Quadrat einer gegebenen Zahl größer sein muss als die Zahl selbst. Die Wurzel aus 1 kann logischerweise nicht 1 sein, weil die Wurzel aus einer Zahl kleiner sein muss als die Zahl selbst. Aber mathematisch oder formal ist $\sqrt{1} = 1$. Die Mathematik widerspricht in diesem Falle der Logik oder der reinen Vernunft, und darum ist die Mathematik in diesem Kardinalfalle vernunftwidrig. Auf dieser Sinnlosigkeit, der 1, bauen sich dann alle Werte auf, und in diesen falschen Werten fußt die mathematische Wissenschaft, die »einzig exakte, unfehlbare«. Aber dies ist Mathematik! Ein artiges Spiel für Leute, die nichts zu tun haben.
AUGUST STRINDBERG, SCHWEDISCHER THEATERAUTOR (1849 – 1912)

Die Arznei macht kranke, die Mathematik traurige und die Theologie sündhafte Leute.
MARTIN LUTHER, DEUTSCHER KIRCHENREFORMER IM 15./16. JH.

Die Unbedenklichkeitsexpertisen der technokratischen Machthaber bedienen sich für ihre Lügen vorzugsweise der Mathematik, weil der Mann von der Straße vor dieser Sprache Respekt hat.
MAX THÜRKAUF, SCHWEIZER PHYSIKOCHEMIKER (1925 – 1993)

Mathematik ist ein geistreicher Luxus.
FRIEDRICH DER GROßE, PREUßISCHER KÖNIG IM 18. JH.

Brücke aus 3 Kästchen. $2 \times (5 \times 6) + 3 = 63$. Die gesamte Figur besteht also aus 63 Kästchen. Ergo müsste gelten $63 = 64 = 65$.

Die Kombination mit den 63 Kästchen stammt übrigens nicht von Sam Loyd, sondern von dessen Sohn, Sam Loyd dem Jüngeren, der die mathematischen Spielereien seines Vaters professionell fortführte.

Wie erklärt sich das Paradoxon? – Zeichnet man das 5×13-Rechteck genau und zeichnet man ebenso exakt die Elemente A bis D ein, dann wird man feststellen, dass die Diagonale gar keine gerade Linie ist, sondern ein Polygon, das in seiner Mitte

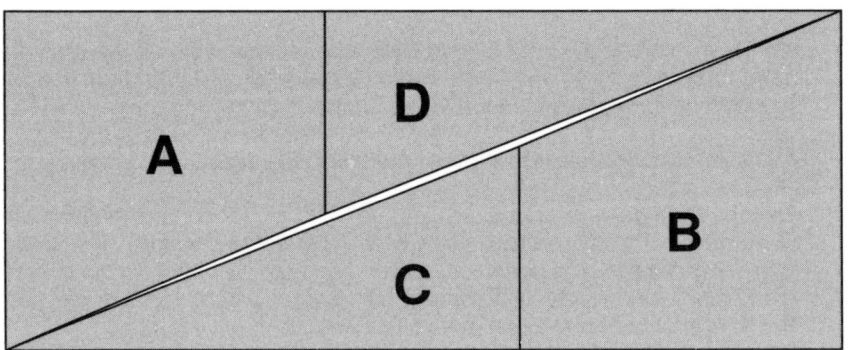

Bild 45
Die exakte Zeichnung deckt den Schwindel auf: Die Elemente A bis D passen nicht so aneinander, dass sie das 5×13-Rechteck lückenlos ausfüllen. Die Fläche des schmalen Spalts im Zentrum entspricht genau einem Kästchen in Bild 44.

einen langen dünnen Spalt freilässt. Dessen Fläche ist genau so groß wie das scheinbar aus dem Nichts erschienene Kästchen in Bild 44.

Betrachtet man die vier Elemente, aus denen die drei Figuren in Bild 44 zusammengesetzt sind, dann fällt auf, dass ihre zum Gitterraster parallelen Kanten 3, 5 und 8 Kästchen lang sind. 8 Kästchen ist auch die Seitenlänge des Quadrats in der linken oberen Figur, während das Rechteck rechts oben die Kantenlängen 5 und 13 aufweist. Die Zahlen 3, 5, 8 und 13 sind gute alte Bekannte aus dem Kapitel über den Goldenen Schnitt, »Kakteen, Kunst und DNA«. Es sind aufeinander folgende Zahlen der Fibonacci-Reihe (s. S. 20). Diese Zahlen besitzen Eigenschaften, die sie für das Kästchenverschwinde-Paradoxon besonders geeignet machen. Teilt man eine Zahl dieser Reihe durch die nächst kleinere, also 3/2, 5/3, 8/5, 13/8, 21/13 und so weiter, dann ergibt sich mit zunehmender Größe der Zahlen eine immer bessere Annäherung an das Teilungsverhältnis des Goldenen

Schnitts[7], nämlich $\Phi = 1{,}61803...$ Interessant ist nun Folgendes: Wenn man jede Zahl durch die jeweils übernächstkleinere teilt, also 5/2, 8/3, 13/5, 21/8 und so weiter, dann nähern sich diese Quotienten zunehmend dem Grenzwert $\Phi + 1 = 2{,}61803...$ Auch das ist eine höchst bemerkenswerte Eigenschaft der Fibonacci-Zahlen und des Goldenen Schnitts. Diese Zahlenverhältnisse liegen deshalb untereinander alle relativ nahe beieinander. Das ist für unser Paradoxon wichtig, denn 5/2, 8/3 und 13/5 sind die Cotangens-Werte eines der Winkel jedes der Elemente A bis D. Also sind auch die entsprechenden Winkel einander sehr ähnlich, und das erlaubt, die Elemente so aneinanderzulegen, dass jeweils eine Kante zweier benachbarter Elemente scheinbar eine gerade Linie bildet. Diesen Betrug stellt ohne Nachrechnen nur fest, wer wie in Bild 45 äußerst exakt mit feinen Linien zeichnet.

Aber noch eines ist wichtig: Das Quadrat jeder Fibonacci-Zahl unterscheidet sich vom Produkt aus der nächstkleineren mit der nächstgrößeren Zahl stets um +1 oder −1. So ist $8^2 = 64$ und $5 \times 13 = 65$. Bei der Umwandlung des Quadrats links oben in Bild 44 in das Rechteck rechts oben treten aber genau diese Flächen auf. Und deshalb unterscheiden sich die Flächen um genau ein Kästchen.

---

[7] Siehe »Goldener Schnitt« im Glossar auf Seite 263

Als man diese mathematischen Hintergründe Ende des 19. Jahrhunderts erkannte, nahmen denn auch ähnliche Flächen-Paradoxa schlagartig zu.

Die heute bekanntesten stammen von HARRY LANGMAN aus New York und dem US-amerikanischen Zauberer PAUL CURRY (allerdings erst 1953). Curry entwickelte neben Rechteck-Rechteck- und Quadrat-Quadrat-Umwandlungen auch Umwandlungen von gleichschenkligen Dreiecken nach demselben Prinzip. Eines davon ist sehr ähnlich wie die beiden Darstellungen in Bild 46.

In der einschlägigen Literatur wird heute oft darauf hingewiesen, dass es die Fibonacci-Zahlen sind, auf denen das ganze Geheimnis dieser »mysteriösen« Umwandlungen beruht. Mich wundert, dass bisher – zumindest nach meinem Wissen – niemand darauf verfiel, eine andere Zahlenreihe zu verwenden, die Gleiches ermöglicht, nämlich die Abfolge der natürlichen Zahlen 1, 2, 3, 4, 5 ...

Untersucht man sie, dann zeigt sich, dass beide für die Fibonacci-Zahlen geltenden Qualitäten auch hier zutreffen:

1. Die Quotienten zweier benachbarter oder auch zweier durch nur eine Zahl getrennter Zahlen (4/3, 5/4, 6/5 usw. oder 5/3, 6/4, 7/5 usw.) liegen nahe genug beieinander, um bei den Elementen, aus denen eine Figur aufgebaut ist, gleiche Winkel vorzutäuschen.

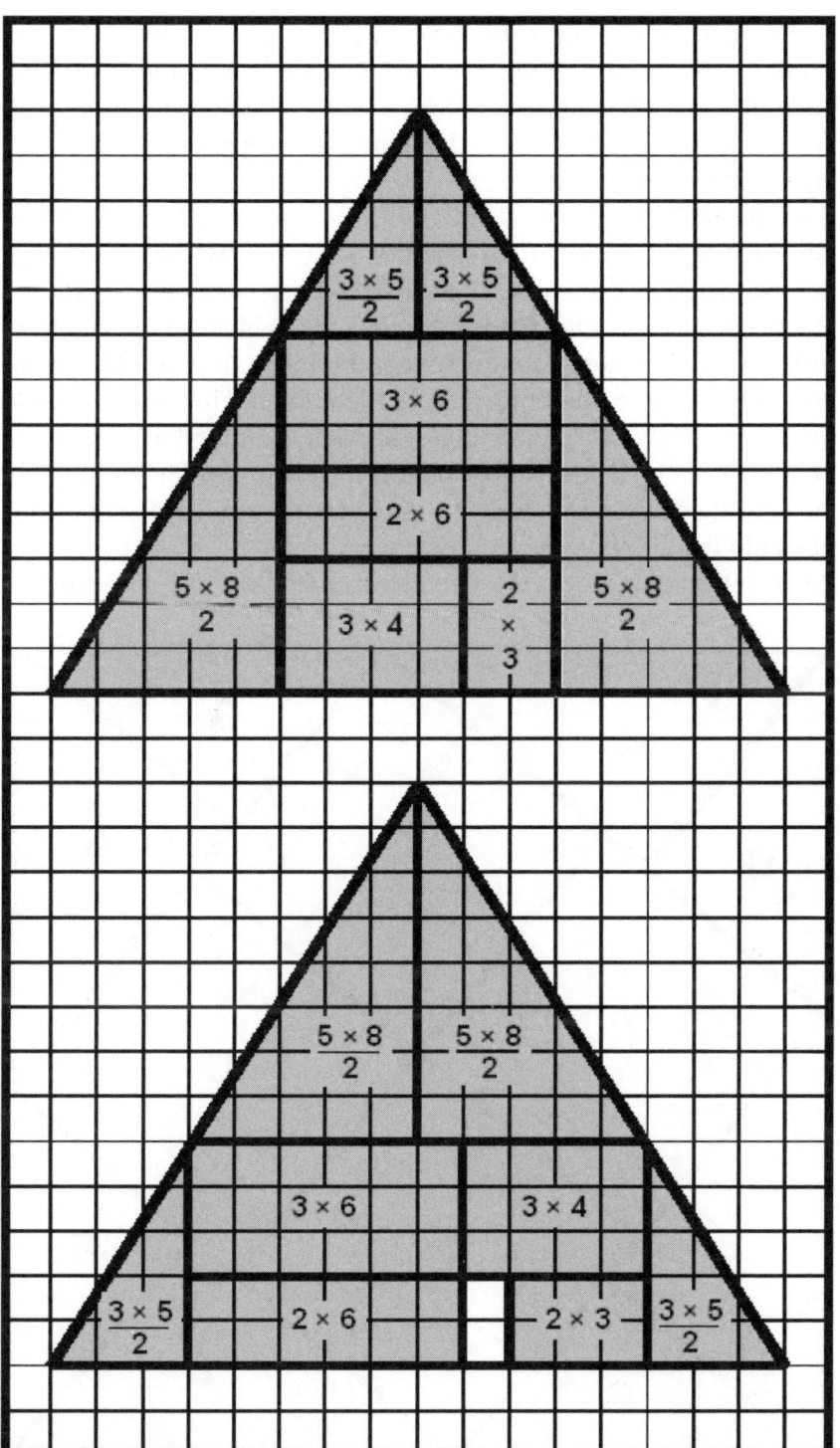

Bild 46
Acht Einzelfelder bilden die obere Figur. Das Dreieck ist 16 Kästchen breit und 13 Kästchen hoch, hat also einen Flächeninhalt von (13 × 16)/2 = 104 Kästchen.

Im unteren Bild sind genau die gleichen acht Felder in ein ebenso großes Dreieck (16 Kästchen hoch und 13 Kästchen breit) eingepasst, aber sie füllen es nicht ganz aus: Zwei Kästchen bleiben leer. Die graue Fläche in diesem Dreieck misst nur 102 Felder.

Doch nicht genug damit. Rechnet man die Größen der Einzelfelder aus und addiert sie, dann ergeben sich 103 Kästchen.

Folgt daraus, dass 102 = 103 = 104 ist?

85

2. Das Quadrat einer natürlichen Zahl unterscheidet sich vom Produkt der beiden benachbarten Zahlen genau um +1. Also auch hier ergeben unterschiedlich als Quadrat oder Rechteck zusammengelegte Flächen oder ähnliche Doppelkonstruktionen eine Kästchendifferenz von 1.

Eine besonders schöne – weil völlig symmetrische – Variante der so möglich werdenden Paradoxa, aufbauend auf der Folge der natürlichen Zahlen 4, 5 und 6, habe ich eigens für dieses Buch entwickelt: Die Bilder 47 und 48 zeigen zwei Quadrate mit genau gleichen Kantenlängen. In jedes sind drei Gruppen von jeweils vier gleichförmigen Elementen eingepasst. Beide Quadrate sind aus genau den gleichen Elementen aufgebaut. Dennoch ist in Bild 47 das Quadrat völlig von den Elementen ausgefüllt, während in Bild 48 im Zentrum ein 4 Kästchen großes Feld frei bleibt.

Aber schlimmer noch: Je nachdem, wie man die ausgefüllten

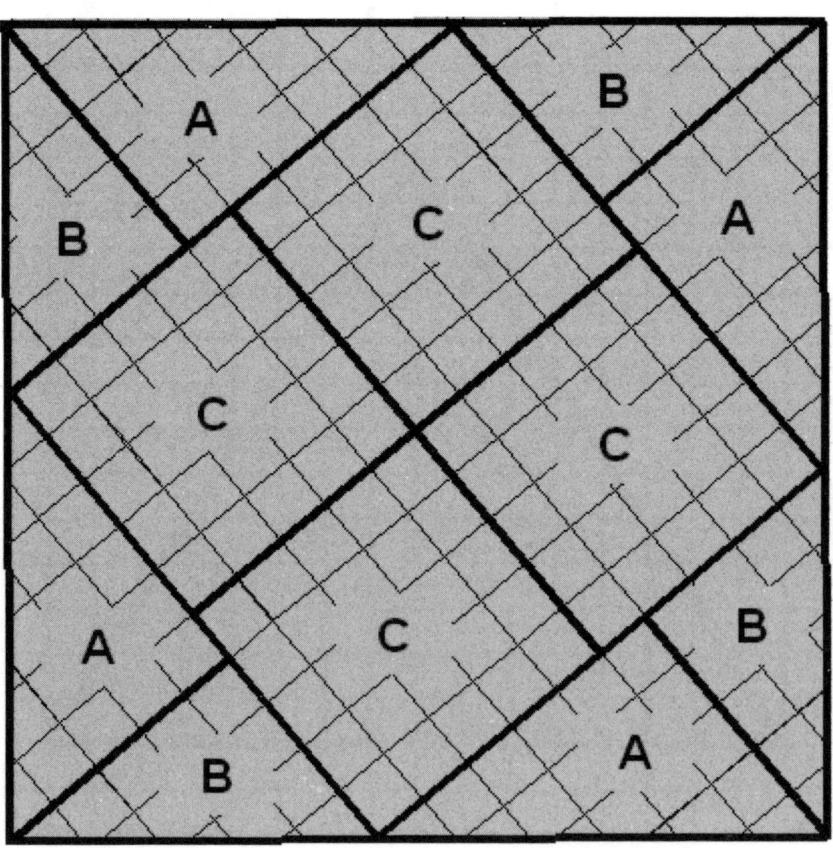

Bild 47
Je vier Elemente der Flächen A, B und C füllen dieses Quadrat vollständig aus ...

Flächen berechnet, ergeben sich hier gleich vier verschiedene Werte!

1. Die Flächen der Einzelelemente sind

   A = (5 × 6)/2 = 15 Kästchen,

   B = (4 × 5)/2 = 10 Kästchen,

   C = 5 × 5 = 25 Kästchen.

Addiert man alle 12 Elemente, dann ergibt sich die Gesamtfläche zu 4A + 4B + 4C = 200 Kästchen.

2. Weil gemäß Punkt 1. die Fläche der 12 Teilelemente (Bild 47) 200 Kästchen beträgt, muss die Gesamtfläche des großen Quadrates im Bild 48 genau 200 + 4 = 204 Kästchen betragen.

3. Bild 48 kann man sich aus vier gleich großen rechtwinkligen Dreiecken zusammengesetzt denken. Jedes dieser Dreiecke besteht aus je einem Element A, B und C. Diese großen Dreiecke haben die Fläche (9 × 11)/2 = 99/2 Kästchen. Alle vier Dreiecke ergeben die Gesamtfläche 4 × 99/2 = 198 Kästchen. Das ist

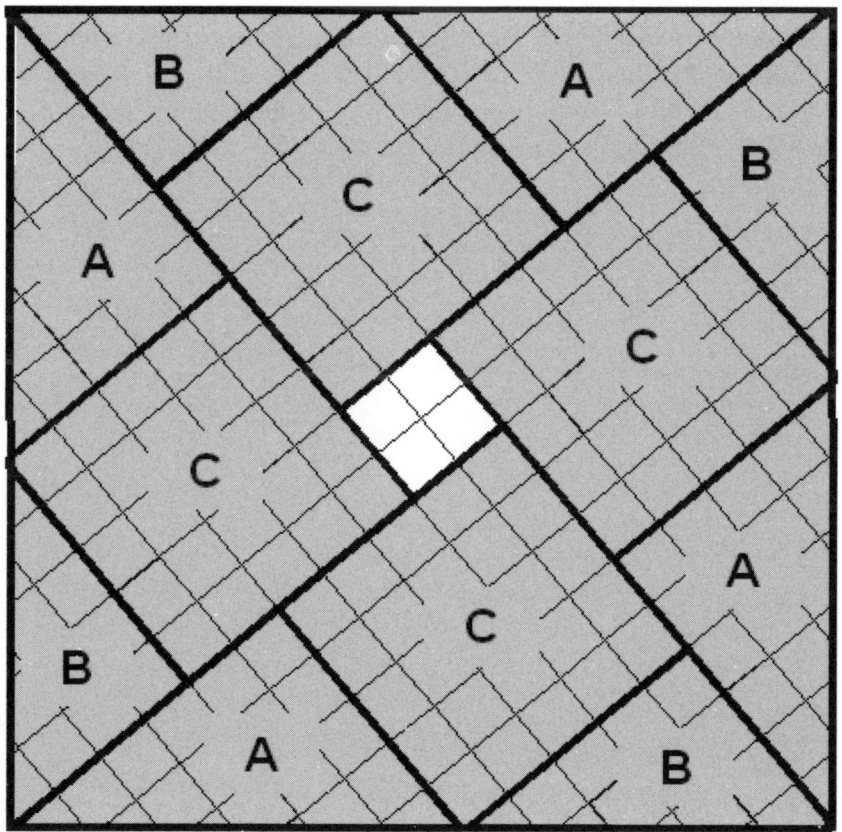

Bild 48
... Genau die gleichen 12 Elemente lassen sich aber auch so in ein exakt flächengleiches Quadrat einfügen, dass im Zentrum 4 Kästchen frei bleiben. Das ist »Paturis Paradoxon«.

zugleich die ausgefüllte Gesamtfläche. Die Gesamtfläche des großen Quadrats ist demnach 198 + 4 = 202 Kästchen.

4. Doch nicht einmal die Seitenlänge des Gesamtquadrats scheint konstant zu sein. Auch sie hängt offenbar vom Rechenweg ab, wenn auch nur geringfügig. Soeben haben wir sie als $\sqrt{202}$ Kästchen bestimmt. Ausgerechnet sind das 14,21267... Kästchen. Diese Länge muss aber auch die Summe der Hypotenusen der beiden kleinen Dreiecke A und B sein. Die lassen sich wieder nach Pythagoras berechnen zu

$$\textit{Hypotenuse } A = \sqrt{5^2 + 6^2} = \sqrt{61} = 7{,}81024... \quad \text{und}$$

$$\textit{Hypotenuse } B = \sqrt{4^2 + 5^2} = \sqrt{41} = 6{,}40312...$$

Die Summe aus beiden ergibt als Seitenlänge s des Quadrats $s = 14{,}21337...$ Kästchen. Das sind 0,0007 Kästchen mehr als bei der ersten Rechnung. Quadriert man diese neu ermittelte Seitenlänge, dann ergibt sich für die Gesamtfläche des Quadrats wieder ein neuer Wert: 202,02 Kästchen.

Die vier verschiedenen Berechnungsarten liefern also vier verschiedene Flächenwerte: 200, 202, 202,02 und 204 Kästchen. Welcher ist nun wirklich korrekt? Wer es nicht selbst herausfinden will, kann gerne im Anhang auf Seite 248 nachschlagen.

Und das soll lösbar sein?

Mathematik erleichtert das Fremdgehen

Gleich nach meinem Studium der Hochfrequenz- und Nachrichtentechnik hatte ich das Gefühl, ich hätte mich jetzt lange genug mit Elektronen befasst, denn um nichts anderes geht es schließlich in der gesamten Elektrotechnik. Es schien mir an der Zeit, etwas Neues zu beginnen. Nun wäre es albern gewesen, mich mit der abgeschlossenen fachlichen Ausbildung auf einem Gebiet verdingen zu wollen, auf dem ich keine Ahnung besaß. Also überlegte ich mir, was ich tun könne. Eine tragfähige Brücke sah ich in der Mathematik und bewarb mich als Kernphysiker in einem Unternehmen für Nuklearbrennstoffe. Ich wollte fremdgehen und die Auslegung von Kernreaktorcores berechnen. Schließlich ist es Integralgleichungen egal, ob sich Elektronen oder Neutronen irgendwo bewegen.

Natürlich hatte ich Bedenken, das Vorstellungsgespräch überhaupt erfolgreich hinter mich zu bringen, denn schließlich bewarb ich mich als eine Art Bock um eine Gärtnerstelle. Ich machte mich in aller Eile mit den Eigenheiten des Neutronenflusses in Kernreaktoren vertraut, lernte, warum die Geschwindigkeit aufeinanderprallender Neutronen von entscheidender Bedeutung dafür ist, ob eine Kernspaltung stattfindet oder nicht, und erwarb

Warum einfach, wenn's auch kompliziert geht?

Von dem brillanten ungarisch-US-amerikanischen Mathematiker und Physiker JOHN VON NEUMANN erzählt man sich diese Anekdote: Um seine mathematische Flexibilität zu testen, stellte jemand von Neumann folgende Aufgabe: »Zwei Züge fahren aus einer anfänglichen Entfernung von 200 Meilen aufeinander zu. Jeder Zug ist 50 Meilen pro Stunde (Mph) schnell. Eine Fliege startet zur selben Zeit wie die Züge von der Vorderfront der einen Lokomotive mit 75 Mph in Richtung des Gegenzuges. Hat sie diesen erreicht, dann fliegt sie sofort zurück. Auf diese Weise pendelt sie so lange zwischen den Zügen hin und her, bis sie zerquetscht wird. – Frage: Wie weit fliegt das Insekt insgesamt?« Nun lässt sich diese Aufgabe auf zwei Arten lösen: Entweder man berechnet alle Einzelwege, die die Fliege zurücklegte, und addiert diese, oder man überlegt sich kurzerhand, dass die Züge nach 2 Stunden kollidieren, weil dann jeder von ihnen die halbe Strecke (100 Meilen) mit 50 Mph Geschwindigkeit zurückgelegt hat. Die Fliege war die ganze Zeit mit 75 Mph unterwegs und muss deshalb 150 Meilen weit geflogen sein. Ohne längeres Nachdenken gab von Neumann die richtige Antwort.
»Komisch«, bemerkte der Aufgabensteller, »die meisten Leute versuchen erst einmal, die Einzelwege der Fliege zu berechnen.«
»Was ist daran komisch«, fragte von Neumann, »genau so habe ich das doch eben auch gerechnet.«

Grundkenntnisse in der Berechnung sogenannter Einfangquerschnitte. Ich gelangte damals zu dem Schluss, dass Kernphysiker gefährliche Autofahrer sein müssen, denn für sie liegt der Gedanke nahe: »Je schneller ich über eine Kreuzung fahre, desto kürzere Zeit halte ich mich auf der Kreuzung auf und desto geringer ist die Wahrscheinlichkeit, dass mich ein anderes Auto trifft.«

Jedenfalls erwartete ich, auf Fachkenntnisse geprüft zu werden, besonders, weil meine Bewerbungsunterlagen auswiesen, dass ich im Grunde theoretischer Elektrotechniker war. Der Mensch, der mich schließlich tatsächlich einstellte, war Dr. Hans Grümm, der später als Professor ein hohes Amt bei der internationalen Kernenergiebehörde in Wien bekleidete. Der Mann machte von Anfang an auf mich den Eindruck einer fachlich höchst versierten »Intelligenzbestie«. Umso mehr zitterte ich, als er mir bei unserem ersten Gespräch ankündigte, er werde mir jetzt einige Rechenaufgaben vorlegen, die ich in vorgegebener Zeit lösen solle. Wie überrascht war ich, als bereits die erste dieser Aufgaben mit Kernphysik nicht das Geringste zu tun hatte. Aber nicht nur das überraschte mich. Die Aufgabe selbst sorgte beim ersten Hinsehen auch für Verwirrung. Ich habe sie in dem Kasten auf der nächsten Seite zusammen mit einer ansprechenden Illustration wiedergegeben.

Beim näheren Hinsehen erwies sie sich dann aber doch rasch als relativ harmlos. Möchten Sie selbst versuchen, sie zu lösen, dann sollten Sie nach ihrer Lektüre zu Papier und Stift greifen, oder auch zum Taschenrechner, und vorerst nicht weiterlesen, denn ich erkläre jetzt gleich, wie sich diese Nuss knacken lässt.

Das Kriegergrab-Problem

Bei einer Vorlesung im Jahre 1925 erzählte ein Archäologieprofessor, er habe während des Ersten Weltkrieges, als er selbst noch Student war, irgendwo in Europa ein sehr altes Kriegergrab entdeckt.
Sofort hatte er sich an die Ausgrabung gemacht und dabei fachmännisch folgende drei Daten festgestellt:

a) das Alter des Grabes (in Jahren)
b) das Alter des Kriegers, als dieser in der Schlacht fiel (in Jahren)
c) die Länge der Lanze, die er im Grab fand (gemessen in englischen Fuß, weil das eine ganze Zahl ergab)

Außerdem merkte er sich:

d) den Tag des Fundes (z. B. 12 für den 12. Mai)
e) den Monat des Fundes (z. B. 8 für Oktober)

Er fand damals nur einen winzigen Papierschnipsel in seiner Hosentasche, der zu klein war, um alle fünf Zahlen darauf zu notieren. Weil er aber gut kopfrechnen konnte, multiplizierte er kurzerhand alle Zahlen miteinander und notierte nur das Ergebnis: 2 162 994
Er wusste, dass er daraus später alles andere genau wieder rekonstruieren konnte.

Frage 1: In welcher Schlacht war der Soldat gefallen?
Frage 2: Woran erkennt man eindeutig, dass die ganze Geschichte nur erfunden ist?

Das alte Kriegergrab

Zuerst liegt es auf der Hand, dass der Archäologe Zahlen miteinander multipliziert hat, von denen er offenbar annahm, er könne sie anhand des Produktes später eindeutig reproduzieren. Das legt den Gedanken nahe, das Produkt lasse sich auf nur eine einzige Art und Weise in 5 Faktoren zerlegen. Genau das ist der Fall.

Zunächst ist das Produkt eine gerade Zahl. Es lässt sich also durch 2 teilen: $2162994 : 2 = 1081497$.

Wegen der Quersumme 30 ist das Ergebnis wiederum durch 3 teilbar: $1081497 : 3 = 360499$.

Ab jetzt hilft nur noch Probieren. Dabei zeigt sich, dass ein weiterer Faktor 29 ist: $360499 : 29 = 12431$.

Das wiederum ist durch 31 teilbar: $12431 : 31 = 401$.

401 schließlich ist eine Primzahl und lässt sich als solche nicht weiter in Faktoren zerlegen.

Mathematiker nennen diese Methode Primzahlzerlegung, denn jeder einzelne Faktor ist eine Primzahl, die nicht weiter teilbar ist. Primfaktorzerlegungen von Zahlen sind stets eindeutig.

2, 3, 29, 31 und 401 sind also die einzigen in der ursprünglichen Zahl enthaltenen Faktoren. Sie muss der Archäologe miteinander multipliziert haben. Natürlich käme auch noch die 1 als Faktor in Frage. Aber dann ist die Aufgabe nicht mehr eindeutig, denn dann könnte man zum Beispiel auch so in 5 Faktoren zerlegen: $2162994 = 1 \times 6 \times 29 \times 31 \times 401$ oder auch $2162994 = 1 \times 1 \times 31 \times 174 \times 401$. Weil aber der Archäologe wusste, dass seine spätere Rekonstruktion eindeutig sein würde, muss man davon ausgehen, dass er die 1 als Faktor nicht in Erwägung zog.

Also bleiben die Faktoren 2, 3, 29, 31 und 401. Nun geht es darum, diese Zahlen den 5 Angaben des Professors zuzuordnen. Als Länge der Lanze, gemessen in englischen Fuß, kommt nur die 3 in Frage. 2 Fuß wären für eine Lanze deutlich zu kurz, 29 oder 31 Fuß aber erheblich zu lang. Also muss 2 die Zahl des Fundmonats sein: Februar. Damit kommt die 31 nicht als Tag in Frage, sondern nur als Alter des Kriegers; denn der Februar hat niemals 31 Tage. Der Archäologe musste das Grab also an einem 29. Februar entdeckt haben. Fragt sich allerdings, in welchem Jahr. Er gab nur an, dass sein Fund aus der Zeit des Ersten

Bild 49
Söldner im 15. und
16. Jahrhundert
waren Berufssolda-
ten, die sich in den
Dienst des Kriegs-
herrn stellten, der sie
am besten bezahlte.
Ausgerüstet waren
sie meist mit
Schwertern, Lanzen
oder Hellebarden.

Weltkriegs datierte. Das ist der nächste Schlüssel. 29 Tage hat
der Februar nur in Schaltjahren. Während des Ersten Weltkriegs
(1914 bis 1918) gab es aber nur ein einziges Schaltjahr, und das
war 1916. Weil für das Alter des Grabes nur noch die Zahl 401
übrig bleibt, muss der Krieger also im Jahr 1916 – 401 = 1515
gefallen sein.
In diesem Jahr fand in Europa aber nur eine größere Schlacht
statt, und zwar jene bei Marignano. Ende des Mittelalters wurde

Bild 50
Der Soldat war in der Schlacht bei Marignano in Norditalien im Jahre 1515 gefallen. Damals kämpften französische und schweizerische Söldnerheere in einer blutigen Schlacht gegeneinander.

das politisch zerstückelte Italien zum Zankapfel zwischen den jungen Territorialstaaten Frankreich, Spanien und Habsburg und zeitweise auch der Schweiz, die zu Beginn des 16. Jh. versuchte, zu expandieren. Hatte die Schweiz bis 1510 dabei mit Frankreich gemeinsame Sache gemacht, so marschierten ab diesem Jahr beide getrennt und schon bald gegeneinander. Zum offenen Eklat kam es, als die Schweizer Mailand für sich eroberten und der frischgebackene Franzosenkönig Franz I. sie von dort vertreiben wollte. Die Entscheidungsschlacht war jene bei Marignano, wo rund 20 000 in französischen Diensten stehende Landsknechte und – damals als militärisches Novum – eine mächtige Artillerie, die Gens d'Armes (»Waffenmänner«), gegen ein etwa ebenso starkes Schweizer Landsknechtheer zogen. Die zweitägige Schlacht entwickelte sich zu einem der blutigsten Gemetzel der europäischen Kriegsgeschichte überhaupt. Auf beiden Seiten fielen rund die Hälfte der Beteiligten. Das Wasser der Bäche soll so rot gewesen sein, dass niemand es trinken wollte. Die bisher in Norditalien stets siegreichen Schweizer unterlagen schließlich, weil es ihnen weitgehend an Feuerwaffen und gänzlich an Reiterei fehlte. Sie waren als reine Nahkämpfer ausgebildet.

Aber diese historischen Details machte ich mir erst nach der Testaufgabe mit dem Kriegergrab zu eigen. Blieb allerdings noch die zweite Frage (s. Seite 91): »Woran erkennt man eindeutig, dass die ganze Geschichte nur erfunden ist?« Das allerdings war keine mathematische Aufgabe, sondern erforderte nur aufmerksames Lesen des Textes. Der Professor hatte seine Geschichte angeblich während einer Vorlesung im Jahre 1925 erzählt. Er sprach aber bereits vom »Ersten Weltkrieg«. Seinerzeit war indes der zweite noch nicht einmal in Sicht. Wer sollte also auf den Gedanken verfallen, die militärischen Auseinandersetzungen von 1914 bis 1918 als »Ersten Weltkrieg« zu bezeichnen? 1925 sprach man in diesem Zusammenhang nur vom »Großen Krieg«.

Wo war der Vater?

Aufgaben wie jene mit dem Kriegergrab üben auf mich seit eh und je einen besonderen Reiz aus. Auf den ersten Blick scheinen sie völlig unlösbar. Offenbar besitze ich dieses Faible nicht allein. Vor einigen Jahren fielen mir – nicht ganz ernst gemeinte – Semesteraufgaben in die Hände, die ein deutscher Mathematikprofessor (den Namen habe ich leider vergessen) Jahr für Jahr

> ## 2 × 2
>
> *Wie viel ist 2 × 2?*
>
> *Ingenieur: Nach der zweiten Näherung 3,99873*
> *Physiker: Größenordnungsmäßig 1*
> *Mathematiker: Die Aufgabe ist geschlossen lösbar und das Ergebnis ist eindeutig.*

seinem Anfängersemester stellt. Einige davon scheinen zunächst ebenfalls unlösbar, zum Beispiel diese (ich habe sie sehr frei, aber dem Sinn nach korrekt rekonstruiert):

Aufgabe:
Als Mutter Hans auf die Welt brachte, war sie genau 32 Jahre und 5 Monate alt. Heute sind sie und Hans zusammen 42 Jahre und 11 Monate alt. Zugleich ist Hans jetzt 3-mal so alt, wie seine Schwester Eva war, als Mutter gerade 18-mal so alt war wie Eva. Wo hielt sich der Vater vor genau 6 Jahren auf?

So unglaublich es scheinen mag, auch diese überraschende Aufgabe lässt sich eindeutig lösen. Wollen Sie es selbst versuchen, oder möchten Sie lieber auf Seite 248 im Anhang nachsehen?

Eine durchbohrte Kugel

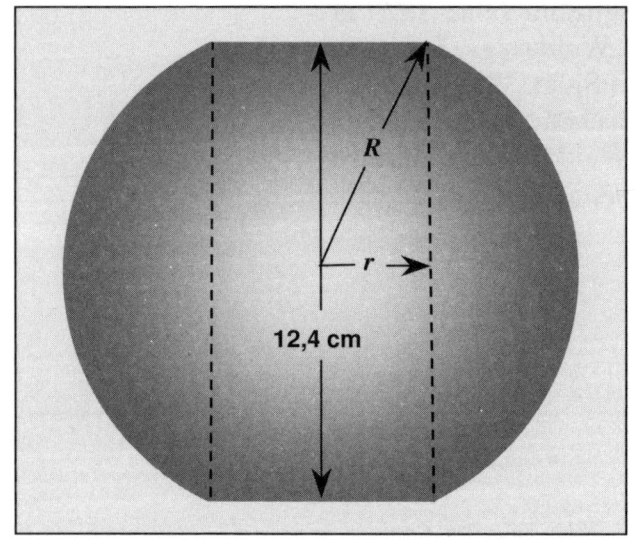

Eine weitaus weniger alberne, aber auch durchaus überraschende Aufgabe veröffentlichte SAMUEL I. JONES 1932 sinngemäß in seinem Buch *Mathematical Nuts*:

Wie viel Wasser verdrängt eine Metallkugel, durch deren Zentrum ein 12,4 cm langes Loch gebohrt wurde? Dargestellt ist sie in Bild 51.

Auf den ersten Blick scheint auch diese Aufgabe unlösbar zu sein, denn schließlich ist weder gesagt, wie groß die Kugel ist noch welchen Durchmesser die Bohrung hat. Dennoch gibt es ein eindeutiges Resultat.

Bild 51
Schema einer Metallkugel mit einer zentralen Bohrung von 12,4 cm Durchmesser

Wer es selber herausbringen möchte, der darf jetzt nicht weiterlesen. Denn das ist die Lösung:

Zunächst sei Folgendes definiert:
Kugelradius = R
Radius der Bohrung = r
Länge der Bohrung = h = 12,4 cm
Höhe jeder durch das Bohren verloren gegangenen Kugelkalotte (oben und unten) = H

Die folgenden einfachen Beziehungen gehen direkt aus der Zeichnung hervor:
$H = R - h/2$ (1)
$r^2 + (h/2)^2 = R^2$ (2) (Satz des Pythagoras)

Um das Restvolumen der Kugel zu berechnen, also das Volumen, das Wasser verdrängt, wenn man die Kugel hineinwirft, muss man vom Volumen der undurchbohrten Kugel einmal das Volumen des Bohrloches und außerdem das Volumen der beiden verloren gegangenen Kugelkalotten abziehen. Dazu braucht man folgende drei Formeln:

96

1. Kugelvolumen $V_k = \dfrac{4}{3}\pi \cdot R^3$ (3)

2. Bohrlochvolumen $V_b = h \cdot \pi \cdot r^2$ (4)

3. Kalottenvolumen $V_s = \pi \cdot H^2 \cdot (3R - H)/3$ (5)

Mit Gleichung (2) wird Gleichung (4) zu:

$$V_b = h \cdot \pi \cdot \left[R^2 - (h/2)^2 \right] \qquad (4a)$$

Und mit Gleichung (1) wird Gleichung (5) zu:

$$V_s = \pi \cdot (R - h/2)^2 \left[3R - (R - h/2) \right]/3 \qquad (5a)$$

Das Wasser verdrängende Restvolumen ergibt sich dann zu:

$$V_r = V_k - V_b - 2 \cdot V_s$$

oder mit den Gleichungen (3), (4a) und (5a):

$$V_r = \frac{4}{3}\pi \cdot R^3 - h \cdot \pi \cdot \left[R^2 - \left(\frac{h}{2} \right)^2 \right] - \frac{2\pi}{3}\left(R - \frac{h}{2} \right)^2 \left[3R - \left(R - \frac{h}{2} \right) \right]$$

Ausmultipliziert ist das:

$$V_r = \frac{4}{3}\pi \cdot R^3 - \pi \cdot h \cdot R^2 + \frac{1}{4}\pi \cdot h^3 - \frac{4}{3}\pi \cdot R^3 - \frac{1}{3}\pi \cdot h \cdot R^2$$

$$+ \frac{4}{3}\pi \cdot h \cdot R^2 + \frac{1}{3}\pi \cdot h^2 \cdot R - \frac{1}{3}\pi \cdot h^2 \cdot R - \frac{1}{12}\pi \cdot h^3$$

Darin heben sich die meisten Glieder gegenseitig auf, und es bleibt übrig:

$$V_r = \frac{\pi}{6} h^3.$$

Mit $h = 12{,}4$ cm wird daraus $V_r \approx 998{,}306$ cm³ oder ziemlich genau 1 Liter.

Es zeigt sich also, dass das Ergebnis weder vom Bohrungsdurchmesser noch vom Kugelradius abhängig ist. Und weil das so ist, muss das Ganze auch gelten, wenn die Bohrung den Durchmesser Null hat, also gar nicht vorhanden ist. Dann ist V_r identisch mit dem Volumen einer Kugel von 12,4 cm Durchmesser. Und in der Tat hat diese 998,306 cm³ Volumen.

Die Konstanz der korrekten Lösung

Frage: Wie oft kann man 7 von 83 abziehen, und was bleibt am Ende übrig?

Antwort: Man kann 7 von 83 abziehen, so oft man will, und es bleibt immer 76 übrig.

Die Lösung liegt in den Sternen

In seinem Buch *Manager IQ* stellt FELIX MINDT eine Reihe ungewöhnlicher Aufgaben, deren eindeutige Lösung ebenfalls auf den ersten Blick kaum möglich erscheint und die zumindest viel Raterei und Probiererei zu erfordern scheinen. Erstaunlicherweise lassen sie sich aber alle konsequent logisch lösen. Mindt gibt in seinem Buch zwar die Resultate, aber nicht die Lösungswege an. Das will ich hier nachholen – allerdings erst im Anhang (Seite 249ff), damit Sie hier im Kapitel die Chance haben, sich an diesen reizvollen Nüssen die Zähne selbst auszubeißen. Bei allen Aufgaben steht für jede Ziffer ein ✱. Jedem ✱ ist eindeutig eine Ziffer zuzuordnen, sodass eine stimmige Rechnung entsteht.

Aufgabe 1:

```
6✱✱ × ✱✱✱
   ✱5✱5
   ✱✱✱✱
    ✱✱✱
 ✱✱5✱4✱
```

98

Aufgabe 2:

★★★★★★★ : ★★★ = ★★**8**★★
  ★★★
  ————
   ★★★★
    ★★★
    ————
     ★★★★
     ★★★★

Aufgabe 3:

★★★★★★★ : ★★★ = ★★★★,★★★★
★★★
————
 ★★★
 ★★★
 ————
  ★★★
  ★★★
  ————
   ★★★
   ★★★
   ————
    ★★★★
    ★★★★

Lady Isabels Korbschachtel

1907 erschien das faszinierende Buch *The Canterbury Puzzles*, in dem HENRY ERNEST DUDENEY – angelehnt an CHAUCERS berühmte *Canterbury Tales* – eine Pilgergemeinschaft beschreibt, die gemeinsam auf eine tagelange Wallfahrt geht und sich die Ruhestunden dadurch verkürzt, dass sich die einzelnen Mitglieder des Freundeskreises gegenseitig Denksportaufgaben stellen. Recht originell sind sie alle, aber manche lassen sich relativ einfach lösen, während einen andere ganz gehörig ins Schwitzen bringen. Die meiner Ansicht nach schwierigste ist ein Problem, das der Autor einem gewissen SIR HUGH DE FORTIBUS zuschreibt und das auf Solvamhall Castle gestellt worden sein soll.

Die Aufgabe erzählt, dass Lady Isabel de Fitzarnulph, bekannt als »Isabel the Fair«, eine kunstvoll gefertigte Korbschachtel besaß, deren Deckel ein perfektes Quadrat war. Es war mit Intarsien aus edlen Hölzern ausgelegt, zwischen denen sich außerdem ein 10 Zoll langer und $1/4$ Zoll breiter Goldstreifen befand.

Als Brautwerber um die Hand der jungen Adligen anhielten, versprach Sir Hugh, dessen Kammermädchen sie war, Lady Isabel demjenigen zur Frau zu geben, der ihm beschreiben kann, wie der Deckel der Schachtel aussieht. Dazu machte Sir Hugh nur die zusätzliche Angabe, dass alle Intarsienteile quadratisch sind und dass es unter ihnen keine zwei gleich großen gibt.

Dudeney behauptet, dass sich diese Aufgabe eindeutig lösen lässt; er bleibt aber den Beweis dafür schuldig. Mir selbst gelang es weder, die Lösung noch den Beweis zu finden. Ich muss also auf Dudeneys Lösung zurückgreifen. So jedenfalls sieht Lady Isabels Kastendeckel aus:

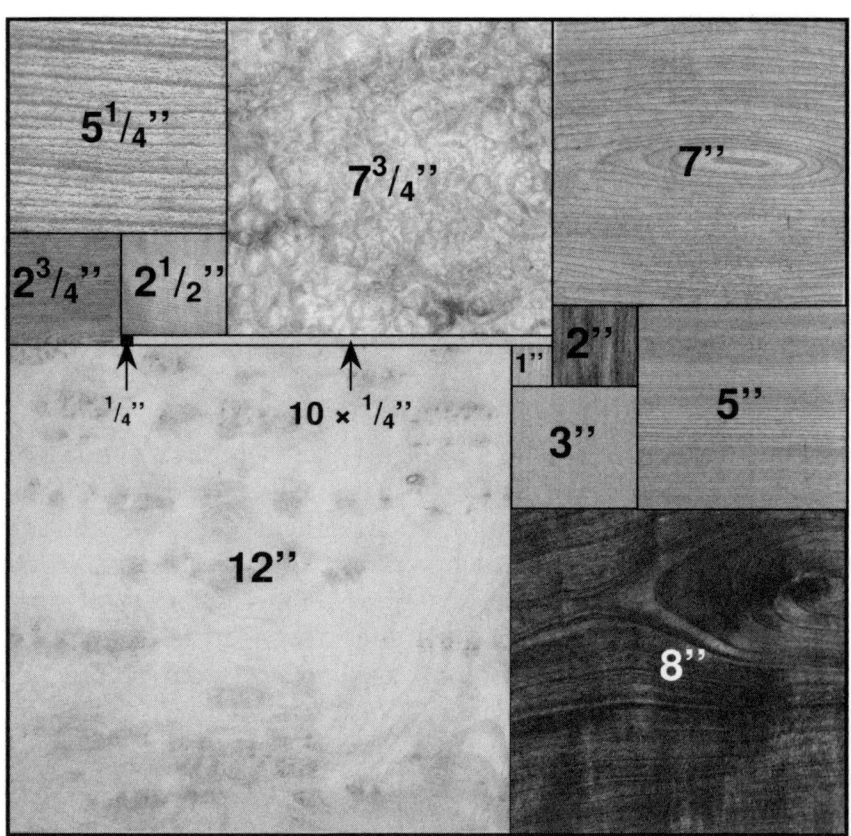

Bild 52
So sieht der Intarsiendeckel von Lady Isabels Korbschachtel aus.

100

Das Problem mit Lady Isabels Korbschachtel ließ natürlich viele Knobler nicht ruhen. So manch einer mag dabei in dem goldenen Balken einen Schönheitsfehler gesehen haben und stellte sich die Frage: Lässt sich auch eine Lösung finden, wenn der Deckel ausschließlich aus Quadraten verschiedener Größe aufgebaut ist?

Die Aufgabe erwies sich als äußerst schwierig. Erst 1925 gelang es Z. MORON, neun unterschiedlich große Quadrate so zusammenzusetzen, dass sie genau ein Rechteck ausfüllen – aber kein Quadrat. Hier ist es:

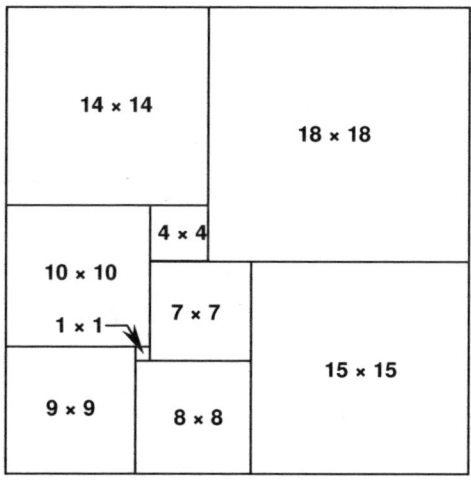

In den Jahren 1936 bis 1938 stellten sich vier Mathematikstudenten des Trinity College in Oxford, W. T. TUTTE, R. L. BROOKS, C. A. B. SMITH und A. H. STONE der Aufgabe, ein Quadrat zu finden, dass sich in verschiedene kleinere Quadrate unterteilen lässt. Auch sie fanden keine Lösung, entwickelten dabei aber ein originelles Verfahren, unterschiedlich große Quadrate in Rechtecke einzubeschreiben.

Bild 53
1925 fand Z. MORON das erste perfekte Rechteck.

Dazu zeichnet man zunächst ein beliebiges Rechteck und versucht, dieses vollkommen mit anderen, unterschiedlich großen Rechtecken auszufüllen. Das kann zum Beispiel so aussehen wie auf der folgenden Seite. Man muss nun die kleinen Rechtecke irgendwie in Quadrate verwandeln. Dazu unterstellt man, dass bereits die in der Zeichnung als Rechtecke dargestellten Gebilde exakte Quadrate sind. Von zweien dieser »Quadrate« (A und B in der Zeichnung) nimmt man die Seitenlängen als x und als y an. Davon ausgehend, lassen sich nun die Seitenlängen der Quadrate C, D, E, F, G und H berechnen. Für die »Quadrate« J, K und L gelingt das nicht durch einfaches Summieren, stellt aber auch kein großes Problem dar, wenn man folgende Gleichungen aufstellt und löst:

5x + 2y + a = 2x + 5y + b
(Gleichsetzen der linken und der rechten Höhe der Figur)

Daraus folgt a – b = 3y – 3x

Dies ist gleich c.

Mit c = 3y – 3x ergibt sich a = (8x + 3y) – (3y – 3x) = 11x

Und daraus folgt wiederum b = a – c = 14x – 3y

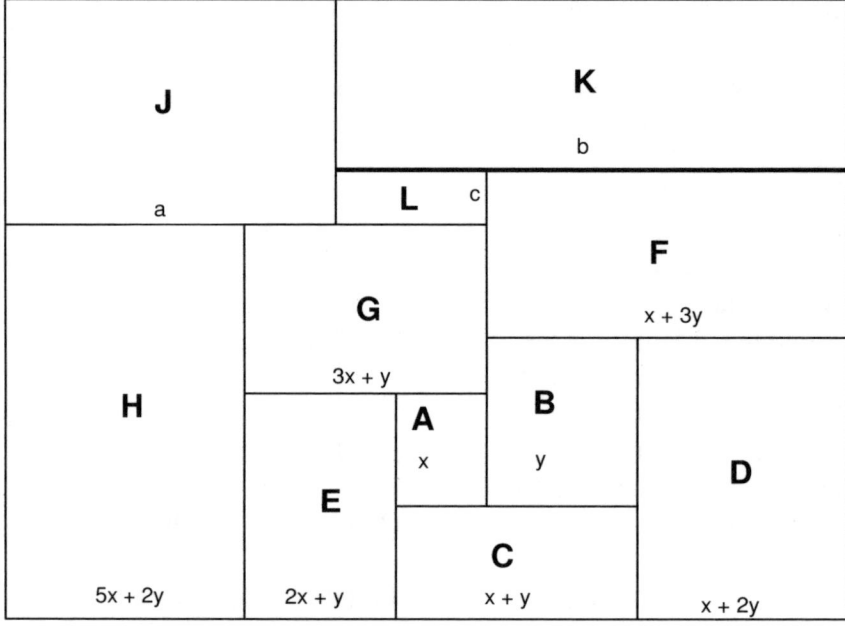

Bild 54
Um ein perfektes Rechteck zu finden, genügt es, zunächst ein Rechteck lückenlos mit kleineren Rechtecken zu füllen, die man mathematisch als schlechte Skizzen von Quadraten behandelt ...

Nun zeigt sich eine scheinbare Diskrepanz für die in Länge der in der Figur fett eingezeichneten Strecke unterhalb des »Quadrates« K. Für sie ergibt sich die Gleichung:

b – c = x + 3y

Setzt man die Werte von b und c in diese Gleichung ein, dann erhält man

(14x – 3y) – (3y – 3x) = x + 3y

102

Diese scheinbare Unstimmigkeit lässt sich beheben, wenn man x und y so bestimmt, dass die Gleichung korrekt ist.

Das ist der Fall für x = 9 und y = 16.

Mit diesen Werten von x und y lässt sich das Rechteck zeichnen, das nunmehr korrekt mit Quadraten unterschiedlicher Größe ausgefüllt ist:

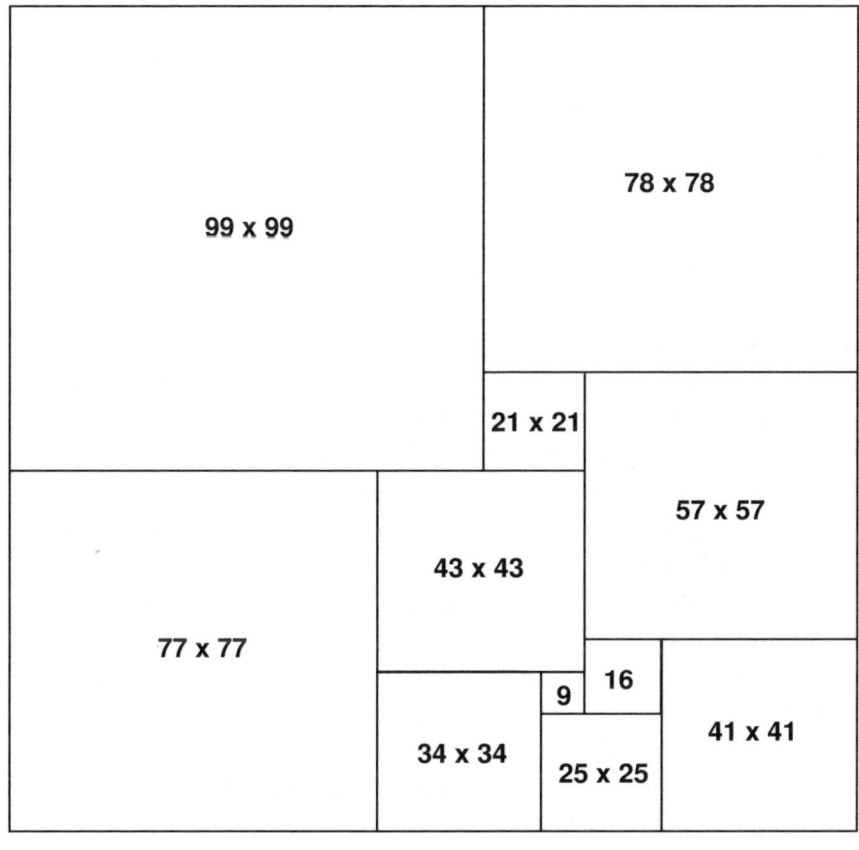

Bild 55
... Durch Umrechnen ergeben sich die Größen der Quadrate. Allerdings liefert diese Methode nicht in jedem Fall ein Ergebnis.

Das große Rechteck, in das die Quadrate eingeschrieben sind, ist selbst fast ein Quadrat, aber mit den Seitenlängen 176 und 177 eben nur fast.
Ob es möglich ist, ein großes Quadrat lückenlos mit verschieden großen kleinen Quadraten zu füllen, blieb erst einmal ungeklärt.

Dafür fanden die Cambridge-Studenten aber heraus, dass es nur ein einziges Rechteck gibt, das sich mit neun unterschiedlichen Quadraten füllen lässt. Die Anzahl der Innenquadrate nannten sie *Ordnung* des Rechtecks. Und ein Rechteck, das sich überhaupt mit Quadraten füllen lässt, nannten sie *perfektes Rechteck*. Die vier jungen Mathematiker entdeckten auch, wie viele perfekte Rechtecke der Ordnungen 10, 11 und 12 es gibt:

Ordnung	9	10	11	12
Anzahl möglicher perfekter Rechtecke	1	6	22	67

1939 fand dann ein Mathematiker namens SPRAGUE nach langer Probiererei ein erstes *perfektes Quadrat*. Es hat die Ordnung 55.

Man kann ein perfektes Rechteck oder Quadrat immer so zeichnen, dass alle Seitenlängen der eingeschriebenen Quadrate ganzzahlig sind. Lässt sich keines der eingeschriebenen Quadrate selbst mit noch kleineren Quadraten mit ganzen Seitenzahlen füllen, dann nennt man das umfassende Rechteck oder Quadrat *einfach*. Wie sich später zeigte, ist das von SPRAGUE entdeckte perfekte Quadrat kein einfaches perfektes Quadrat.
Als Erster fand 1948 der Mathematiker WILLCOCKS ein solches. Es hat die Ordnung 24. Als kleinstes überhaupt mögliches einfaches perfektes Quadrat erwies sich eines mit der Ordnung 21. Der Niederländer DUIJVESTIJN entdeckte es. Ihm und seinem Kollegen BOUWKAMP gelang nach langjährigen Computerrechnungen auch der Nachweis, wie viele perfekte Quadrate der Ordnungen 21 bis 26 überhaupt möglich sind:

Ordnung	21	22	23	24	25	26
Anzahl möglicher perfekter Quadrate	1	8	12	26	160	441

Ein Polygonparadoxon

Wer nicht denkt, kommt nicht auf falsche Gedanken

Anfang Februar 2007 schrieb ich – nichts als meinem angeborenen Spieltrieb folgend – ein kleines Computerprogramm, das regelmäßige Vielecke (Polygone) auf eine ganz besondere Art und Weise zeichnet.

Führt man das Programm aus, dann fragt es zunächst nach zwei beliebigen ungeraden Zahlen n_1 und n_2, die angeben, wie viele Ecken zwei derartige Vielecke haben sollen. Das Programm addiert dann $n_1 + n_2 = n$ und zeichnet ein großes regelmäßiges Polygon mit n Ecken so, dass oben und unten je eine waagrechte Seite der vom Programm gewählten Länge a liegt. Dann zeichnet es zwei kleine regelmäßige Vielecke mit den Eckenzahlen n_1 und n_2, die jeweils auch die Seitenlänge a besitzen. Dabei fallen die obere und die parallele untere Seite des großen Polygons jeweils mit einer Seite eines der beiden kleinen Polygone zusammen.

Ergebnisse derartiger Konstruktionen zeigt das Bild 56 für folgende vier Kombinationen:

a) $n_1 = 3$, $n_2 = 7$
b) $n_1 = 9$, $n_2 = 5$
c) $n_1 = 7$, $n_2 = 13$
d) $n_1 = 9999$, $n_2 = 2223$

Dabei fällt auf, dass die beiden kleinen Polygone einander in jedem der vier Fälle auf der senkrechten Mittelachse der Figur mit je einer Ecke berühren. Das ist durchaus nicht selbstverständlich, sieht aber ganz nett aus. – Nun fragte ich mich natürlich sofort, ob für alle beliebigen Polygone mit den ungeraden Eckenzahlen n_1 und n_2 die folgende Vermutung gilt:

Vermutung:

Zeichnet man zwei regelmäßige Vielecke mit gleichen Seitenlängen a und mit gleichen oder verschiedenen ungeraden Eckenzahlen n_1 und n_2 so in ein regelmäßiges Vieleck mit der Seitenlänge a und der Eckenzahl $n = n_1 + n_2$, dass zwei gegenüberliegende Seiten des großen Polygons mit je einer Seite eines der beiden kleineren Polygone zusammenfallen, dann berühren sich die kleinen Polygone mit je einer Ecke.

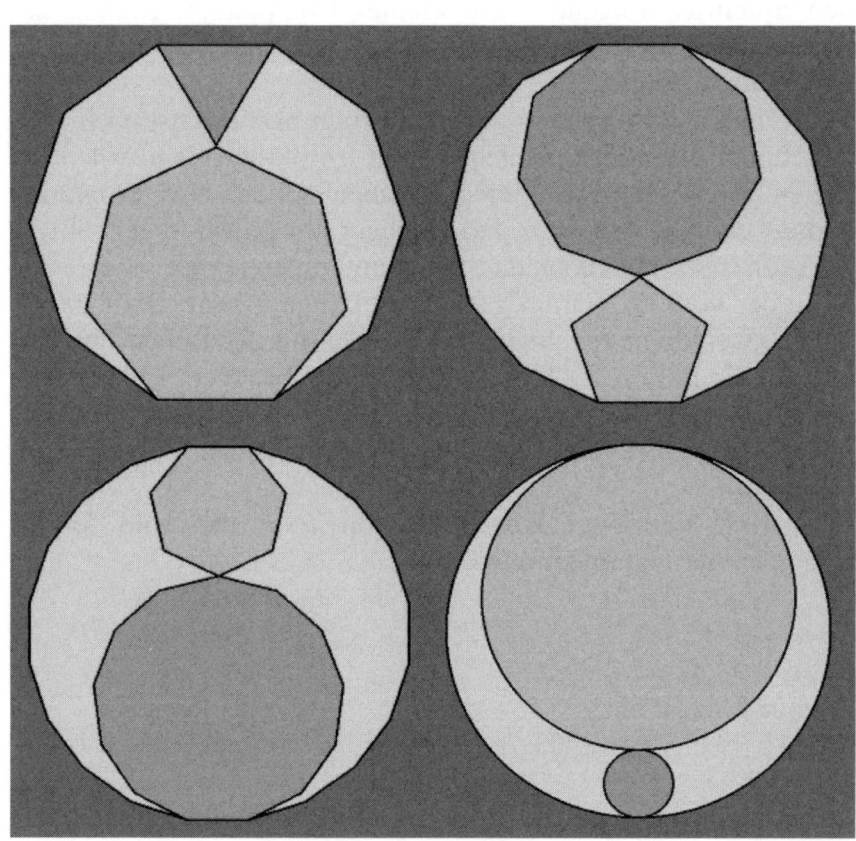

Bild 56
Polygonkonstruktionen für

$n_1 = 3$, $n_2 = 7$ (l. o.)

$n_1 = 9$, $n_2 = 5$ (r. o.)

$n_1 = 7$, $n_2 = 13$ (l. u.)

$n_1 = 9999$, $n_2 = 2223$
(r. u.)

Träfe diese Vermutung zu, dann würde das zugleich bedeuten, dass die Summe der Höhen h_1 und h_2 der beiden kleinen Polygone immer gleich der Höhe h des großen Polygons sein muss, wie in den Bildern 57 und 58 dargestellt.

Der folgende Beweis für die Richtigkeit der Vermutung erscheint ebenso einfach wie spontan einleuchtend:

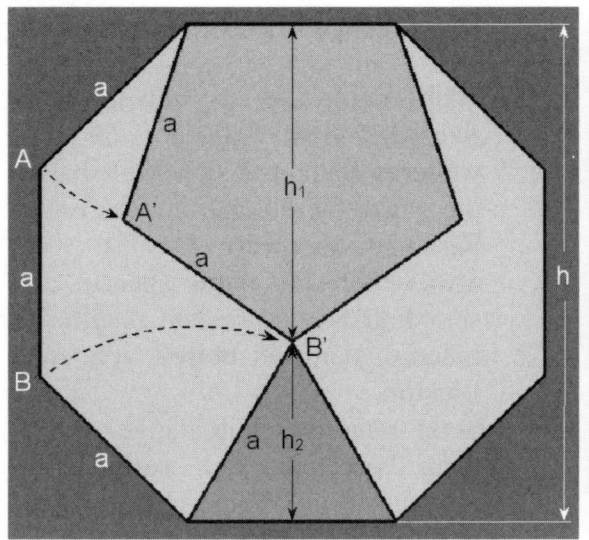
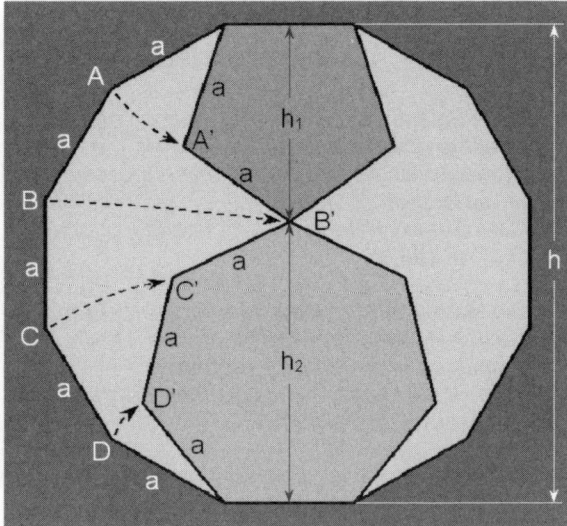

▲ ◄ **Bild 57**
▲ **Bild 58**

Umwandlung eines
regelmäßigen Poly-
gons mit der Ecken-
zahl $n = n_1 + n_2$ in
zwei aneinander-
grenzende regelmä-
ßige Polygone mit
den Eckenzahlen n_1
und n_2 unter Beibe-
haltung der Höhe der
Gesamtfigur.

Beweis:

Fasst man die äußere Begrenzung des großen Polygons mit der Höhe h in Bild 57 oder 58 als bewegliche Kette auf, bei der alle Seiten a steife Glieder und die Ecken des Polygons Gelenke sind, dann erkennt man sofort, dass sich der Eckpunkt A nach A', der Eckpunkt B nach B' (und in Bild 58 auch C nach C' und D nach D') verschieben lassen. Die Seiten a des ursprünglichen großen Polygons fallen dann automatisch auf die entsprechenden Seiten a der beiden inneren, kleinen Polygone. Diese müssen dann einander auch zwangsläufig mit ihren Spitzen berühren, weil sich der Punkt B eindeutig wieder in einen Punkt, nämlich B', transformiert. Weil bei dieser Verwandlung aber weder die obere noch die untere Seite des großen Polygons in ihrer Lage verändert werden, sind diese nach der Umwandlung in die beiden kleinen Polygone mit deren entsprechenden Seiten identisch. Das bedeutet, dass die Summe der Höhen h_1 und h_2 gleich der ursprünglichen Höhe h sein muss.

Wie man außerdem leicht erkennt, sind entsprechende Konstruktionen für alle beliebigen ungeraden n_1 und n_2 möglich.

107

Brillant, klar und eindeutig

Die Aussagen der Mathematik haben deshalb dieselbe unwiderlegbare Gewissheit, die typisch ist wie Aussagen der Art »Alle Junggesellen sind unverheiratet«.
CARL GUSTAV HEMPEL, DEUTSCHER PHILOSOPH (1905 – 1997)

Die Mathematik ist eine wunderbare Lehrerin für die Kunst, die Gedanken zu ordnen, Unsinn zu beseitigen und Klarheit zu schaffen.
JEAN-HENRI FABRE, FRANZÖSISCHER ENTOMOLOGE UND AUTOR (1823 – 1915)

Die erste Regel, an die man sich in der Mathematik halten muss, ist, exakt zu sein. Die zweite Regel ist, klar und deutlich zu sein und nach Möglichkeit einfach.
NICOLAS LÉONARD SADI CARNOT, FRANZÖSISCHER PHYSIKER IM 18./19. JH.

Die Beschäftigung mit der Mathematik erzieht zu objektivem Denken, sie wehrt der unzulässigen Verallgemeinerung, sie bewirkt eine Präzision der Sprache.
HERBERT MESCHKOWSKI, DEUTSCHER MATHEMATIKER IM 19. JH.

Jede Wissenschaft bedarf der Mathematik, die Mathematik bedarf keiner.
JAKOB I. BERNOULLI, SCHWEIZER MATHEMATIKER UND PHYSIKER IM 17. JH.

Wer die Geometrie begreift, vermag in dieser Welt alles zu verstehen.
GALILEO GALILEI, ITALIENISCHER MATHEMATIKER, PHYSIKER UND ASTRONOM IM 16./17. JH.

Mathematik allein befriedigt den Geist durch ihre außerordentliche Gewissheit.
JOHANNES KEPLER, DEUTSCHER ASTRONOM, MATHEMATIKER UND NATURPHILOSOPH IM 16./17. JH.

Keinerlei Glaubwürdigkeit ist in jenen Wissenschaften, die sich der mathematischen Wissenschaften nicht bedienen oder keine Verbindung zu ihnen haben.
LEONARDO DA VINCI, ITALIENISCHES UNIVERSALGENIE IM 15./16. JH.

Die Algebra bringt es an den Tag

Wohl dem, der als unbelehrbarer Skeptiker dem Frieden nicht ohne weiteres traut und sicherheitshalber die ganze Geschichte durch exaktes Rechnen überprüft. Das ist zwar etwas mühsam, dafür aber in diesem Fall ausgesprochen desillusionierend, denn es befreit von einer Illusion.

Setzt man die Seitenlänge $a = 1$, dann berechnet sich nämlich für $n_1 = 3$ und $n_2 = 7$ die Höhensumme $h_1 + h_2$ zu $0,866025 + 2,1906431 = 3,0566685$, während die Höhe des großen Polygons $h = 3,0776835$ ist. Die Summe $h_1 + h_2$ ist also um rund 0,68 Prozent kleiner als h.

Auch in allen anderen Fällen, in denen $n_1 \neq n_2$ ist, zeigt die Rechnung, dass der obige »Beweis« nicht korrekt ist. Nur für $n_1 = n_2$ ist $h_1 + h_2 = h$.

Die strenge algebraische Rechnung kann natürlich nicht trügen. Aber wo liegt der Denkfehler in dem oben vorgestellten, so überzeugend einfachen und eleganten »Beweis«? – Wer's nicht selber herausfinden will, der mag auf Seite 256 im Anhang nachschlagen.

Happy π Day

Bild 59
Am 14. März 1997
feierten Wiener
Freunde der Zahl π
erstmals den π Day
in Europa.

Die berühmteste Zahl der Welt feiert Renaissance

Früher, in lang vergangenen Zeiten, feierten die Menschen vom
24. bis 26. Dezember Weihnachten, im Februar oder März ein
paar Karnevalstage, irgendwann im Frühjahr an einem verlän-
gerten Wochenende das Osterfest und außerdem noch ein paar
kleinere Festtage. Heute bricht das heilige Christfest mit kom-
merzieller Wucht bereits Ende Oktober flächendeckend aus, die
Schokoladenosterhasen werden schon im Dezember fabriziert
und außerdem haben geschäftstüchtige Branchen ein Dutzend
neuer verkaufsträchtiger Feieranlässe in den Kalender ge-

schmuggelt: Valentinstag, Vatertag, Halloween, Christopher Street Day ... Vorreiter ist die Wirtschaftsmacht USA, die kaum irgendeinen Tag des Jahres nicht feiert. Da gibt es vom »National Pig Day« und »Peanut Butter Lover's Day«, vom »Dentist Day« und »National Teen-Agers Day« bis zum »Something on a Stick Day« und zum »Sandwich Day«, »X-Ray Day«, »Veteran's Day« und »National Cashew Day« kaum etwas, was nicht an einem eigens dafür geschaffenen Tag vermarktet würde. Und natürlich haben Schweine, Erdnussbutter, Zahnärzte, Sandwichs und Veteranen auch immer ihre eigenen Cheerleader.

Überrascht war ich dann aber doch, als ich das erste Mal vom »π Day« erfuhr, als mir jemand am 14. März per E-Mail eine entsprechende Glückwunschkarte schickte, auf der – animiert –

Bild 60
Im Rahmen einer π-Feier im Juni 2005 erschien in Jena die magische Zahl in der Art der mysteriösen Kornkreise auf einer Rasenfläche im Garten eines der π-Freunde.

ein π-förmiges Männchen einen wilden Tanz aufs Parkett legte. In den USA wird der π Day seit Anfang der 1990er Jahre gefeiert.

Die Wurzeln dieses mathematischen Feiertages lassen sich nicht ganz genau zurückverfolgen. Auf jeden Fall begeht ihn bereits seit über zehn Jahren das »San Francisco Exploratorium«, eine kalifornische Wissenschaftsorganisation. Vielleicht aber geht der Tag auf die Initiative verzweifelter Mathematiklehrer zurück, die versuchen, dem eklatanten Bildungsnotstand auf ihrem Fachgebiet schon in den Schulen unter anderem dadurch zu begegnen, dass sie am 14. März (geschrieben 3/14, was natürlich an π = 3,14... anknüpft) ihre Kollegiaten runde π-Kuchen backen und anhand des Durchmessers deren Umfang berechnen lassen, oder – noch schülernäher – im Unterricht zu wohlbekannten Volksliedweisen π-Liedchen intonieren.

Immerhin ist das Ganze ausnahmsweise kein kommerzielles, sondern eher ein kulturelles Anliegen und als solches durchaus begrüßenswert. So verwundert es nicht weiter, dass das Phänomen π Day bald auch nach Europa überschwappte. Zuerst wurde hier 1997 der π Day in Wien gefeiert. Auch Deutschland, die Schweiz und Schweden folgten inzwischen. Und es fehlt auch nicht an Epigonen, die konkurrierende, eigene π-Feiertage einführen wollen, darunter den »π-Annäherungstag« (Chalmers Universität in Schweden) am 22.7., denn 22/7 = 3,14285... kommt dem

Mathematikbanausen

Es gibt Dinge, die den meisten Menschen unglaublich erscheinen, die sich nicht mit Mathematik befassen.
ARCHIMEDES, GRIECHISCHER PHILOSOPH UND MATHEMATIKER IM 3. JH. V. CHR.

Wer die erhabene Weisheit der Mathematik tadelt, nährt sich von Verwirrung.
LEONARDO DA VINCI, ITALIENISCHES UNIVERSALGENIE IM 15./16. JH.

Es ist unglaublich, wie unwissend die studierende Jugend auf Universitäten kommt. Wenn ich nur 10 Minuten rechne oder geometrisiere, so schläft ¼ derselben sanft ein.
GEORG CHRISTOPH LICHTENBERG, DEUTSCHER MATHEMATIKER UND PHYSIKER IM 18. JH.

Manche Menschen haben einen Gesichtskreis vom Radius Null und nennen ihn ihren Standpunkt.
DAVID HILBERT, DEUTSCHER MATHEMATIKER (1862 – 1943)

Der Mangel an mathematischer Bildung gibt sich durch nichts so auffallend zu erkennen wie durch maßlose Schärfe im Zahlenrechnen.
CARL FRIEDRICH GAUß, DEUTSCHER MATHEMATIKER IM 18./19. JH.

Menschen, die von der Algebra nichts wissen, können sich auch nicht die wunderbaren Dinge vorstellen, zu denen man mit Hilfe der genannten Wissenschaft gelangen kann.
GOTTFRIED WILHELM LEIBNIZ, DEUTSCHER MATHEMATIKER IM 17./18. JH.

Derjenige, der die Beschäftigung mit Arithmetik ablehnt, ist dazu verurteilt, Unsinn zu erzählen.
JOHN MCCARTHY, US-MATHEMATIKER UND ERFORSCHER KÜNSTLICHER INTELLIGENZ, GEBOREN 1927

korrekten Wert 3,14159... recht nahe. Der bisherige Höhepunkt dieser Mode dürfte in »Pilvester« zu sehen sein, einem Neujahrsfest, das in einem auf der Zahl π basierenden, eigens geschaffenen Kalendersystem (Jahreslänge = $\pi \cdot 10^7$ Sekunden, Jahr null = Geburtsjahr von Archimedes, also vermutlich 287 v. Chr.) abzuhalten wäre.
Immerhin erfreut sich π derzeit offenbar großer Beliebtheit.

Vom Papyrus Rhind bis Archimedes und Tsu Ch'ung Chi

Die Geschichte von π[8] reicht wenigstens bis in alttestamentarische Zeiten zurück. Schon früh hat diese Zahl die Menschen ganz offensichtlich fasziniert. So liest man im ersten Buch der Könige (Kapitel 7, Vers 23): »Und er machte das Meer, gegossen, zehn Ellen von seinem [einen] Rand bis zu seinem [anderen] Rand, ringsum rund und fünf Ellen seine Höhe; und eine Meßschnur von dreißig Ellen umspannte es ringsherum.« Implizit kommt in diesem Bibelvers das Verhältnis von Kreisumfang (30 Ellen) zu Kreisdurchmesser (10 Ellen) vor. Es ist 30/10 = 3. Offenbar war man sich damals bewusst, dass der Umfang eines Kreises rund dreimal so lang wie sein Durchmesser ist. Das war eine noch sehr grobe Annäherung an die Zahl π.
Schon lange zuvor wussten es die alten Ägypter indes besser. Während des Mittleren Reichs verfasste um 1650 v. Chr. ein Autor namens AHMES eine später als »Papyrus Rhind« berühmt gewordene Schriftrolle, die mit den Worten begann: »Das Tor zur Kenntnis aller existierender Dinge«, und er wies darauf hin, dass er dabei auf das Wissen »der Alten« zurückgriff. Die Rolle behandelt die Lösungen verschiedener mathematischer Probleme und gibt gegen Ende eine Anweisung zur Berechnung des Kreisumfangs aus dem bekannten Durchmesser. Als Faktor (π) nennt Ahmes den Wert $(4/3)^4$. In unserer heutigen Dezimalbruchschreibweise ist das gerundet 3,1605. Damit kam Ahmes dem tatsächlichen Wert von π bereits auf 0,6 % nahe.

---

[8] Das Formelzeichen π für die Kreiszahl führte um 1700 der englische Mathematiker William Jones (siehe Bild 62) in Anlehnung an das griechische Wort περιφέρια (periferia = Umfang) ein. Berühmt machte es später Leibniz.

112

Noch etwas genauer waren die alten Babylonier. Sie arbeiteten mit dem Wert $3^1/_8 = 3,125$ und näherten sich π damit bis auf 0,528 % Fehler.

Dann, um 200 v. Chr., nahm sich der griechische Mathematiker ARCHIMEDES VON SYRAKUS (um 287 – 212 v. Chr.) der Sache systematisch an. Er griff dabei auf Gedanken aus EUKLIDs (365 bis 300 v. Chr.) Werk »Elemente« zurück. Dieser Gelehrte hatte ein numerisches Verfahren zur Berechnung des Umfangs eines regelmäßigen Vielecks mit $2 \cdot n$ Seiten entwickelt, das dann funktioniert, wenn man den Umfang eines n-seitigen regelmäßigen Vielecks kennt. Das ist nun nicht weiter schwer, denn der Umfang eines Quadrats, das sich in einen Kreis mit dem Radius r einschreiben lässt, war seit PYTHAGORAS (um 570 bis um 480 v. Chr.) bekannt. Er beträgt $U = 4 \cdot \sqrt{2 \cdot r^2}$. Und die Berechnung des Umfangs eines regelmäßigen Sechsecks machte noch weniger Mühe: $U = 6 \cdot r$. Archimedes grenzte nun die Länge des Kreisumfangs zwischen die Umfanglängen eines einbeschriebenen und eines umbeschriebenen Polygons ein (siehe Bild 61). Das Verfahren setzte er bis zu einem 96-Eck fort, das er einmal in den Kreis zeichnete und einmal um diesen herum, und fand so eine Untergrenze für π von $3^{10}/_{71}$ und eine Obergrenze von $3^1/_7$. Als guten Näherungswert

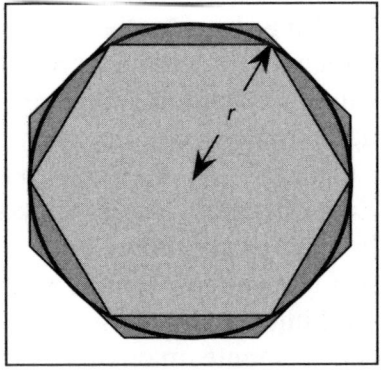

Bild 61
Archimedes grenzte die Länge des Kreisumfangs systematisch zwischen die Umfanglängen eines einbeschriebenen und eines umbeschriebenen Polygons ein.

leitete er daraus 22/7 ab, jenen Bruch, der noch heute die Schweden zum Feiern des π-Annäherungstages am 22.7. bewegt. Abweichung vom korrekten π-Wert: 0,04 %.

Eine noch bessere Näherung fand – wie, das wissen wir nicht – später der Chinese TSU CH'UNG CHI (430 – 510 n. Chr.) mit dem Bruch 355/113 ≈ 3,141593. Er kam damit π auf 0,0000085 % Fehler nahe.

Nach ihm geriet weltweit die Zahl π für rund acht Jahrhunderte in Vergessenheit.

Von Al-Kashi bis ins 20. Jahrhundert

Dass nach dem Mittelalter die Naturwissenschaften und mit ihnen die Mathematik überhaupt wieder erblühten, verdanken wir einzig und allein den Muslimen. Prophet Muhammad hatte bereits im 7. Jahrhundert das Forschen nach Erkenntnis zur vorrangigen Pflicht jedes gläubigen Menschen erklärt und seinen Anhängern befohlen, in aller Welt Wissen zu sammeln. So machten sich die Muslime daran, einige Jahrhunderte lang die in Vergessenheit geratenen wissenschaftlichen Schriften vor allem der Griechen zu sammeln und ins Arabische zu übersetzen. Als sie sich diesen Wissensstand gründlich angeeignet hatten, begannen sie mit eigenständiger wissenschaftlicher Arbeit vor allem auf den Gebieten Medizin, Astronomie und Mathematik. So stammen denn viele noch heute gebräuchliche Begriffe der Mathematik aus der arabischen Sprache jener »goldenen Zeit«, zum Beispiel »Algebra« oder »Algorithmus«. Einer der prominenten muslimischen Mathematiker des 15. Jahrhunderts, AL-KASHI, errechnete π erstmals auf 14 Nachkommastellen Genauigkeit. Einen wesentlich genaueren Wert fand erst knapp zwei Jahrhunderte später der in den Niederlanden arbeitende Deutsche LUDOLPH VAN CEULEN, nach dem π lange als »Ludolphsche Zahl« benannt wurde. Eine große eigene geistige Leistung vollbrachte er allerdings nicht, als er 1610 π auf 35 Dezimalen genau berechnete, denn er verwandte die altbewährte Methode von Archimedes, nur dass er sich leichter tat als jener, denn inzwischen kannte man dank der Araber die Dezimalbruchschreibweise. Van Ceulen arbeitete mit einem 2^{62}-Eck, mit dem er den Kreisumfang annäherte.
Erst als Mathematiker wie JOHANN MÜLLER (1436 – 1476) aus Königsberg in Franken, der sich nach seiner Heimatstadt REGIOMONTANUS nannte, die Trigonometrie zu einem selbstständigen Zweig der Mathematik machten und die Winkelfunktionen (Müller selbst benutzte ausschließlich den Sinus) einführten, ergaben sich neue Wege zur Berechnung von π. Bekanntlich beträgt der Tangens (tan) von 45° genau 1. Im Bogenmaß entspricht dem 45°-Winkel die Bogenlänge π/4, nämlich 1/8 des Einheitskreisumfangs. Deshalb lässt sich schreiben: tan(π/4) = 1. Die Umkehrfunktion von Tangens ist der Arcus Tangens (arctan). Und deshalb gilt:

Historische Berechnungen der Zahl π

Datum	Mathematiker	Näherung
vor 1650 v. Chr.	Ägypter	$(4/3)^4 = 3,1605...$
um 240 v. Chr.	Archimedes	$22/7 = 3,1428...$
um 480 n. Chr.	Tsu Ch'ung Chi	$355/113 = 3,141593...$
1220	Fibonacci	3,141818
um 1430	Al-Kashi	14 Dezimalstellen
1593	Vieta	10 Dezimalstellen
um 1610	Ludolph van Ceulen	35 Dezimalstellen
1630	Grienberger	39 Dezimalstellen
1699	Sharp	71 Dezimalstellen
um 1750	Leonhard Euler	20 Dezimalstellen in 1 Stunde berechnet
1844	Johann Dase	201 Dezimalstellen
1853	Ernest Rutherford	440 Dezimalstellen
1873	William Shanks	707 Dezimalstellen, davon aber nur 528 korrekt, letzte manuelle Rechnung
1948	Ferguson und Wrench mit Tischrechner	808 Dezimalstellen
1949	Reitwiesner auf ENIAC Computer	2037 Dezimalstellen in 70 Stunden
1954	S. C. Nicholson und J. Jeenel auf NORC	3089 Dezimalstellen
1957	G. E. Felton auf Pegasus	7480 Dezimalstellen
1958	F. Genuys auf IBM 704	10 000 Dezimalstellen
1959	J. Guilloud auf IBM 704	16 167 Dezimalstellen
1961	Shanks und Wrench auf IBM 7090	100 265 Dezimalstellen in 8 Stunden
1967	Guilloud und Dichampe auf CDC 6600	500 000 Dezimalstellen
1973	Guilloud und Bouyer auf IBM 7600	1 001 250 Dezimalstellen
1983	Kanada und Tamura auf HITAC M280H	16 777 216 Dezimalstellen
1986	Bailey auf Cray 2	29 360 128 Dezimalstellen
1987	Kanada auf NEC SX-2	134 217 700 Dezimalstellen
1989	G. und D. Chudnovski auf IBM 3090	1 011 196 691 Dezimalstellen
1989	Kanada und Tamura auf HITAC S-280/80	1 073 740 000 Dezimalstellen
1999	Kanada auf HITAC SR800	206 158 430 000 Dezimalstellen
2002	Kanada auf HITAC SR800	1 241 100 000 000 Dezimalstellen

$\pi/4 = \arctan(1)$ oder $\pi = 4 \cdot \arctan(1)$. Seit Isaac Newton (1643 – 1727) und Gottfried Wilhelm Leibniz (1646 – 1716) die Infinitesimalrechnung (Differenzieren und Integrieren) entwickelten, konnte man für viele Funktionen unendliche Reihen herleiten, so zum Beispiel für Arcus Tangens die Reihe $\arctan(x) = x - 1/3 \cdot x^3 + 1/5 \cdot x^5 - 1/7 \cdot x^7 + ...$, die 1672 James Gregory fand. Setzt man diese Reihe in die Formel

$$\pi = 4 \cdot \arctan(1)$$

ein, dann ergibt sich daraus eine neue Näherungsformel für π, denn es resultiert $\pi = 4 \cdot (1 - 1/3 + 1/5 - 1/7 + ...)$. Sehr gut ist sie allerdings nicht, denn sie konvergiert nur langsam. Man braucht schon rund 2500 Glieder dieser Reihe, um eine konstante dritte Nachkommastelle von π zu erhalten. Im Zeitalter des Com-puters ist das nicht allzu problematisch, aber zu Leibniz' Zeiten rechnete man schließlich noch mit Papier und Bleistift. Doch bald fanden Mathematiker andere Formeln, die sich besser eigneten. Berühmt wurde unter anderem eine von John Machin im frühen 18. Jahrhundert:

$$\pi/4 = 4 \cdot \arctan(1/5) - \arctan(1/239)$$

Weil die Argumente der beiden arctan-Funktionen wesentlich kleiner als 1 sind, konvergieren diese Reihenentwicklungen wesentlich schneller.

Eine andere bekannte Formel fand 1738 Leonhard Euler (1707 – 1783):

$$\pi/4 = \arctan(1/2) + \arctan(1/3)$$

Mit Formeln wie diesen berechneten eifrige Mathematiker π bereits im 18. Jahrhundert auf über 500 Dezimalstellen genau, und das ohne Computer!

Eulers Formel erwies sich später noch als außerordentlich interessant, denn sie stellte – konsequent zu Ende gedacht – eine bemerkenswerte Verbindung zwischen π und den Zahlen der Fibonacci-Reihe her[9]. Es zeigte sich nämlich, dass auch Folgendes gilt:

$$\pi/4 = \arctan(1/2) + \arctan(1/5) + \arctan(1/8)$$

---

[9] Siehe Kapitel »Kakteen, Kunst und DNA«, Seiten 20 ff.

116

und auch:

$\pi/4 = \arctan(1/2) + \arctan(1/5) + \arctan(1/13) + \arctan(1/21)$

Das lässt sich fortsetzen, bis man schließlich diese allgemeine Summenformel erhält:

$$\pi/4 = \sum_{k=1}^{\infty} \arctan\left(\frac{1}{F_{2k+1}}\right)$$

Dabei sind F_{2k+1} immer jede zweite Zahl der Fibonacci-Reihe (1, 1, 2, 3, 5, 8, 13, 21, 34, 55, 89 ...), nämlich 2, 5, 13, 34, 89 ...

Folgerichtig gehandelt

David Hilbert, einer der bedeutendsten Mathematiker aller Zeiten, handelte wie viele seiner Kollegen auch im Alltagsleben oft überaus folgerichtig. Als er einmal in seinem Haus eine Abendgesellschaft prominenter Gäste empfangen wollte, kam er ohne Krawatte aus dem oberen Geschoss die Treppe herunter. Seine Frau fing ihn ab und schickte ihn zurück, damit er sich einen Schlips umbinde.

Als Hilbert eine Dreiviertelstunde später noch immer nicht zurück war, ging seine Frau nachschauen. Sie fand ihn tief schlafend in seinem Bett. Was war geschehen? – Hilbert war ins Schlafzimmer gegangen, wo er seine Krawatten aufbewahrte. Als er dort ankam, hatte er ganz automatisch das getan, was er immer machte, wenn er abends ins Schlafzimmer ging: Er hatte sich ausgezogen. Folgerichtig legte er sodann seinen Pyjama an und sich selbst ins Bett, wo er denn auch einschlief, ohne weiter an seine Gäste zu denken.

Mathemachos – wer hat den Längsten?

Die zweite Hälfte des 20. Jahrhunderts brachte ein mathematisches Novum mit sich: Computerwettbewerbe. Und was wäre geeigneter, als irrationale Zahlen oder etwa auch Primzahlen zu berechnen, von denen sich bis jetzt auch noch nicht mit exakten mathematischen Methoden voraussagen lässt, wie sie sich bis in die Unendlichkeit hinein verhalten? Wettbewerbsmedien wie das Guinness-Buch der Rekorde oder gar das Internet warten mit immer neuen größten Primzahlen und immer mehr berechneten Stellen irrationaler Zahlen auf.

Die Frage, wozu das alles gut sein soll, beantwortete unlängst Professor NORBERT MAUSER, Chef des renommierten Wolfgang-Pauli-Instituts in Wien: »In Wahrheit geht es hier natürlich schon um einen Sport unter Mathematikern, frei nach dem Motto: Wer hat den Längsten (Zahlencode). Aber das japanische Team hat fast fünf Jahre an einer vereinfachenden Formel gearbeitet, die diese gigantische Rechenleistung des Computers überhaupt möglich macht. Bei den bisher bekannten Rechentechniken hätte der verwendete Computer schon viel früher die

Segel gestrichen. Die neuen Formeln werden wahrscheinlich noch für andere Dinge nützlich sein.«

Der mathematische Formalismus, von dem Mauser hier spricht, stammt von dem japanischen Mathematikprofessor YASUMASA KANADA und seinen Mitarbeitern und ist leichter zu notieren als zu erklären. Die Wissenschaftler arbeiten nach einem iterativen Verfahren, das heißt, sie nähern sich π schrittweise immer besser, wobei jeder Rechenschritt zwar länger dauert als der vorherige, dafür aber in etwa eine Verdopplung der richtigen Nachkommastellen bringt. Wie die Sache funktioniert, sehen Sie im Kasten auf Seite 119 (Jahr 1988). Zwei Jahre später entwickelten die russischen Brüder CHUDNOVSKI in den USA in Anlehnung an den genialen Inder SRINIVASA RAMANUJAN eine Summenformel, die pro zusätzliches Glied jeweils etwa 14 weitere Dezimalstellen von π liefert.

Formeln zur Berechnung der Zahl π		
Datum	Mathematiker	Formel oder Näherung
um 2000 v. Chr.	Babylonier	$\pi \approx 25/8$
vor 1650 v. Chr.	Ägypter	$\pi \approx 256/81$
um 240 v. Chr.	Archimedes	$\pi \approx 22/7$
um 20 v. Chr.	Vitruv	$\pi \approx 25/8$
1593	François Vieta	$\dfrac{2}{\pi} = \sqrt{\dfrac{1}{2}} \sqrt{\dfrac{1}{2} + \dfrac{1}{2}\sqrt{\dfrac{1}{2}}} \sqrt{\dfrac{1}{2} + \dfrac{1}{2}\sqrt{\dfrac{1}{2} + \dfrac{1}{2}\sqrt{\dfrac{1}{2}}}} \ldots$
1655	John Wallis	$\dfrac{2}{\pi} = \dfrac{2}{1}\dfrac{2}{3}\dfrac{4}{3}\dfrac{4}{5}\dfrac{6}{5}\dfrac{6}{7}\dfrac{8}{7}\dfrac{8}{9} \ldots$
1671	James Gregory	$\arctan(x) = x - \dfrac{x^3}{3} + \dfrac{x^5}{5} - \dfrac{x^7}{7} + \ldots, \quad \lvert x \rvert \le 1$
1674	Gottfried Wilhelm Leibniz	$\dfrac{\pi}{4} = 1 - \dfrac{1}{3} + \dfrac{1}{5} - \dfrac{1}{7} + \ldots$
1706	John Machin	$\dfrac{\pi}{4} = 4 \cdot \arctan\left(\dfrac{1}{5}\right) - \arctan\left(\dfrac{1}{239}\right)$
um 1910	Srinivasa Ramanujan	$\dfrac{1}{\pi} = \dfrac{\sqrt{8}}{9801} \cdot \sum_{n=0}^{\infty} \dfrac{(4n)!}{(n!)^4} \cdot \dfrac{(1103 + 26390n)}{396^{4n}}$
1988	Yasumasa Kanada	Startwerte: $a_0 = 1, \quad b_0 = \dfrac{1}{\sqrt{2}}, \quad c_0 = \dfrac{1}{4}$ Rekursionen: $a_{n+1} = \dfrac{a_n + b_n}{2}, \quad b_{n+1} = \sqrt{a_n b_n}, \quad c_{n+1} = c_n - 2^{n-1}(a_{n+1} - a_n)^2$ Näherungswerte: $\pi_n \approx \dfrac{(a_n + b_n)^2}{4c_n}$
1990	Gregory V. und David V. Chudnovski	$\dfrac{426880\sqrt{10005}}{\pi} = \sum_{n=0}^{\infty} (-1)^n \dfrac{(6n)!(545140134n + 13591409)}{(n!)^3 (3n)!(640320)^{3n}}$

Unterhaltsames am Rande: Ramanujan, an den die russischen Brüder Chudnovski anknüpfen, fand bei seiner Beschäftigung mit π eine verblüffend genaue einfache Näherungsformel:

$$\pi \approx \sqrt{\sqrt{\frac{2143}{22}}} = 3{,}14159265258...,$$ die aufgerundet einen auf

neun Dezimalstellen genauen Wert von π liefert.

Im Rennen um immer exaktere Werte von π ganz vorne liegen aber derzeit ungeschlagen der Japaner Kanada und sein Team mit über 1,2 Billionen Stellen. Die Frage ist, wie lange noch? Oder, noch besser gefragt: Wie genau wird sich π eines Tages berechnen lassen? Schließlich ist es eine irrationale Zahl und hat als solche unendlich viele Nachkommastellen. Einige Mathematiker sehen heute trotzdem eine Grenze bei der Berechenbarkeit. Sie geben sie mit rund 10^{77} Stellen an. Für noch längere Zahlenwürmer, so argumentieren sie, könne es niemals geeignete physikalische Speichermedien geben. Allerdings lässt sich diese Beurteilung der Sachlage auch angreifen: Es sind nämlich seit kurzem Verfahren bekannt geworden, die es gestatten, irgendeine beliebige Nachkommastelle von π direkt zu berechnen, ohne zuerst alle vor dieser stehenden Stellen zu ermitteln. So wäre es durchaus denkbar, etwa überhaupt erst ab der Stelle 10^{77} mit dem Rechnen zu beginnen.

Ein bemerkenswertes empirisches Verfahren

Dass sich π nicht nur näherungsweise berechnen, sondern auch rein experimentell ermitteln lässt, fand schon im 18. Jahrhundert der französische Botaniker GEORGE-LOUIS LECLERC, COMTE DE BUFFON (1707 – 1788). Er entwickelte folgendes Procedere:
Man ziehe auf ein großes Blatt Papier (besser noch auf ein glattes Brett, da dies völlig eben ist) parallele Linien im jeweiligen Abstand d. Diese Liniengrafik lege man völlig horizontal auf den Boden und lasse aus einiger Höhe eine Nadel der Länge l darauf fallen. Wichtig ist, dass d größer ist als l. Man wirft die Nadel n-mal und beobachtet jedes Mal, ob sie eine Linie schneidet (oder auch nur berührt) oder nicht. Die Zahl der Linienkon-

takte sei k. Aus den vier Daten d, l, n und k ergibt sich folgende Näherungsformel für π:

$$\pi \approx \frac{2 \cdot l \cdot n}{d \cdot k}$$

Grundlage für dieses Verfahren ist die Überlagerung zweier statistischer Prozesse:

1. Die gefallene Nadel kann in Querrichtung zu den Parallelen eine (projizierte) Strecke s von $0 \leq s \leq l$ einnehmen (vgl. Bild 63).

2. Die Strecke s kann in den Raum zwischen zwei Parallelen fallen, ohne diese zu berühren, oder eine Linie schneiden oder berühren.

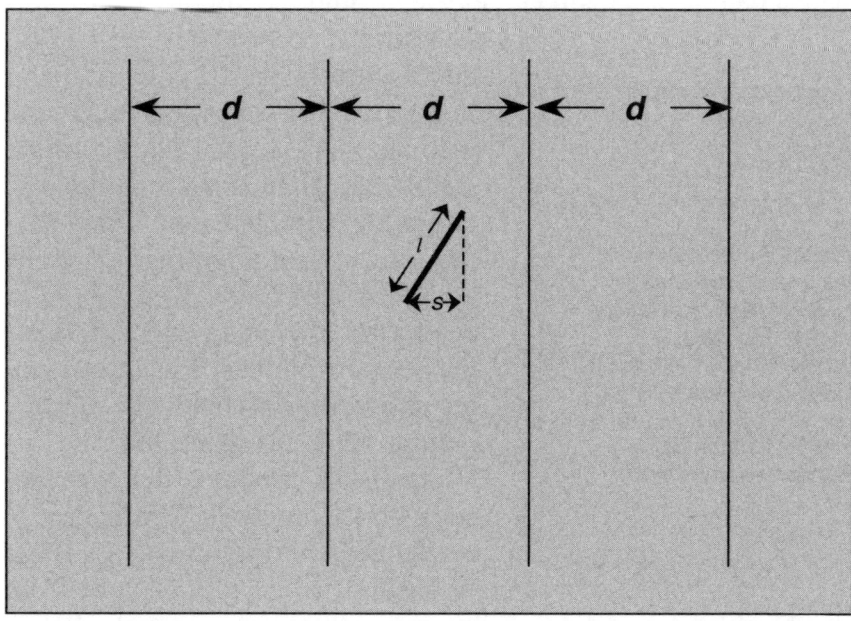

Bild 63
Anordnung für die empirische Bestimmung der Zahl π nach der Buffon-Methode.
Man lässt wiederholt eine Nadel der Länge *l* auf ein Blatt Papier mit parallelen Linien in den Abständen *d* fallen und beobachtet, ob sie eine der Linien schneidet oder nicht.

Die Begründung für die Richtigkeit der Näherungsformel erfordert allerdings »höhere Mathematik« und würde den Rahmen dieses Buches sprengen. Sie ist aber für jemanden, der mit Integralrechnen vertraut ist, relativ einfach. Wer möchte, mag's probieren. Weniger nachahmenswert ist allerdings das Verfahren selbst, denn es entpuppt sich als äußerst langwierig. Um damit π auch nur auf den Wert 3,14 genau zu finden, sind schon mehrere tausend Nadelwürfe erforderlich.

Ist π »normal«?

Als ich mir vornahm, in dieses Buch ein Kapitel über die Kreiszahl π aufzunehmen, ahnte ich nicht, wie lang es werden würde. Es ist schon erstaunlich, was sich über das schlichte Verhältnis von Kreisumfang zu Kreisdurchmesser (nichts anderes ist π schließlich) alles sagen lässt.

Dass π eine irgendwie besondere Zahl sein muss, stellten bereits die alten Griechen fest, denn all ihre Versuche, π exakt durch einen Bruch anzugeben, scheiterten. Aber erst 1761 gelang dem deutschen Mathematiker, Physiker und Astronomen JOHANN HEINRICH LAMBERT (1728 – 1777) der Nachweis, dass π eine irrationale Zahl ist, also unendlich viele und niemals periodische Nachkommastellen hat. Heute sind mehrere derartige Beweise bekannt. Die meisten davon sind allerdings reichlich komplex, erfordern Kenntnisse in der Integralrechnung und sollen uns hier erspart bleiben. Ein interessanter und recht anschaulicher Beweis gelingt übrigens über die alte archimedische Methode der Annäherung von π durch die Umfänge von regelmäßigen Vielecken. Es lässt sich nämlich zeigen, dass die Zahl der Nachkommastellen größer und größer wird, je mehr Ecken diese Polygone haben. Und weil man schließlich Vielecke mit unendlich vielen Ecken erhält, wenn man das Verfahren unendlich lange fortsetzt, müssen auch die Nachkommastellen unendlich an der Zahl (und nichtperiodisch) sein. Diese etwas laxe Formulierung ist natürlich streng mathematisch nicht akzeptabel, aber viel fehlt zu einem wirklich exakten Beweis dann nicht mehr.

Ein liegender Mast ist kein Mast

Ein Physiker und ein Mathematiker wollen die Höhe eines Fahnenmastes bestimmen und diskutieren verschiedene Möglichkeiten: Peilung, Winkelmessung, Triangulation, Dreisatz ...
Da kommt ein Philologe hinzu. Er zieht den Mast aus dem Fundament, legt ihn um und vermisst ihn mit einem Zollstock.
»Ein typischer Laie«, meint der Mathematiker, »wir wollen die Höhe bestimmen und er liefert uns die Länge.«

π = 3. 1 4 1 5 9 2 6 5 3 5 8 9 7 9 3 2 3 8 4 6 2 6 4 3 3 8 3 2 7 9 5 0 2 8 8 4 1 9 7 1 6 9
3 9 9 3 7 5 1 0 5 8 2 0 9 7 4 9 4 4 5 9 2 3 0 7 8 1 6 4 0 6 2 8 6 2 0 8 9 9 8 6 2 8 0 3 4
8 2 5 3 4 2 1 1 7 0 6 7 9 8 2 1 4 8 0 8 6 5 1 3 2 8 2 3 0 6 6 4 7 0 9 3 8 4 4 6 0 9 5 5 0
5 8 2 2 3 1 7 2 5 3 5 9 4 0 8 1 2 8 4 8 1 1 1 7 4 5 0 2 8 4 1 0 2 7 0 1 9 3 8 5 2 1 1 0 5
5 5 9 6 4 4 6 2 2 9 4 8 9 5 4 9 3 0 3 8 1 9 6 4 4 2 8 8 1 0 9 7 5 6 6 5 9 3 3 4 4 6 1 2 8
4 7 5 6 4 8 2 3 3 7 8 6 7 8 3 1 6 5 2 7 1 2 0 1 9 0 9 1 4 5 6 4 8 5 6 6 9 2 3 4 6 0 3 4 8
6 1 0 4 5 4 3 2 6 6 4 8 2 1 3 3 9 3 6 0 7 2 6 0 2 4 9 1 4 1 2 7 3 7 2 4 5 8 7 0 0 6 6 0 6
3 1 5 5 8 8 1 7 4 8 8 1 5 2 0 9 2 0 9 6 2 8 2 9 2 5 4 0 9 1 7 1 5 3 6 4 3 6 7 8 9 2 5 9 0
3 6 0 0 1 1 3 3 0 5 3 0 5 4 8 8 2 0 4 6 6 5 2 1 3 8 4 1 4 6 9 5 1 9 4 1 5 1 1 6 0 9 4 3 3
0 5 7 2 7 0 3 6 5 7 5 9 5 9 1 9 5 3 0 9 2 1 8 6 1 1 7 3 8 1 9 3 2 6 1 1 7 9 3 1 0 5 1 1 8
5 4 8 0 7 4 4 6 2 3 7 9 9 6 2 7 4 9 5 6 7 3 5 1 8 8 5 7 5 2 7 2 4 8 9 1 2 2 7 9 3 8 1 8 3
0 1 1 9 4 9 1 2 9 8 3 3 6 7 3 3 6 2 4 4 0 6 5 6 6 4 3 0 8 6 0 2 1 3 9 4 9 4 6 3 9 5 2 2 4
7 3 7 1 9 0 7 0 2 1 7 9 8 6 0 9 4 3 7 0 2 7 7 0 5 3 9 2 1 7 1 7 6 2 9 3 1 7 6 7 5 2 3 8 4
6 7 4 8 1 8 4 6 7 6 6 9 4 0 5 1 3 2 0 0 0 5 6 8 1 2 7 1 4 5 2 6 3 5 6 0 8 2 7 7 8 5 7 7 1
3 4 2 7 5 7 7 8 9 6 0 9 1 7 3 6 3 7 1 7 8 7 2 1 4 6 8 4 4 0 9 0 1 2 2 4 9 5 3 4 3 0 1 4 6
5 4 9 5 8 5 3 7 1 0 5 0 7 9 2 2 7 9 6 8 9 2 5 8 9 2 3 5 4 2 0 1 9 9 5 6 1 1 2 1 2 9 0 2 1
9 6 0 8 6 4 0 3 4 4 1 8 1 5 9 8 1 3 6 2 9 7 7 4 7 7 1 3 0 9 9 6 0 5 1 8 7 0 7 2 1 1 3 4 9
9 9 9 9 9 8 3 7 2 9 7 8 0 4 9 9 5 1 0 5 9 7 3 1 7 3 2 8 1 6 0 9 6 3 1 8 5 9 5 0 2 4 4 5 9
4 5 5 3 4 6 9 0 8 3 0 2 6 4 2 5 2 2 3 0 8 2 5 3 3 4 4 6 8 5 0 3 5 2 6 1 9 3 1 1 8 8 1 7 1
0 1 0 0 0 3 1 3 7 8 3 8 7 5 2 8 8 6 5 8 7 5 3 3 2 0 8 3 8 1 4 2 0 6 1 7 1 7 7 6 6 9 1 4 7
3 0 3 5 9 8 2 5 3 4 9 0 4 2 8 7 5 5 4 6 8 7 3 1 1 5 9 5 6 2 8 6 3 8 8 2 3 5 3 7 8 7 5 9 3
7 5 1 9 5 7 7 8 1 8 5 7 7 8 0 5 3 2 1 7 1 2 2 6 8 0 6 6 1 3 0 0 1 9 2 7 8 7 6 6 1 1 1 9 5
9 0 9 2 1 6 4 2 0 1 9 8 9 3 8 0 9 5 2 5 7 2 0 1 0 6 5 4 8 5 8 6 3 2 7 8 8 6 5 9 3 6 1 5 3
3 8 1 8 2 7 9 6 8 2 3 0 3 0 1 9 5 2 0 3 5 3 0 1 8 5 2 9 6 8 9 9 5 7 7 3 6 2 2 5 9 9 4 1 3
8 9 1 2 4 9 7 2 1 7 7 5 2 8 3 4 7 9 1 3 1 5 1 5 5 7 4 8 5 7 2 4 2 4 5 4 1 5 0 6 9 5 9 5 0
8 2 9 5 3 3 1 1 6 8 6 1 7 2 7 8 5 5 8 8 9 0 7 5 0 9 8 3 8 1 7 5 4 6 3 7 4 6 4 9 3 9 3 1 9
2 5 5 0 6 0 4 0 0 9 2 7 7 0 1 6 7 1 1 3 9 0 0 9 8 4 8 8 2 4 0 1 2 8 5 8 3 6 1 6 0 3 5 6 3
7 0 7 6 6 0 1 0 4 7 1 0 1 8 1 9 4 2 9 5 5 5 9 6 1 9 8 9 4 6 7 6 7 8 3 7 4 4 9 4 4 8 2 5 5
3 7 9 7 7 4 7 2 6 8 4 7 1 0 4 0 4 7 5 3 4 6 4 6 2 0 8 0 4 6 6 8 4 2 5 9 0 6 9 4 9 1 2 9 3
3 1 3 6 7 7 0 2 8 9 8 9 1 5 2 1 0 4 7 5 2 1 6 2 0 5 6 9 6 6 0 2 4 0 5 8 0 3 8 1 5 0 1 9 3
5 1 1 2 5 3 3 8 2 4 3 0 0 3 5 5 8 7 6 4 0 2 4 7 4 9 6 4 7 3 2 6 3 9 1 4 1 9 9 2 7 2 6 0 4
2 6 9 9 2 2 7 9 6 7 8 2 3 5 4 7 8 1 6 3 6 0 0 9 3 4 1 7 2 1 6 4 1 2 1 9 9 2 4 5 8 6 3 1 5
0 3 0 2 8 6 1 8 2 9 7 4 5 5 5 7 0 6 7 4 9 8 3 8 5 0 5 4 9 4 5 8 8 5 8 6 9 2 6 9 9 5 6 9 0
9 2 7 2 1 0 7 9 7 5 0 9 3 0 2 9 5 5 3 2 1 1 6 5 3 4 4 9 8 7 2 0 2 7 5 5 9 6 0 2 3 6 4 8 0
6 6 5 4 9 9 1 1 9 8 8 1 8 3 4 7 9 7 7 5 3 5 6 6 3 6 9 8 0 7 4 2 6 5 4 2 5 2 7 8 6 2 5 5 1
8 1 8 4 1 7 5 7 4 6 7 2 8 9 0 9 7 7 7 7 2 7 9 3 8 0 0 0 8 1 6 4 7 0 6 0 0 1 6 1 4 5 2 4 9
1 9 2 1 7 3 2 1 7 2 1 4 7 7 2 3 5 0 1 4 1 4 4 1 9 7 3 5 6 8 5 4 8 1 6 1 3 6 1 1 5 7 3 5 2
5 5 2 1 3 3 4 7 5 7 4 1 8 4 9 4 6 8 4 3 8 5 2 3 3 2 3 9 0 7 3 9 4 1 4 3 3 3 4 5 4 7 7 6 2
4 1 6 8 6 2 5 1 8 9 8 3 5 6 9 4 8 5 5 6 2 0 9 9 2 1 9 2 2 2 1 8 4 2 7 2 5 5 0 2 5 4 2 5 6
8 8 7 6 7 1 7 9 0 4 9 4 6 0 1 6 5 3 4 6 6 8 0 4 9 8 8 6 2 7 2 3 2 7 9 1 7 8 6 0 8 5 7 8 4
3 8 3 8 2 7 9 6 7 9 7 6 6 8 1 4 5 4 1 0 0 9 5 3 8 8 3 7 8 6 3 6 0 9 5 0 6 8 0 0 6 4 2 2 5
1 2 5 2 0 5 1 1 7 3 9 2 9 8 4 8 9 6 0 8 4 1 2 8 4 8 8 6 2 6 9 4 5 6 0 4 2 4 1 9 6 5 2 8 5
0 2 2 2 1 0 6 6 1 1 8 6 3 0 6 7 4 4 2 7 8 6 2 2 0 3 9 1 9 4 9 4 5 0 4 7 1 2 3 7 1 3 7 8 6
9 6 0 9 5 6 3 6 4 3 7 1 9 1 7 2 8 7 4 6 7 7 6 4 6 5 7 5 7 3 9 6 2 4 1 3 8 9 0 8 6 5 . . . .

1882 fand C. L. F. LINDERMANN dann heraus, dass π nicht nur irrational, sondern auch transzendental ist. Transzendente Zahlen sind den irrationalen sehr ähnlich – und sind selbst alle irrational –, nur haben sie die zusätzliche Eigenschaft, dass sie sich nicht wie manche andere irrationale Zahlen durch eine geschlossene mathematische Gleichung darstellen lassen, die nur ganze Zahlen enthält. $\sqrt{2}$ beispielsweise ist zwar irrational, aber nicht transzendent, denn sie lässt sich ja einfach als Lösung einer algebraischen Gleichung ausdrücken. Bei π ist dergleichen nicht möglich.

Neuerdings fragen sich Mathematiker, ob π denn eine »normale« Zahl ist. »Normal« ist ein noch relativ junger Begriff der Zahlentheorie. Normal ist eine irrationale Zahl dann, wenn sich in ihren Nachkommastellen keinerlei Systematik nachweisen lässt, wenn also in dem endlosen Zahlenschwanz alle Ziffern mit rein statistischer Häufigkeit vorkommen und auch rein statistisch verteilt sind. In diesem Falle ist die Wahrscheinlichkeit, dass irgendeine Stelle gleich 9 ist, ebenso groß wie die Wahrscheinlichkeit, mit der es eine 0, 1, 2 oder andere Ziffer sein könnte. Und die Anzahl der Neunen ist in einem ausreichend langen Zahlenstrang auch statistisch gleich der jeder anderen Ziffer. Entsprechendes gilt auch für Zahlenfolgen wie 12 oder etwa 94 oder 577 oder 2384. Heute spricht zwar alles dafür, dass π »normal« ist, aber letztlich bewiesen ist das noch nicht.

Aber »Unnormales« gibt es dennoch

Wenn irgendeinem in weiten Kreisen bekannten Begriff auch nur im Entferntesten das Flair des Geheimnisvollen anhängt, kann man sicher sein, dass sich rasch auch Esoteriker verschiedenster Ausprägung seiner bemächtigen und so lange suchen, bis sie etwas Skurriles entdeckt haben, von dem sie hoffen, dass es ihnen selbst ebenso zu Ruhm und Ehre verhilft wie dem Objekt ihrer »Forschung« zur Numinosität. Die Zahl π macht dabei keine Ausnahme, hat sie doch einerseits eine lange Geschichte und beschäftigte die größten Geister, und andererseits ist sie irrational, lässt sich also niemals exakt angeben. Das genügt, um sie für wirre Gemüter anziehend zu machen. Oft sehen sich solche Zeitgenossen selbst durchaus im Range ernst zu nehmender Wissenschaftler.

Zu ihnen gehören auch Numerologen des renommierten Menachem-Lehmann-Instituts in Jerusalem, das sich mit Thora-Forschung befasst. In der Zweiten Chronik (Kapitel 4, Vers 2) des heiligen Buches der Juden ist Ähnliches zu lesen wie im alttestamentarischen Buch der Könige. Während im Letzteren im Zusammenhang mit dem Bau des großen Tempels des Salomo um 950 v. Chr. von einem runden Meer von 10 Ellen Durchmesser, umgeben von einer 30 Ellen langen Messschnur, die Rede ist, verwendet die Zweite Chronik im hebräischen Original im gleichen Kontext einen recht ungewöhnlichen Begriff für diese Schnur. Von »Qof Vav« ist die Rede. Wie auch das Arabische lässt es die hebräische Sprache zu, für jedes Wort einen Zahlenwert zu ermitteln. Ähnlich dem ASCII-Zeichensatz ist nämlich jedem Buchstaben eine Zahl zugeordnet. Die beiden Wörter »Qof« und »Vav« haben die Zahlenwerte 111 und 106. Nun mutmaßen die Zahlenmystiker des Jerusalemer Instituts, dass dies tiefe Bedeutung habe. Sie teilen beide Zahlen durcheinander und erhalten 111/106 = 1,0471698... Weil sich der Umfang des Meeres aber im Text der Zweiten Chronik zum Durchmesser wie 3 zu 1 verhält, multiplizieren sie aus nicht gerade nachvollziehbaren Gründen 111/106 mit 3, und das ergibt 3,141509..., also die Zahl π auf vier Stellen nach dem Komma genau. Wenn das kein Wunder einer heiligen Schrift ist?!

Wer sucht, der findet, sagt ja auch die Bibel, und wer lange und motiviert genug sucht, der findet vor allem in der Numerologie oder Zahlenmystik scheinbare Zusammenhänge, die einen mathematisch denkenden Menschen als ungläubigen Häretiker erscheinen lassen.

Noch viel doller treiben es die Satanisten, die ja ebenfalls überall Magie wittern. Einige von ihnen sind der Meinung, in der allgegenwärtigen Zahl π – sie ist schließlich in den runden Scheiben von Sonne und Mond ebenso präsent wie etwa im Regenbogen oder in allen Wellenbewegungen – drücke sich die Allmacht Satans aus. Beweisen wollen sie das numerologisch so: Addiert man die ersten 144 Nachkommastellen von π, dann erhält man 666, die biblische »Zahl des Tieres« beziehungsweise des »Antichrists«. 144 ist ebenfalls ein Ausdruck der wiederholten Ziffer 6: $144 = (6 + 6) \cdot (6 + 6)$. Und nicht genug damit: Liest man die 144ste Nachkommastelle mit den beiden folgenden zusammen, dann ergibt sich 343. Und das ist das Produkt $7 \cdot 7 \cdot 7$. – Wenn das kein Beweis ist?!

Aber man braucht weder überzeugter Thoraforscher noch zahlenmagischer Teufelsjünger zu sein, um »Merkwürdigkeiten« bei der Zahl π zu entdecken. Hier ist eine völlig wertfreie, und wohl zugleich eine der absurdesten:

Listet man die Buchstaben des Alphabets beginnend mit »J« auf und streicht aus dieser Reihe alle Buchstaben, die zu ihrer vertikalen Mittelachse symmetrisch sind, dann erhält man folgende Anordnung:

J K L M̶ N O̶ P Q R S T̶ U̶ V̶ W̶ X̶ Y̶ Z

Die Anzahlen der in den Zwischenräumen stehenbleibenden Buchstaben ergeben die Zahlenreihe 3141, also die ersten vier Stellen der Zahl π. Magie über Magie! Ich weiß nicht, wer das herausgefunden hat, aber er musste über zu viel Zeit verfügt haben.

126

Wie, o dies π

Der in Wien beheimatete Verein der Freunde der Zahl π hat ein anspruchsvolles Aufnahmeritual für neue Mitglieder: Der Neuling muss die ersten 100 Nachkommastellen von π auswendig

Bild 64
Am 30. Oktober 2005 bestand Marzel Heitmeyer in Berlin die Aufnahmeprüfung des Vereins der Freunde der Zahl π: Er rezitierte die ersten hundert Stellen, während er einen Handstand machte.

Trügerische Mathematik

Ich stimme mit der Mathematik nicht überein. Ich meine, dass eine Summe von Nullen eine gefährliche Zahl ist.
STANISŁAW JERZY LEC, POLNISCHER SATIRIKER, (1909 – 1966)

Ich habe kaum jemals einen Mathematiker kennengelernt, der in der Lage war, vernünftige Schlussfolgerungen zu ziehen.
PLATO, GRIECHISCHER PHILOSOPH IM 5./4. JH. V. CHR.

Die Mathematik ist eine Maschine, die Kaffee in Theoreme verwandelt.
PAUL ERDÖS, UNGARISCHER MATHEMATIKER (1913 – 1996)

In der Mathematik verstehst du keine Dinge, du gewöhnst dich an sie.
JOHN VON NEUMANN, UNGARISCH-US-AMERIKANISCHER MATHEMATIKER UND PHYSIKER, (1903 – 1957)

Dass die niedrigste aller Tätigkeiten die arithmetische ist, wird dadurch belegt, dass sie die einzige ist, welche auch durch eine Maschine ausgeführt werden kann.
ARTHUR SCHOPENHAUER, DEUTSCHER PHILOSOPH IM 18./19. JH.

aufsagen. Ein sportlicher junger Mann aus Berlin erledigte das sogar im Handstand.

Eine kleine Merkhilfe für die ersten 24 Stellen (die 3 vor dem Komma mitgezählt) ersann schon 1878 ein mnemotechnisch begabter Verseschmied namens Weinmeister:

»Wie, o dies π macht ernstlich so vielen viele Müh; lernt immerhin Jünglinge leichte Verselein, wie so zum Beispiel dies dürfte zu merken sein.« – Jedes Wort in diesem gereimten Satz hat so viele Buchstaben wie eine Stelle der Zahl π.

Entsprechendes gibt es auch in anderen Sprachen. Den Rekord hält dabei wohl Michael Keith aus Hightstown im US-Bundesstaat New York. 1986 verfasste er eine komplette Ballade, deren Wortlängen die ersten 402 Stellen von π repräsentieren, wobei alle Satzzeichen außer den Punkten für Nullen stehen.

Kürzer – aber immer noch 31 Stellen abdeckend – ist ein französischer Merkspruch:

»Que j'aime à faire apprendre un nombre utile aux sages!
Immortel Archimède, artiste ingénieur,
qui de ton jugement peut priser la valeur?
Pour moi, ton problème, eut de pareils avantages.«
(»Wie gern würde ich den Gelehrten eine nützliche Zahl beibringen! Unsterblicher Archimedes, Künstler, Ingenieur, wer kann deiner Meinung nach ihren Wert erfassen? Für mich war dein Problem von ähnlichem Nutzen.«)
Sehr geistreich ist das nicht gerade, aber hilfreich mag es sein.

Planetensiegel und magische Würfel

Bild 65
Dem legendären chinesischen Kaiser Yu soll im 23. Jahrhundert vor unserer Zeitrechnung am Gelben Fluss eine heilige Schildkröte mit einem magischen Muster auf dem Panzer erschienen sein. Der Überlieferung nach war es das erste magische Quadrat der Welt ...

Kaiser Yu und die Schildkröte

4	9	2
3	5	7
8	1	6

Bild 66
... In unsere Ziffern übersetzt sieht das Zahlenquadrat von Yus Schildkröte so aus.

Irgendwann im 23. Jahrhundert vor Christus saß der legendäre chinesische Kaiser YU in tiefe Meditation versunken am Ufer des Gelben Flusses. Da gewahrte er, wie die heilige Schildkröte Hi aus dem Wasser kroch und sich auf ihn zu bewegte. Auf ihrem Rücken bemerkte er eigenartige Zeichen, die er aber bald als Zahlen erkannte. Was der Kaiser sah, war das erste magische Quadrat, von dem wir heute wissen. Es hatte drei Zeilen und drei Spalten, und in jedem Feld stand eine andere Zahl. Addierte der Kaiser die Zahlen in einer beliebigen Zeile oder Spalte, oder auch in einer der beiden Diagonalen, so kam als Resultat immer 15 heraus. Das kam ihm vor wie ein Wunder, und er befahl seinen Untertanen, das ihm durch das heilige Tier offenbarte magische Quadrat als numinoses Zeichen der Harmonie und der höchsten göttlichen Ordnung zu verehren. Kaiser Yu lebte in der Xia-Dynastie. Lange war umstritten, ob diese spätsteinzeitliche Hochkultur überhaupt existiert hat oder ob sie nur in Mythen und Sagen lebte. Erst vor kurzem fanden Archäologen Siedlungsreste aus der Xia-Zeit.

Bild 67
Magisches Quadrat mit arabischen Ziffern aus einem alten chinesischen Palast. Rechts die Transkription in moderne Ziffern

28	4	3	31	35	10
36	18	21	24	11	1
7	23	12	17	22	30
8	13	26	19	16	29
5	20	15	14	25	32
27	33	34	6	2	9

Von China über Indien und die arabische Welt nach Europa

Über das alte Indien, in dem es in hohen Ehren gehalten wurde, gelangte das magische Quadrat in die arabische Welt, wo sich Mathematiker vor allem später, im Mittelalter, intensiv darum bemühten, den zahlentheoretischen Aufbau dieser Quadrate zu erforschen, während berühmte Ärzte diesen heiligen Figuren magische Genesungskräfte zusprachen. Vermutlich geht auch diese Tradition schon auf alte indische Heilungsrituale zurück.

In der islamischen Welt galten magische Quadrate seit jeher als Symbole Gottes. Noch heute zieren sie zum Beispiel Koranschatullen (siehe Bilder 68, 69). Für die jüdischen Kabbalisten, die religiösen Magier, besitzen sie Zauberkraft. In Indien dienen sie hier und da noch immer als Heilmittel für Körper, Geist und Seele und als Abwehrzauber gegen böse Geister.

Im 13. Jahrhundert brachten gelehrte Araber die Kenntnisse um die magischen Quadrate nach Spanien, wo sie am Hofe von König ALPHONSE X. zu großem Ruhm gelangten.

130

Bild 68
Kupferne
Koranschatulle aus
Marokko mit einem
zentralen magischen
Quadrat als Symbol
für das Göttliche ...

Namhafte Mathematiker wie ADAM RIESE, MICHAEL STIFEL und berühmte französische Meister der frühen Rechenkunst beschäftigten sich ernsthaft mit ihnen. Und Gestalten wie der Alchimist LEON THURNEISSER VON THURN stellten Dutzende von Münzen mit Planetensiegeln (Bild 77) aus verschiedenen Metallen her.

6	7	2
1	5	9
8	3	4

Bild 69
... Es ist das gleiche
Quadrat wie jenes
von Yus Schildkröte
(Bilder 65, 66), nur
um 90° gedreht und
an der vertikalen
Achse gespiegelt.

Bild 70
Albrecht Dürers
berühmter Kupfer-
stich »Melancholie«
zeigt rechts oben ein
magisches Quadrat
als Symbol für den
menschlichen
Geist ...

Bild 71
... Das Zahlenqua-
drat auf dem Bild
gibt zugleich in der
Mitte der letzten
Zeile die Jahreszahl
der Entstehung des
Bildes an: 1514.

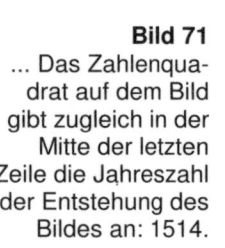

Sie dienten als heil- und zauber-
kräftige Amulette.

Als Sigillum Saturni, also Sa-
turnsiegel, als Jupiter-, Mars-,
Venus-, Sonnen- und Mondsie-
gel wurden sie von Kabbalisten
im 16. und 17. Jahrhundert den
Planeten und anderen Himmels-
körpern zugeordnet. AGRIPPA
VON NETTESHEIM, THEOPHRAST

Bild 72
Der als Paracelsus bekannte Arzt Theophrastus Bombastus von Hohenheim (hier auf einem Flugblatt) sah wie viele seiner Kollegen magische Quadrate – im Bild das »Marssiegel« – als heilkräftig an.

PARACELSUS und andere bedeutende Naturwissenschaftler und Ärzte dieser Zeit priesen die medizinischen und magischen Eigenschaften dieser Planetensiegel in höchsten Tönen.

Kein Geringerer als ALBRECHT DÜRER verewigte schon 1514 das Jupitersiegel auf seinem Kupferstich »Melancholie« als Symbol für den denkenden menschlichen Geist.

Herausforderung für mathematische Geister

Die Faszination der geheimnisumwitterten Zahlenquadrate beschäftigt auch heute noch viele Menschen. In der nüchternen westlichen Welt haben sich vor allem in den letzten Jahrzehnten wieder einmal die Mathematiker daran festgebissen. Sie entdecken auch heute noch neue Eigenschaften dieser Quadrate.

So gibt es beispielsweise Quadrate, bei denen nicht nur die Additionen der Zahlen in allen

Bild 73
Wie verbreitet die magischen Quadrate vor allem in der Renaissancezeit waren, zeigt auch dieses Dokument aus dem Jahre 1530, das Kaiser Karl V. auf dem Reichstag zu Augsburg übergeben wurde. Die Zahlen in jeder Zeile und Spalte ergeben addiert die aktuelle Jahreszahl.

528	529	524
523	527	531
530	525	526

$669\,^1/_{12}$	$790\,^1/_2$	$183\,^5/_{12}$
62	$547\,^2/_3$	$1033\,^1/_3$
$911\,^{11}/_{12}$	$304\,^5/_6$	$426\,^1/_4$

Zeilen, Spalten und den beiden Hauptdiagonalen die magische
Summe ergeben, sondern auch jene gewisser Zahlenkonfigurati-
onen innerhalb des Quadrates. Ein Beispiel ist das magische
Quadrat auf Seite 46 (Bild 27), bei dem auch Teilquadrate und
andere Untereinheiten magisch sind. Auch die »gebrochenen«
Diagonalen dieses Quadrats haben die magische Summe. Das
sind Diagonalen, die nicht in einer Ecke des Quadrats beginnen,
sondern irgendwo in der obersten Zeile, die dann seitlich aus
dem Quadrat herauslaufen und in der Folgezeile von der gegenüberliegenden Seite wieder in das Quadrat eintreten.

134

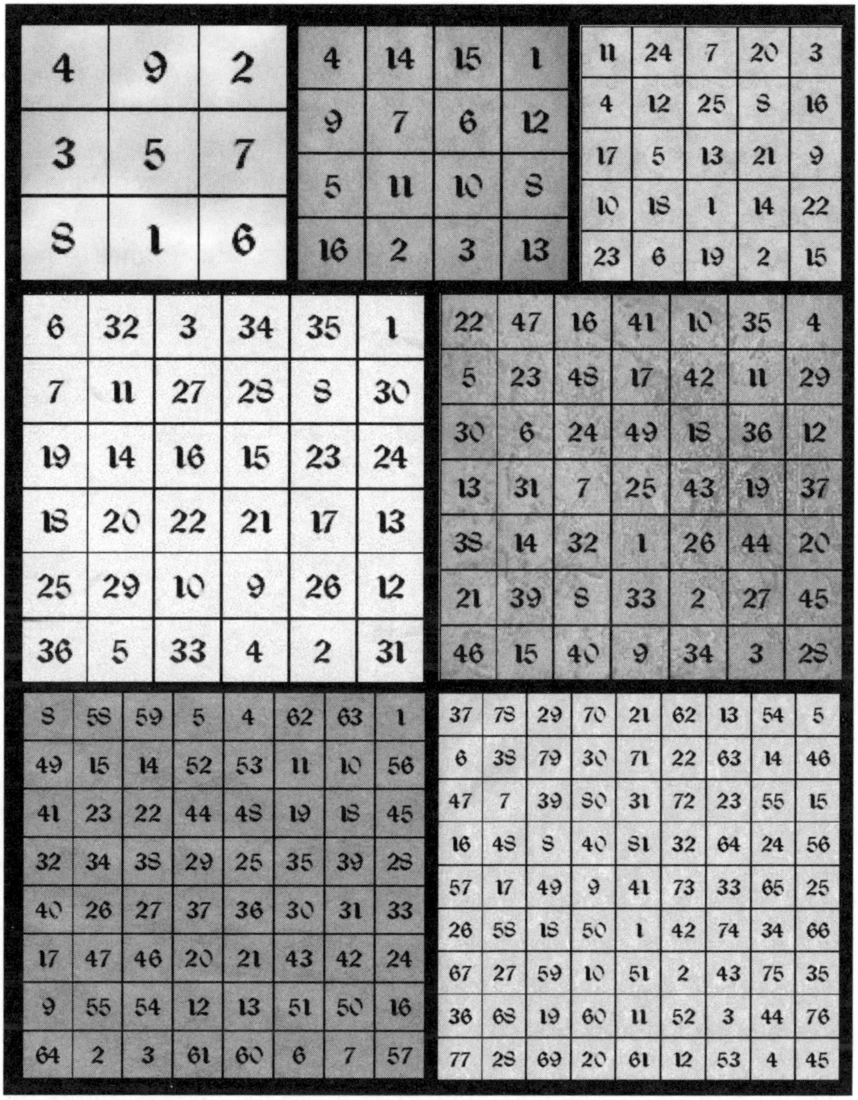

4	9	2
3	5	7
8	1	6

4	14	15	1
9	7	6	12
5	11	10	8
16	2	3	13

11	24	7	20	3
4	12	25	8	16
17	5	13	21	9
10	18	1	14	22
23	6	19	2	15

6	32	3	34	35	1
7	11	27	28	8	30
19	14	16	15	23	24
18	20	22	21	17	13
25	29	10	9	26	12
36	5	33	4	2	31

22	47	16	41	10	35	4
5	23	48	17	42	11	29
30	6	24	49	18	36	12
13	31	7	25	43	19	37
38	14	32	1	26	44	20
21	39	8	33	2	27	45
46	15	40	9	34	3	28

8	58	59	5	4	62	63	1
49	15	14	52	53	11	10	56
41	23	22	44	48	19	18	45
32	34	38	29	25	35	39	28
40	26	27	37	36	30	31	33
17	47	46	20	21	43	42	24
9	55	54	12	13	51	50	16
64	2	3	61	60	6	7	57

37	78	29	70	21	62	13	54	5
6	38	79	30	71	22	63	14	46
47	7	39	80	31	72	23	55	15
16	48	8	40	81	32	64	24	56
57	17	49	9	41	73	33	65	25
26	58	18	50	1	42	74	34	66
67	27	59	10	51	2	43	75	35
36	68	19	60	11	52	3	44	76
77	28	69	20	61	12	53	4	45

Bild 77
Die sieben »Planetensiegel« der Renaissancezeit waren astrologisch und medizinisch wichtige Symbole mit unterschiedlichen Felderzahlen. Je nach ihrer Größe wurden sie einem andern Himmelskörper zugeschrieben.
Saturn: 3 × 3
Jupiter: 4 × 4
Mars: 5 × 5
Sonne: 6 × 6
Venus: 7 × 7
Merkur: 8 × 8
Mond: 9 × 9

Eine andere Variante sind die sogenannten Rahmenquadrate, bei denen sich die oberste und unterste Zahlenzeile sowie die linke und die rechte Zahlenspalte entfernen lassen, wobei ein neues, kleineres magisches Quadrat entsteht.
Die magischen Quadrate mit $n \times n$ Elementen, für die sich Mathematiker heute interessieren, enthalten ausschließlich die Zahlen 1 bis n^2, ohne dass sich eine Zahl wiederholt. Wie aber auf den historischen Bildern dieses Kapitels zu sehen, war das keineswegs immer so.

Die ersten magischen Würfel

Eigentlich liegt es nahe, analog zu magischen Quadraten auch magische Würfel zu entwickeln. Ein Würfel, der aus $n \times n \times n$ kleinen Würfeln zusammengesetzt ist, enthält in seinen verschiedenen Ebenen $3n$ Quadrate der Größe $n \times n$. Sind alle $3n$ Quadrate magisch, dann heißt auch der ganze Würfel magisch. n heißt die Ordnung des Würfels.

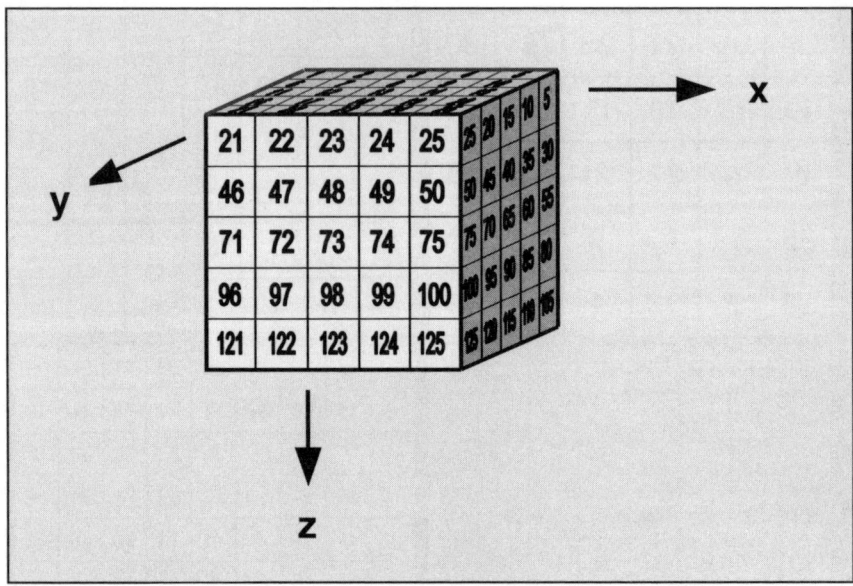

Bild 78
Ein Würfel aus 5 × 5 × 5 Elementen (die hier alle lagenweise der Reihe nach durchnummeriert sind) enthält 3 × 5 Quadrate zu 5 × 5 kleinen Zahlenfeldern. Je 5 Quadrate stehen senkrecht zur x-, zur y- und zur z-Achse.

Magische Würfel wurden bereits 1668 von A.-A. KOCHANSKI in einer Schrift mit dem Titel *Considerationes quaedam circe Quadrata et cubos magicos* erwähnt. Weitere Arbeiten über magische Würfel erschienen aber erst ab 1834, als DE FIBRE in Hamburg über *Zauberquadrate und Würfel* berichtete.

Magische Würfel sind äußerst schwer zu finden. Das ist leicht zu verstehen, wenn man weiß, dass sich schon die nur 27 Elemente des simplen 3x3x3-Würfels auf rund $11 \cdot 10^{27}$ verschiedene Weisen anordnen lassen, um daraus einen Würfel aufzubauen. $11 \cdot 10^{27}$, das ist eine 11 mit 27 anschließenden Nullen, also 11 Quatrilliarden.

Nur einige wenige dieser Varianten sind magisch. Sie durch bloßes Probieren zu finden, ist praktisch unmöglich. Selbst dieser einfache magische Würfel lässt sich nicht einmal mit irgendeinem Computerprogramm berechnen, das sich auf reines Durchprobieren beschränkt. Mathematiker wie der Deutsche WALTER TRUMP und der Franzose CHRISTIAN BOYER haben jüngst mehrere Hochleistungscomputer einige Monate lang laufen lassen, bevor sie mit einem Programm, das nur unter bereits aufgrund mathematischer Theorien bekannten magischen 5×5×5-Würfeln suchte, einen einzigen mit den folgenden zusätzlichen magischen Qualitäten herausfanden.

»Perfekte« und »optimale« magische Würfel

Der besondere Ehrgeiz galt in den letzten Jahren der Aufgabe, sogenannte »perfekte« magische Würfel zu finden.
Die Bezeichnung »perfekt« ist diskutierbar. Manche Autoren verstehen unter einem »perfekten« magischen Würfel einen solchen, der die folgenden Bedingungen erfüllt:
1. Die Zahlen der n Elemente in jeder geraden, kantenparallelen Linie haben die magische Summe $n \cdot (n^3 + 1)/2$.
2. Die Zahlen der n Elemente entlang jeder der 4 räumlichen Hauptdiagonalen (siehe Bild 79) des Würfels haben dieselbe magische Summe.
3. Die Zahlen der n Elemente längs jeder der beiden Hauptdiagonalen jedes im Würfel enthaltenen ebenen Zahlenquadrats (d. h. die jeweils n ebenen Elementenscheiben, die zu jeder der drei Raumkoordinaten senkrecht stehen) haben dieselbe magische Summe (siehe Bild 80).

Allerdings wird diese Definition von »perfekt« nicht allgemein akzeptiert. Autoren wie JOHN R. HENDRICKS bezweifeln

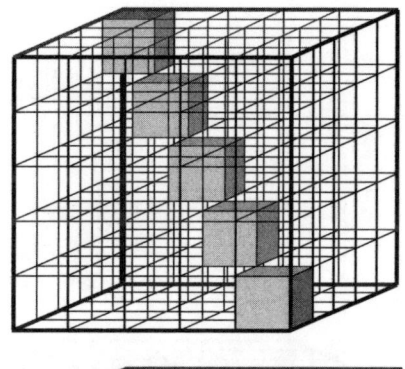

Bild 79
Eine der 4 räumlichen Hauptdiagonalen des Würfels 5. Ordnung

Bild 80
Eine der 2 ebenen Hauptdiagonalen in einer der 3 Zentralebenen des Würfels 5. Ordnung

nicht zu Unrecht, dass man etwas »perfekt« nennen könne, wenn es ähnliche Objekte gäbe, die »noch perfekter« seien. Ich folge dieser Argumentation und möchte meine Gründe dafür nennen:

Ein sogenannter »perfekter« magischer Würfel besitzt $3 \cdot n^2$ gerade magische Zeilen, 4 räumliche magische Diagonalen und $3 \cdot 2 \cdot n$ ebene magische Diagonalen. Für einen 5×5×5-Würfel ergibt das insgesamt 109 magische Summen.

Demgegenüber sind sogenannte »pandiagonale« magische Würfel zu betrachten. Bei ihnen sind nicht nur die vier räumlichen Hauptdiagonalen magisch, sondern auch alle gebrochenen räumlichen Diagonalen (Bilder 81 bis 84). Eine gebrochene räumliche Diagonale ist jede gerade Linie, die z. B. mit einem Element der obersten horizontalen Ebene beginnt und parallel zu einer der vier räumlichen Hauptdiagonalen des Würfels verläuft, ohne selbst eine solche zu sein. Da sie die unterste horizontale Ebene des Würfels nicht erreicht, setzt sie sich eine Ebene unter jener horizontalen Ebene fort, in der sie den Würfel verlassen hat, und dringt dabei so in den Würfel wieder ein, wie es der Fall wäre, wenn man den Würfel um n Elemente senkrecht zur vertikalen

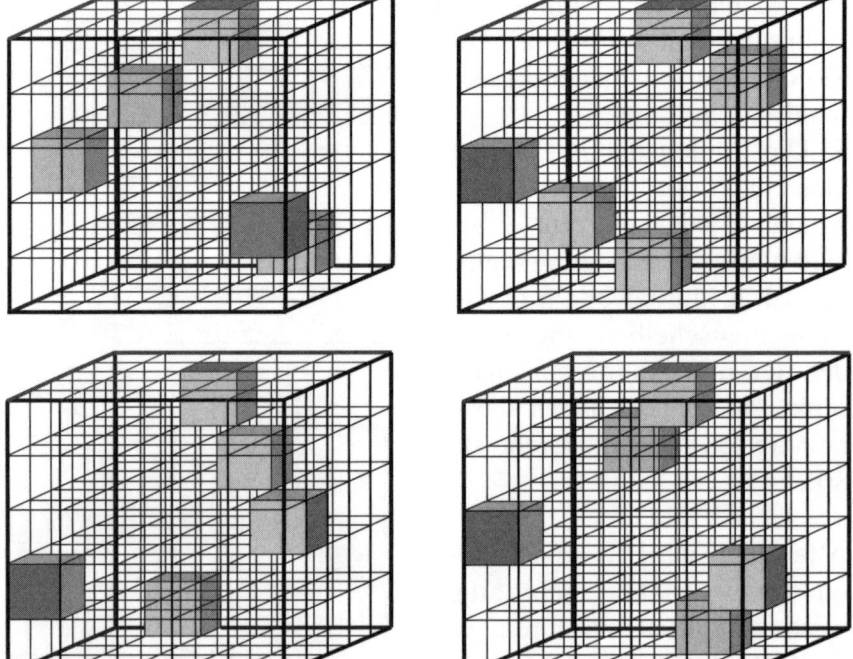

Bilder 81 bis 84
Durch das 3. Element der 2. Zeile in der obersten Lage des Würfels verlaufen vier gebrochene Diagonalen. Die Diagonale in der Figur rechts oben ist einfach gebrochen; die anderen drei sind doppelt gebrochen.

138

Austrittsebene der Linie verschieben würde. Die Bilder 81 bis 84 zeigen die vier möglichen gebrochenen Diagonalen, die durch ein und dasselbe Element (3. Element in der zweiten Zeile) der obersten Würfelebene verlaufen.

Der pandiagonale magische Würfel besitzt $3 \cdot n^2$ magische Zeilen und $4 \cdot n^2$ magische räumliche Diagonalen (gerade und gebrochene zusammengenommen). Insgesamt ergibt das $7 \cdot n^2$ magische Linien. Für den pandiagonalen magischen 5×5×5-Würfel sind das 175 magische Summen und damit weit mehr als die 109 magischen Linien des »perfekten« Würfels. Zudem kann ein Würfel auch hinsichtlich seiner Ebenen pandiagonal sein; das heißt, auch alle $3 \cdot n \cdot 2$ geraden und alle $3 \cdot n \cdot 2 \cdot (n-2)$ gebrochenen Diagonalen in den $3 \cdot n$ Ebenen sind dann magisch.

Ich möchte hier einen neuen Begriff einführen, den des »optimalen« magischen Würfels. Ich verstehe darunter einen Würfel, der so viele magische Summen aufweist, wie das bei seiner Ordnung möglich ist, und der zugleich gewisse radialsymmetrische Eigenschaften aufweist. Diese sind so definiert, dass das Zentralelement des Würfels die Zahl $(n^3+1)/2$ trägt und dass je zwei beliebige zu diesem mittelpunktsymmetrische Elemente Zahlen tragen, die sich zu jeweils $(n^3 + 1)$ addieren. Hierbei addieren sich die Zahlen jeder beliebigen $(n - 1)/2$ Elemente mit denen der zu ihnen radialsymmetrisch angeordneten $(n - 1)/2$ Elemente plus der Zahl des Zentralelements wiederum alle zur magischen Summe. Für den 5×5×5-Würfel sind das nicht weniger als 3782 derartige magische Kombinationen punktsymmetrischer Elemente. Allerdings ist diese Zahl um 10 zu reduzieren, weil sie die 4 räumlichen und 6 ebenen magischen Hauptdiagonalen enthält. Alles in allem weist ein »optimaler« magischer Würfel der Ordnung 5 demnach $175 + 6 + 3782 - 10 = 3943$ magische Summen auf.

Wie ich optimale magische Würfel konstruiere

Bis zum Jahre 2003 waren nicht mehr als neun »perfekte« magische Würfel bekannt (siehe Kasten). Sie galten mit wenigen Ausnahmen (die Würfel der Ordnungen 7, 8 und 9 ließen sich wegen besonderer Eigenschaften direkt berechnen) als mathematisch nicht gezielt bestimmbar. So war man auf sehr zeitaufwändige »Probierometrie« per Computer angewiesen. Für den 5×5×5-Würfel dauerte das trotz Einsatzes mehrerer Rechner etliche Monate. Im Juni 2004 ist es mir dann gelungen, ein verblüffend einfaches Verfahren zu finden, mit dem sich optimale magische Würfel jeder beliebigen ungeraden Ordnung direkt angeben lassen. Das gilt selbst für so gigantische Würfel, dass es unmöglich wäre, die Zahlen aller ihrer Elemente irgendwie zu speichern. Ein Würfel der Kantenlänge $10^{26} + 1$ hätte zum Bei-

Bis 2003 bekannte »perfekte« magische Würfel			
Ordnung	**Jahr**	**Autor**	**Bemerkung**
(3)			kein perfekter Würfel möglich
(4)	1972	Richard Schröppel	Beweis der Unmöglichkeit eines perfekten Würfels
5	2003	Walter Trump und Christian Boyer	
6	2003	Walter Trump	
7	1866	Andrew H. Frost	Der Würfel ist pandiagonal magisch.
8	1875	Gustavus Frankenstein	
9	1905	Charles Planck	Der Würfel ist eben oder räumlich pandiagonal.
10	1988	Li Wen	
11	1888	Frederic A. P. Barnard	Der Würfel ist pandiagonal magisch.
12	1981	William H. Benson	
8192	2003	Christian Boyer	Der Würfel hat eine Kantenlänge von $8192 = 2^{13}$ Elementen und lässt sich besonders einfach berechnen. Er hat die zusätzliche Eigenschaft, dass er magisch bleibt, wenn seine Zahlen in die 2., 3. oder 4. Potenz erhoben werden. Boyer gab lediglich den Rechenweg für die Konstruktion des Würfels an.

spiel rund 10^{78} Elemente. Das wäre etwa so viel, wie es Elementarteilchen im gesamten Universum gibt. Auf jedem müsste eine bis zu 10^{78}-stellige Zahl notiert sein. Das ist natürlich nicht möglich. Dennoch bin ich in der Lage, die Zahl jedes beliebigen einzelnen Teilchens direkt anzugeben. Ich will das Verfahren hier beschreiben.

Für die Konstruktion eines optimalen magischen Würfels der Ordnung n wähle ich das Zahlensystem zur Basis n. Vergleichsweise ist das Zahlensystem zur Basis 2 das bekannte Binärsystem, das System zur Basis 16 das Hexadezimalsystem.

Als Beispiel wähle ich die Konstruktion eines Würfels der Ordnung $n = 5$. Es lässt sich mühelos verallgemeinern. Das gewählte Zahlensystem ist in diesem Falle das Pentesimalsystem mit der Basis 5. Das Zentralelement des Würfels muss die Zahl $(n^3 + 1)/2$ tragen, damit der Würfel mittelpunktsymmetrische Eigenschaften besitzen kann. Für $n = 5$ ist das Zentralelement in Dezimalschreibweise damit 63. Bevor diese Zahl – oder jede andere Zahl eines Elementes – in das Pentesimalsystem übersetzt wird, ziehen wir 1 ab. Der Grund ist historisch bedingt: Es ist üblich, die Elemente der magischen Quadrate und Würfel mit 1 bis n zu bezeichnen und nicht mit 0 bis $n - 1$. Deshalb rechnen wir für das Zentralelement 62 statt 63 in das Pentesimalsystem um. Das Ergebnis ist 222, denn $2 + 2 \cdot 5 + 2 \cdot 5^2 = 62$.

222 schreiben wir in das Zentrum der mittleren horizontalen Ebene E_3 (siehe Bild 85, dunkelgraues Feld).

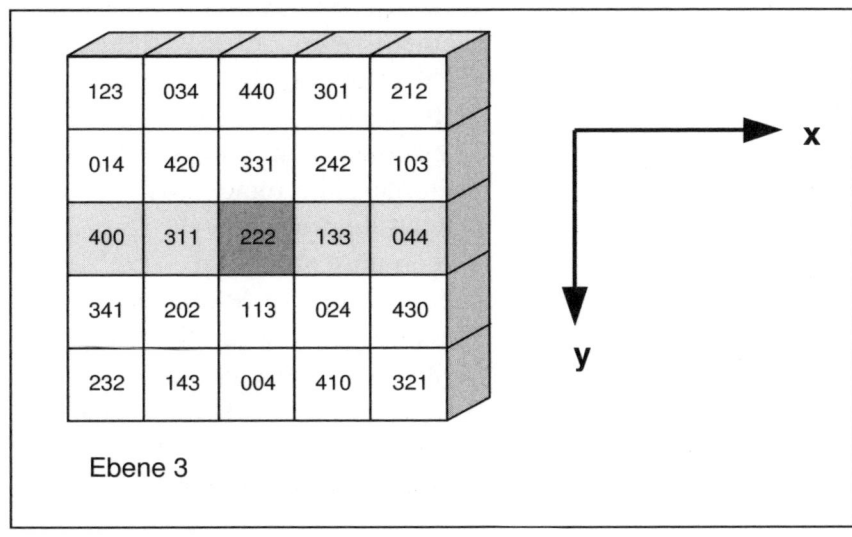

Ebene 3

Bild 85
Anwendung des Algorithmus auf die zentrale Ebene (E_3) des Würfels 5. Ordnung in pentesimaler Schreibweise

Die pentesimale Zahl hat drei Stellen: Die rechte ist die 1er-Stelle, die mittlere die 5er-Stelle (oder generell die n-Stelle), die linke die 25er-Stelle (oder generell die n^2-Stelle). Wenn wir es nun erreichen, mit einem einfachen Algorithmus dafür zu sorgen, dass bei den Pentesimalzahlen einer jeden Zeile des Würfels in der 1er-Stelle, der 5er-Stelle und auch der 25er-Stelle jeweils sämtliche Ziffern 0 bis 4 vertreten sind, dann muss der resultierende Würfel magisch sein, denn jede Zeile hat dann die dezimale Elementensumme $(0 + 1 + 2 + 3 + 4) \cdot (1 + 5 + 25) = 310$. Da wir vor der Umrechnung in das Pentesimalsystem von jeder Elementenzahl 1 subtrahiert haben, müssen wir jetzt n addieren, um die magische Zeilensumme des von 1 bis n^2 nummerierten Würfels zu erhalten.

Generell gilt für die magische Summe $[0 + 1 + 2 + 3 + ... + (n - 1)] \cdot (1 + n + n^2) + n$.

Es gibt verschiedene Algorithmen, die die oben genannte Forderung erfüllen. Geeignet sind aber nur solche, bei denen jedes Element des Würfels eine andere Zahl der pentesimalen Menge 000 bis 444 trägt. Der wohl einfachste Algorithmus, der dieses bewerkstelligt, ist folgender:

1. Beim Fortschreiten von einem Element zum in x-Richtung benachbarten erhöht sich die 1er-Stelle jeweils um 1. Ist 4 bzw. ($n - 1$) erreicht, dann wird wieder mit 0 weitergezählt, ohne dass ein Stellenwertübertrag auf die 5er-Stelle vorgenommen wird.

Die 5er-Stelle (n-Stelle) erhöht sich ebenfalls um 1. Die 25er-Stelle (n^2-Stelle) wird dagegen um 1 vermindert. Beim Fortschreiten nach −x kehren sich die Vorzeichen der Operationen natürlich um.

Wendet man dieses Verfahren auf die zentrale horizontale Zeile [EZ$_{3,3}$ bzw. EZ$_{(n + 1)/2, (n + 1)/2}$] an, dann erhält man alle grauen Felder in Bild 85. (Die horizontalen Ebenen heißen von oben nach unten E$_1$, E$_2$ usw. bis E$_n$. Die Zeilen innerhalb der Ebene E$_i$ heißen von hinten nach vorne EZ$_{i,1}$, EZ$_{i,2}$ usw. bis EZ$_{i,n}$.)

2. Beim Fortschreiten von einem Element in einer horizontalen Zeile EZ$_{i,j}$ zum benachbarten Element in der Zeile EZ$_{i,j+1}$ (y-Richtung) erhöht sich die 1er-Stelle jeweils um 1. Die 5er-Stelle (n-Stelle) reduziert sich um 1. Die 25er-Stelle (n²-Stelle) wird ebenfalls um 1 vermindert. Beim Fortschreiten nach EZ$_{i,j-1}$ kehren sich die Vorzeichen der Operationen natürlich um. Das Ergebnis sind alle Felder in Bild 85.

3. Beim Fortschreiten von einem Element in einer horizontalen Zeile EZ$_{i,j}$ zum benachbarten Element in der Zeile EZ$_{i+1,j}$ (z-Richtung) erhöht sich die 1er-Stelle jeweils um 1. Die 5er-Stelle (n-Stelle) und die 25er-Stelle (n²-Stelle) erhöhen sich ebenfalls um 1. Beim Fortschreiten nach EZ$_{i-1,j}$ kehren sich

Bild 86
Der magische Würfel 5. Ordnung in Pentesimaldarstellung. Abgebildet sind die horizontalen Ebenen des Würfels.

Ebene 1

401	312	223	134	040
342	203	114	020	431
233	144	000	411	322
124	030	441	302	213
010	421	332	243	104

Ebene 2

012	423	334	240	101
403	314	220	131	042
344	200	111	022	433
230	141	002	413	324
121	032	443	304	210

Ebene 3

123	034	440	301	212
014	420	331	242	103
400	311	222	133	044
341	202	113	024	430
232	143	004	410	321

Ebene 4

234	140	001	412	323
120	031	442	303	214
011	422	333	244	100
402	313	224	130	041
343	204	110	021	432

Ebene 5

340	201	112	023	434
231	142	003	414	320
122	033	444	300	211
013	424	330	241	102
404	310	221	132	043

Z

X

Y

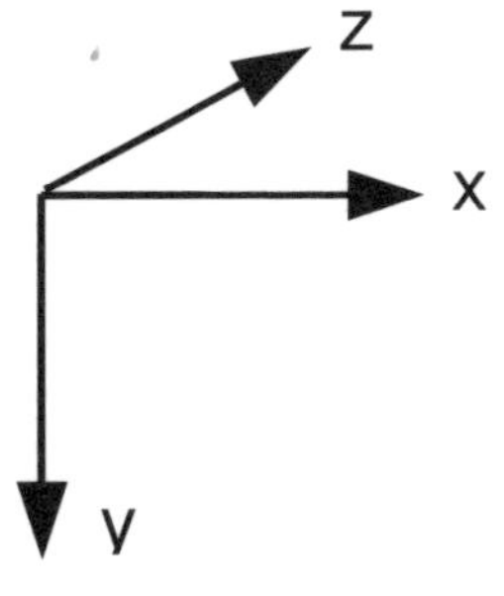

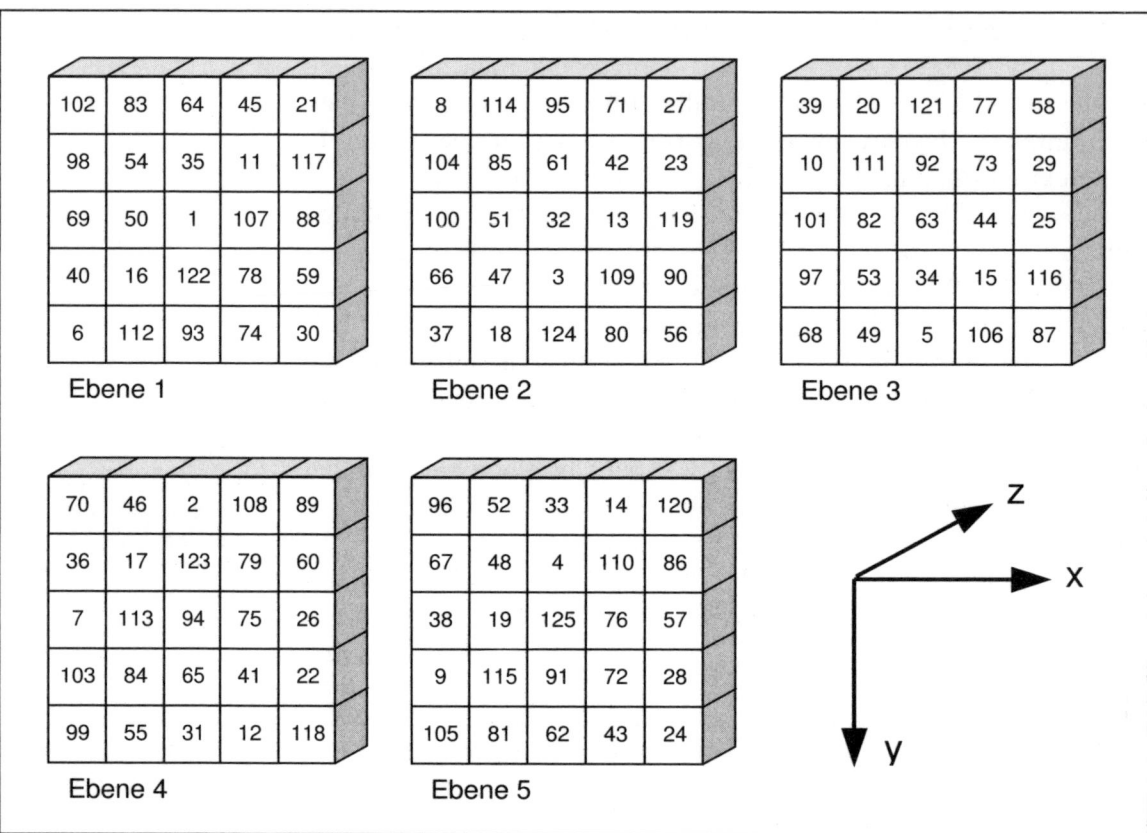

102	83	64	45	21
98	54	35	11	117
69	50	1	107	88
40	16	122	78	59
6	112	93	74	30

Ebene 1

8	114	95	71	27
104	85	61	42	23
100	51	32	13	119
66	47	3	109	90
37	18	124	80	56

Ebene 2

39	20	121	77	58
10	111	92	73	29
101	82	63	44	25
97	53	34	15	116
68	49	5	106	87

Ebene 3

70	46	2	108	89
36	17	123	79	60
7	113	94	75	26
103	84	65	41	22
99	55	31	12	118

Ebene 4

96	52	33	14	120
67	48	4	110	86
38	19	125	76	57
9	115	91	72	28
105	81	62	43	24

Ebene 5

Bild 87
Der magische Würfel 5. Ordnung in Dezimaldarstellung. Abgebildet sind die horizontalen Ebenen des Würfels.

die Vorzeichen der Operationen natürlich um. Für den Gesamtwürfel erhalten wir auf diese Weise Bild 86. Um den magischen Würfel in der gewohnten Dezimaldarstellung zu erhalten, müssen wir nur die pentesimalen Zahlen in Dezimalzahlen umrechnen und jeweils 1 addieren. Das Resultat zeigt Bild 87.

Für jeden magischen Würfel einer anderen Ordnung ist die Prozedur prinzipiell die gleiche. Für den Würfel der Ordnung 7 beispielsweise geht man vom Zentralelement $(n^3 + 1)/2 = 172$ in dezimaler bzw. 333 in heptesimaler Darstellung aus und wendet wiederum die beschriebenen Algorithmusregeln an.

Der Algorithmus sorgt nicht nur für magische Würfel mit punktsymmetrischen Eigenschaften, er ergibt automatisch auch immer dann räumlich pandiagonale Würfel, wenn die Ordnung n kein Vielfaches von 3 ist. Das lässt sich so erklären: Längs der gebrochenen (und auch der nicht gebrochenen) Diagonalen verändern sich die Elementenstellen n^2, n und 1 von einem Element

144

zum darunter diagonal benachbarten um −1, +1, +3 für die nach rechts vorne unten verlaufenden Diagonalen (Bild 83), um +1, −1, +1 für die nach links vorne unten verlaufenden Diagonalen (Bild 81), um +1, +3, +1 für die nach rechts hinten unten verlaufenden Diagonalen (Bild 82) und um +3, +1, −1 für die nach links hinten unten verlaufenden Diagonalen (Bild 84). Das ergibt sich aus dem Konstruktionsalgorithmus. Die +1- und −1-Operationen sind unkritisch. Sie liefern stets ein völliges Durchlaufen aller Ziffern 0 bis $n−1$ innerhalb einer Diagonalen. Es zeigt sich aber, dass die +3-Operationen nur dann alle Ziffern 0 bis $n−1$ ergeben, wenn n kein Vielfaches von 3 ist. Anderenfalls ergeben sich nur $n/3$ unterschiedliche Ziffern, die sich jeweils dreimal wiederholen. Die so entstandenen gebrochenen Diagonalen ergeben keine magischen Summen. Magisch sind hier nur $(n^2−1)$ gebrochene Diagonalen (jene, die nach links vorne unten verlaufen). Räumlich vollkommen pandiagonal sind also nur magische Würfel der

Ordnung n, wenn n kein Vielfaches von 3 ist. Unbeschadet dessen sind aber die 4 räumlichen Hauptdiagonalen aller Würfel ungerader Ordnung magisch, was von den mittelpunktsymmetrischen Eigenschaften der Würfel herrührt.

Eine weitere Optimierung ist möglich, wenn wir den Konstruktionsalgorithmus folgendermaßen ändern: Die n^2-Stellen, n-Stellen und 1er-Stellen werden in +x-Richtung nicht um −1, +1, +1, sondern um +1, +1, −1 verändert, in +y-Richtung nicht um −1, −1, +1, sondern um +2, −2, +2, und in +z-Richtung statt um +1, +1, +1 um −4, +4, +4. Wenn das geschieht, dann werden

Ist Mathematik wirklich eine Sprache?

GALILEO GALILEI bezeichnete Mathematik als »die Sprache, die die Natur spricht«. Und der bedeutende russische Mathematiker NIKOLAI IWANOWITSCH LOBATSCHEWSKI meinte sogar: »Die beste von allen Sprachen der Welt ist eine künstliche Sprache, eine ziemlich gedrängte Sprache, die Sprache der Mathematik.«
Aber ist Mathematik wirklich eine Sprache? – Neue Forschungsergebnisse der Neurologin ROSEMARY VARLEY von der University of Sheffield und ihres Wissenschaftlerteams scheinen das zu widerlegen. Die Forscher experimentierten mit drei Männern, deren Sprachzentren im Gehirn schwer geschädigt waren und die demzufolge weder klar sprechen konnten noch Sprache korrekt verstanden. Dennoch waren alle drei in der Lage, schwierige mathematische Probleme zu verstehen und korrekt zu lösen.

Würfel, deren ungerade Ordnungszahl weder ein Vielfaches von 3 noch von 5 ist, automatisch zusätzlich »perfekt«, d. h., die Hauptdiagonalen in allen $3 \times n$ Ebenen sind dann ebenfalls magisch. Doch damit nicht genug: Zusätzlich sind auch alle gebrochenen Diagonalen in den Ebenen magisch, eine Eigenschaft, die die Definition »perfekter« Würfel nicht einschließt. Bei magischen Quadraten, deren Ordnungszahl ohne Rest durch 3 oder 5 teilbar ist, gibt es zwar auch magische Hauptdiagonalen und gebrochene Diagonalen in den Ebenen, aber dies trifft nicht auf alle Ebenen bzw. auf jede Diagonalenrichtung zu. Bei magischen Würfeln, deren Ordnungszahl ein ganzes Vielfaches von 7 ist, sind viele, aber nicht alle räumlichen Diagonalen magisch. Bei Verwendung des veränderten Algorithmus hat der magische Würfel der Ordnung $n \neq$ a×3, $n \neq$ b×5 und n $\neq$ c×7 (für ganzzahlige a, b und c) dann $13n^2$ magische Summen in kantenparallelen Zeilen sowie in ganzen und gebrochenen, räumlichen und ebenen Diagonalen. Für den Würfel 11. Ordnung sind das z. B. 1573. Dazu kommen Abertausende mittelpunktssymmetrischer magischer Konfigurationen. Vergleichsweise hat der als »perfekt« definierte 11er-Würfel nur 433 magische Zeilen und Diagonalen.

Prinzipiell lassen sich optimale magische Würfel konstruieren, bei denen alle Ebenen durchweg ganze und gebrochene Diagonalen besitzen, wenn man den Konstruktionsalgorithmus generell so gestaltet: Die n^2-Stellen, n-Stellen und 1er-Stellen werden in +x-Richtung um +u, +u, −u verändert, in +y-Richtung um +v, −v, +v und in +z-Richtung um −w, +w, +w. Hierbei muss gelten, dass u, v, w, (v ± 1), (w ± 1), (v ± w) und (u ± v ± w) alle ungleich null und alle teilerfremd mit n sind. Nun lässt sich aber zeigen, dass es für $n = 3a$, $n = 5b$ und $n = 7c$ für ganze a, b und c generell nicht möglich ist, geeignete Werte für u, v und w zu finden. Damit ist der kleinste Würfel, der mit dem veränderten Algorithmus zusätzlich optimierbar ist, der Würfel 11. Ordnung. Des Weiteren lässt sich sagen, dass es grundsätzlich nicht nötig ist, andere Werte für u, v und w als 1, 2 und 4 zu suchen, denn dieser Algorithmus befriedigt *alle* Würfel ungerader Ordnung n, bei denen n kein ganzzahliges Vielfaches von 3, 5 oder 7 ist. Der Würfel 11. Ordnung ist im Anhang auf Seite 254ff wiedergegeben.

Jeder pandiagonale Würfel bleibt pandiagonal, wenn man eine Ebene oder ein Paket benachbarter Ebenen von irgendeiner horizontalen oder vertikalen Außenfläche des Würfels zur gegenüberliegenden Außenfläche transferiert. Dabei gehen allerdings die radialsymmetrischen Eigenschaften verloren.

Die angegebene Konstruktionsmethode eignet sich nicht für Würfel gerader Ordnung, weil der Algorithmus in diesem Fall nicht dafür sorgt, dass alle Zahlen von 1 bis n bzw. von 000 bis $(n–1)(n–1)(n–1)$ im Würfel vertreten sind. Es gibt je zwei Dubletten. Nimmt man das in Kauf, dann ergeben sich ebenfalls »optimale« magische Würfel.

Magische Quadrate und Hyperwürfel

Das Verfahren zur Konstruktion magischer Würfel ungerader Ordnung lässt sich im Prinzip auch zum Berechnen magischer Quadrate verwenden. Es gibt lediglich drei kleinere Änderungen:

1. Die Zahlen im der Ordnung entsprechenden spezifischen Zahlensystem haben nur 2 Stellen, also eine 1er-Stelle und eine n-Stelle, aber keine n^2-Stelle.

2. Die Berechnungsvorschriften für benachbarte Elementenzahlen sind andere. Um ein Element rechts von einem anderen (x-Richtung) zu erhalten, müssen von jeder Stelle 2 subtrahiert werden.

Um ein Element unterhalb eines anderen (y-Richtung) zu erhalten, muss zur 1er-Stelle 1 addiert und von der n-Stelle 1 subtrahiert werden.

3. Das Zentralelement ist $(n^2 + 1)/2$.

Die Eigenschaften der so erhaltenen magischen Quadrate entsprechen jenen der Würfel: Sie zeigen Radialsymmetrien und sind – falls ihre Ordnung kein Vielfaches von 3 ist – pandiagonal.

Ein so bestimmtes magisches Quadrat der Ordnung 5 zeigen die Bilder 88 und 89.

Durch entsprechende Anpassung des Algorithmus lassen sich problemlos auch magische Hyperwürfel ungerader Ordnung in jeder gewünschten Dimension erzeugen.

43	21	04	32	10
02	30	13	41	24
11	44	22	00	33
20	03	31	14	42
34	12	40	23	01

24	12	5	18	6
3	16	9	22	15
7	25	13	1	19
11	4	17	10	23
20	8	21	14	2

Bild 88, 89
Magisches Quadrat in pentesimaler (links) und dezimaler (rechts) Darstellung

Ich habe ein kurzes BASIC-Rechenprogramm verfasst, das die beschriebenen Algorithmen für Würfel und Quadrate beliebiger ungerader Ordnung anwendet. Die reinen Rechenzeiten sind auf einem gängigen Pentium-IV-Computer erstaunlich kurz. Für den Würfel der Ordnung 101 waren nur 45 Sekunden für die Berechnung der 1 030 301 Elemente erforderlich, während die Wiedergabe aller Zahlen auf dem Bildschirm rund 100 Minuten in Anspruch nahm.

Nach Drucklegung dieses Buches ist es dem Autor gelungen, eine Methode zu entwickeln, mit der sich auch optimale magische Quadrate und Würfel gerader Ordnung mühelos entwickeln lassen. Magische Würfel mit einer ohne Rest durch vier teilbaren Ordnung sind generell in allen Ebenen und auch räumlich pandiagonal.

Zahlenmystik,
elegante Zusammenhänge und eine
Heptagonkonstruktionsmaschine

Denken in Zahlen

In seinem Buch *Number, the Language of Science* (1930) berichtet T. DANTZIG von der Solitärwespe, einem Insekt, das eine äußerst erstaunliche Fähigkeit besitzt: »Die Wespenmutter legt jedes ihrer Eier in ein anderes Loch und versorgt sie mit einer bestimmten Anzahl lebender Raupen, die ihre Nachkommenschaft nach dem Schlüpfen ernähren sollen. Nun ist die Anzahl der Raupen bei jeder dieser Wespenarten bemerkenswert konstant; einige sehen 5 Raupen vor, andere 12, noch andere gehen bis zu 25 je Zelle. Der erstaunlichste Fall ist aber derjenige der *Genus eumenus* genannten Art, bei der die männliche Wespe kleiner ist als die weibliche. Aufgrund eines mysteriösen Instinkts weiß die Mutter stets, ob ein bestimmtes Ei ein männliches oder ein weibliches Tier enthält, und versorgt das Loch entsprechend mit Nahrung. Sie lässt sowohl die Art wie die Größe der Raupen unverändert, legt jedoch, wenn das Ei männlich ist, 5 Stück hinein, wenn es weiblich ist, hingegen 10.«
Offenbar können die Solitärwespenarten recht gut zählen.
Aber stimmt das wirklich?
Vermutlich nicht. Viel eher dürften sie über eine angeborene Fähigkeit verfügen, Zahlenmengen irgendwie als Ganze zu erfassen. Das ist eine Gabe, die sehr ausgeprägt auch manche Menschen, die sogenannten Savants, besitzen. Sie sind extrem einseitig begabt und finden sich im Alltagsleben meist nicht zurecht. Fast alle sind sie Autisten, und viele von ihnen entsprechen dem Begriff vom Genie, das an Wahnsinn grenzt. Einige können zum Beispiel in Sekundenbruchteilen exakt angeben, wie viele Erbsen auf einem Tisch liegen, selbst wenn es weit über Hundert sind. Oder sie nennen nach einem flüchtigen Blick auf eine Druckseite die genaue Anzahl der Buchstaben. Wir normalen Menschen besitzen – so wissen die Hirnforscher seit kurzem – diese Fähigkeit im Prinzip auch alle, können sie aber

nicht bewusst nutzen. Unser Denkzentrum verweigert uns auf viele Funktionen den Zugriff, und das ist auch gut so, denn sonst wäre die Informationsüberflutung im Alltag so immens, dass wir uns nicht auf eine Aufgabe und deren Lösung konzentrieren könnten.

Dass manche Tiere kleinere Zahlenmengen als Ganze erfassen können, wissen wir auch von gewissen Vögeln. Bei Säugetieren ist diese Fähigkeit in der Regel kaum ausgebildet. Und auch uns »normalen« Menschen gelingt das Mengenerkennen in der Regel nur bis vier oder fünf. Darüber hinaus müssen wir zählen.

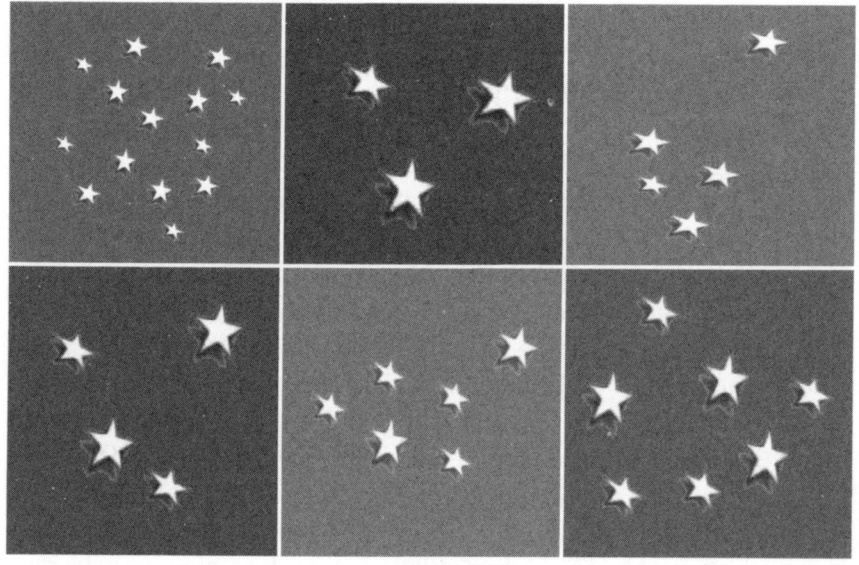

Bild 90
Versuchen Sie einmal, auf Anhieb zu erkennen, wie viele Sterne in jedem Feld stehen. Ab 5 wird das, ohne zu zählen, für die meisten Menschen schwierig.

Das Zählen aber ist offenbar weitaus schwieriger, als es auf den ersten Blick scheint. Einige Stammesvölker in der Südsee oder auch im südamerikanischen Urwald, die noch heute auf Steinzeitniveau leben, können gar nicht zählen, und entsprechend kennen ihre Sprachen auch nur Zahlwörter für 1, 2, 3 und manchmal auch noch 4. Alles, was mehr ist, wird einfach mit »viel« bezeichnet.

Selbst in der Sprache der alten Römer lassen sich nur die ersten drei Zahlwörter deklinieren. Bei allen andern ist das nicht möglich, und die Grundzahlen haben nicht einmal ein grammatisches Geschlecht. Dass sich die Römer größere Zahlen als 4 nicht so

150

recht vorstellen konnten, geht unter anderem auch daraus hervor, dass nur die ersten vier Monate ihres Kalenderjahres konkrete Namen besaßen, zum Beispiel *Martius* oder *Arprilis*. Ab dem fünften Monat wurden sie nur noch anonym gezählt: *Quintilis* bis *December*. Ganz genauso verfuhren die Römer auch mit ihren Kindern: Die ersten vier Nachkommen einer Familie erhielten individuelle Namen. Alle weiteren nannte man einfach *Quintus, Sextus ..., Oktavius ...* oder *Dezimus*.

Die Entwicklung eines Gefühls für größere Zahlen oder für den Zahlenbegriff ganz allgemein ging dort, wo sie stattfand, immer mit einer philosophischen Betrachtung der Zahlen Hand in Hand. Die konnte theoretisch-mathematischer Natur sein, war aber in den meisten Fällen zunächst eher mystisch-religiöser oder auch magischer Art. Die Zahlen standen für göttliche Ordnung, für das fundamentale logische Gerüst der Schöpfung beziehungsweise der Natur. Und wer im Seienden numerische Zusammenhänge erkannte, hatte damit zuglcih geheimes Heiliges entdeckt. Wer Zahlenstrukturen der Schöpfung durchschaute, besaß Wissen, und Wissen ist bekanntlich Macht. Macht wiederum galt unseren Altvorderen nicht selten als eine Form von Magie.

Mystische Zahlen

Kein Wunder, dass vor allem den natürlichen Zahlen, also den ganzen positiven Zahlen, vom Anbeginn der Entwicklung des Zahlenbegriffs ein tiefer mystischer Sinn unterstellt wurde. Das geschah beileibe nicht willkürlich, sondern war das Ergebnis gewissenhafter Beobachtungen. Das Kapitel »Kakteen, Kunst und DNA«, in dem ich über den Goldenen Schnitt, die Zahl Fünf und das Pentagramm berichte (siehe Seite 23 ff), belegt das für die Zahl der belebten materiellen Schöpfung, für Pflanzen, Tiere und Menschen. Aber die Fünf ist beileibe nicht die einzige »heilige« Zahl. Viele natürliche Zahlen haben ihren ganz konkreten Platz im mystischen Denken. Lassen Sie mich einige wichtige Beispiele nennen.

Eins

»Die Einheit durchdringt jede Zahl«, wusste schon der Mystiker Agrippa von Nettesheim im frühen 16. Jahrhundert. »Sie ist allen Zahlen gemeinsames Maß. Sie enthält alle Zahlen in sich vereint, schließt aber die Vielfalt aus. Die ›Eins‹ ist sich immer selbst gleich und unveränderlich, daher sie auch, mit sich selbst multipliziert, sich selbst wieder zum Produkt hat.«
Die Eins ist in vielen Kulturkreisen ein Symbol des Göttlichen, des Urgrundes der Schöpfung.

Zwei

Zwei ist die Zahl der Polarität und damit der Ent-zwei-ung, des Zwiespalts, der Gegensätze. Wörter wie *Zwist*, *Zwietracht* oder *Zweifel* leiten sich von der Zwei ab.
Zwei ist aber auch die Symbolzahl für all jene Gegensätze, die das Feld der gesamten Schöpfung zwischen Polen aufspannen und damit alles Sein erst konkret ermöglichen: männlich und weiblich, gut und böse, Tag und Nacht, hell und dunkel, Einatmen und Ausatmen, Yin und Yang ...

Drei

Während die Zwei spaltet, vereint die Drei. Anders als die alleine Eins ist die Drei die kleinste in sich einige Vielzahl. »Aller guten Dinge sind drei«, sagt ein Sprichwort. Die Trinitätslehre vom dreieinigen Gott kennt beileibe nicht nur das Christentum. Und erst die Dreifalt aus Geist, Körper und Seele macht den ganzen Menschen aus. Die Elementarzelle der Gesellschaft, die kleinste denkbare Familie, besteht aus drei Personen: Vater, Mutter und Kind. Den Kelten war das *Triskel*, ein in sich geschlossenes Dreierornament, ein heiliges Symbol. Und die altindischen heiligen Upanischaden kennen spirituelle Dreiergruppen wie etwa weiß, schwarz und rot; Lehm, Gold und Eisen oder Hören, Verstehen und Wissen, die erst gemeinsam ein Ganzes ausmachen. Ähnlich sieht es der jüdische Sohar, der Weisheit, Vernunft und Erkenntnis als bedeutende Trinität erwähnt.

Bild 91

ganz oben:
Der beschützende Geisternachtvogel der Bobo-Fing in Obervolta ist ein Musterbeispiel mystischer Zahlensymbolik. Er vereint die diesem Volk heiligen Zahlen 1, 2, 3, 4, 5, 6, 7, 11, 12, 13, 17 und 25.

o. l.:
Der Oroborus, die sich selbst in den Schwanz beißende Schlange, ist das Symbol der Einheit.

o. r.:
Die römische Münze mit dem Januskopf zeigt das Prinzip der Dualität, des Vorwärts- und Zurückschauens.

m. l.:
In der Verdreifachung der Doppelspirale am irischen Steinzeitgrab Newgrange drückt sich die numinose Einheit aus.

m. r.:
Viergeteiltes Weltensymbol auf einem mongolischen Tabakbeutel

u. l.:
Fünf als Zahl des lebendigen Menschen bei Agrippa von Nettesheim

u. r.:
Der Chemiker Kekulé von Stradonitz erkannte die Sechserstruktur des Benzolrings in Trance als mystische Einheit.

153

Bild 92

o. l.:
Sieben ist eine Symbolzahl der Vollkommenheit in märchenhaften Anderswelten. Der Kreis aus sieben Freunden bildet eine spirituelle Einheit.

o. r.:
Acht ist eine Zahl geometrischer Ordnung. In dieser Tyrbe vermittelt sie architektonisch zum Kreis hin.

m. l.:
Mystisch übersteigerte Spiritualität: Neun Musen beherrschen alle Künste.

m. r.:
Zehn ist die absolute Zählgrenze: Die Zehn Gebote bestimmen alle Pflichten menschlichen Lebens.

u. l.:
Die Elf im Kölner Wappen bedeutet eigentlich 10 + 1, nämlich die heilige Ursula und ihre 10 jungfräulichen Begleiterinnen. Nur so verstanden ist sie nicht sündig.

u. r.:
Zwölf ist die Summe des Kreises, auch für die Azteken.

Nicht selten wird der Symbolcharakter der Drei personifiziert, etwa in den Heiligen Drei Königen, den drei weisen Affen Indiens, dem dreiköpfigen Löwen im Wappen der Indischen Union oder auch den drei Hexen, die Shakespeares *Macbeth* eröffnen.

154

Beschwörungsformeln muss man dreimal aussprechen, damit sie ihre volle Kraft entfalten. Goethes Doktor Faustus musste Mephisto dreimal rufen, bevor er ihm erschien.

Auch alte Segenssprüche sind oft dreifacher Natur, so etwa der bekannte Aaronssegen:

»Der Herr segne Dich und behüte Dich,
der Herr lasse sein Angesicht leuchten über Dich und sei Dir gnädig,
der Herr erhebe sein Angesicht auf Dich und gebe Dir Frieden.«

Vier

Die Vier ist weit weniger religiös und spirituell als die Drei. Sie ordnet die zeitliche und die materielle Welt und macht diese Ordnung in Koordinaten beschreibbar. Begriffsquadrupel wie Frühling, Sommer, Herbst und Winter; Morgen, Mittag, Abend und Mitternacht oder Osten, Süden, Westen und Norden drücken das Ordnungsprinzip der Vier aus. Auch der zeitliche Ablauf des Menschenlebens ist viergeteilt in Säuglingsphase, Kindheit, Reife und Alter.

So ist denn die Vier das Maß der vollendeten Ordnung, und als solches finden wir es im übertragenen Sinne nicht selten auch als Vollendungsmaß heiliger Schriften wieder. Bekanntlich gibt es vier (kirchlich anerkannte) Evangelien, vier Veden im Hinduismus, vier Offenbarungsschriften in den großen monotheistischen Religionen (Thora, Psalter, Evangelium und Koran).

Die Kosmologie der Schamanen kennt ebenfalls die Vierfalt: alltägliche »mittlere Welt«, nichtalltäglicher Aspekt der »mittleren Welt«, »obere Welt« und »untere Welt«. Und diese Vierteilung der Realität findet symbolisch in stilisierten Bildern vieler Indianervölker ebenso ihren Ausdruck wie im quadratischen Aufbau alter asiatischer Weltenberge, ägyptischer und anderer Pyramiden, Zeichnungen auf arktischen Schamanentrommeln und so weiter.

Fünf

Über die Fünf brauche ich hier weiter nichts zu sagen. Ich habe sie ausgiebig im Kapitel über den Goldenen Schnitt und das Pentagramm (»Kakteen, Kunst und DNA«, siehe Seite 23ff) behandelt. Sie ist die große Zahl der belebten Natur und der Fruchtbarkeit.

Sechs

Die Sechs galt schon in der altgriechischen Philosophie als die erste »vollkommene Zahl«. Das lässt sich nicht zuletzt an ihrer mathematischen Struktur erkennen, denn die Sechs ist sowohl die Summe wie auch das Produkt ihrer Teiler: $6 = 1 + 2 + 3$ und $6 = 1 \cdot 2 \cdot 3$. Gelten die geraden als weibliche und die ungeraden als männliche Zahlen, dann ist die Sechs das erste Produkt aus einer weiblichen und einer männlichen Zahl $(2 \cdot 3)$ und auch deshalb die erste vollkommene Zahl. In sechs Tagen vollendete Gott die Schöpfung der Welt. Der siebte Tag war dann ein großer Tag der Ruhe, ein heiliger Tag reiner Spiritualität. Sechs ist auch die Seitenzahl des Kubus, der als geometrischer Körper die Menschen seit eh und je fasziniert.

Sieben

Die Sieben ist eine höchst mystische, eine höchst spirituelle Zahl. Sie geht über die vollkommene Sechs hinaus. Sie setzt sich aus der Zahl drei der göttlichen Ordnung und der weltlichen, zeitlich-räumlichen Ordnungszahl vier zusammen, und sie existiert gleichsam im Verborgenen. Erkennen wir die Eins, die Zwei, die Drei, die Vier, die Fünf und die Sechs allenthalben in der unbelebten und der belebten Natur (etwa in der Zeit-Raum-Gliederung, in Kristallsystemen, an Pflanzen und Tieren), so begegnet uns die Sieben offen sichtbar kaum überhaupt. Auch das macht sie zur spirituellen, mysteriösen, heiligen Zahl. Spirituelles sieht man eben nicht mit bloßen Augen. Wen wundert es, dass die Sieben von alters her als Zahl der Weisheit, der Kunst, der Märchen und Sagen, der Magie und der religiösen Erleuchtung in Erscheinung tritt. Sieben Arme hat die Menora, der symbolbefrachtete Leuchter der mosaischen Religion. Sieben freie Künste kannte schon die Antike. Die abendländische Musik baut auf sieben Tönen auf. Sieben magere und sieben fette Jahre erlebten die Ägypter im Alten Testament. Und nach den spirituellen Lehren vieler Kulturen spielt sich auch das menschliche Leben ganz generell in einem Siebenjahresrhythmus ab.

Besonders häufig begegnet uns die Sieben in Märchen und Mythen. Da ist von »sieben Raben« die Rede, von »sieben Schwaben« oder von »Sieben auf einen Streich«. Da muss der Adept »über sieben Brücken gehen« oder »ein siebenfaches Bad nehmen«. Siebenmal niest ein Toter, der wieder zum Leben erweckt wird, berichtet das zweite Buch der Könige.

Das alte Ägypten kannte sieben Himmelswege und sieben Himmelskühe, und noch heute schweben auch bei uns Verliebte »im siebten Himmel«. Wer schließlich einen guten Kuchen backen will, »der muss haben sieben Sachen«.

Aber die okkulte Sieben hat auch dunkle, magische Seiten, etwa im »verflixten siebten Jahr« oder in der »bösen Sieben«.

Acht

Die Acht ist wieder weitaus nüchterner und weltlicher als die Sieben. Sie ist in erster Linie eine interessante mathematische Zahl. Es ist die erste Kubikzahl (2^3) einer Zahl größer 1, und Mathematiker fanden heraus, dass sich jedes Quadrat einer ungeraden Zahl größer 1 als ($n \cdot 8 + 1$) ausdrücken lässt, wobei n eine ganze Zahl ist. Auch sind alle Differenzen beliebiger Quadrate ungerader Zahlen stets ein Vielfaches von 8.

In der Mystik gilt die Acht schon seit babylonischen Zeiten als große Glückszahl. Der Islam kennt sieben Höllen, aber acht Paradiese, und acht Engel tragen den Thron Gottes. Die Acht ist eine wichtige Zahl von Glück und Vollkommenheit auch im alten China: Achtgliedrig ist der Weg, der zum Nirwana führt, acht Kostbarkeiten kennt der Konfuzianismus. Acht ist die Anzahl der Unsterblichen im chinesischen Pantheon. Und achtmal acht Figuren kennt das Orakelbuch I-Ging.

Mathematik und Metaphysik

Jedem tiefen Naturforscher muss eine Art religiösen Gefühls naheliegen, weil er sich nicht vorzustellen vermag, dass die ungemein feinen Zusammenhänge, die er erschaut, von ihm zum ersten Mal erdacht werden. Im unbegreiflichen Weltall offenbart sich eine grenzenlos überlegene Vernunft. Die gängige Vorstellung, ich sei Atheist, beruht auf einem großen Irrtum. Wer sie aus meinen wissenschaftlichen Theorien herausliest, hat sie kaum begriffen.
ALBERT EINSTEIN

Mathematik ist das Alphabet, mit dem Gott die Welt geschrieben hat.
GALILEO GALILEI, ITALIENISCHER MATHEMATIKER, PHYSIKER UND ASTRONOM IM 16./17. JH.

Zwischen Religion und Naturwissenschaft finden wir nirgends einen Widerspruch. Sie schließen sich nicht aus, wie heutzutage manche glauben und fürchten, sondern sie ergänzen und bedingen einander.
MAX PLANCK, DEUTSCHER PHYSIKER

Niemand vermag zur Erkenntnis menschlicher und göttlicher Dinge zu gelangen, der nicht zuvor die Mathematik gründlich erlernt hat.
AUGUSTINUS, CHRISTLICHER KIRCHENLEHRER UND PHILOSOPH IM 4./5. JH.

Die sogenannten Mathematiker von Profession haben sich, auf die Unmündigkeit der übrigen Menschen gestützt, einen Kredit von Tiefsinn erworben, der viel Ähnlichkeit mit dem von Heiligkeit hat, den die Theologen für sich haben.
GEORG CHRISTOPH LICHTENBERG, DEUTSCHER MATHEMATIKER UND PHYSIKER IM 18. JH.

Man darf nicht das, was uns unwahrscheinlich und unnatürlich erscheint, mit dem verwechseln, was absolut unmöglich ist.
CARL FRIEDRICH GAUß, DEUTSCHER MATHEMATIKER IM 18./19. JH.

Alle göttlichen Gesandten müssen Mathematiker sein.
NOVALIS, DEUTSCHER DICHTER (1772 – 1801)

Neun

Die Neun lebt in erster Linie von der heiligen Drei und überhöht diese gleichsam. Neun ist dreimal drei. Damit ist die Neun in erster Linie eine häufig anzutreffende Symbolzahl für das Hochheilige.

Aber auch als Rundzahl für mythische Gruppen hat sie eine gewisse Bedeutung. In neun Sphären sehen die frühen Kirchenlehrer und die islamischen Gelehrten die Welt unterteilt. Auch im alten China war die Welt in mehrfacher Hinsicht neungeteilt: Der Himmel hatte neun Felder, die Erde neun Bereiche, das Festland neun Berge, das Gebirge neun Übergänge und das Meer neun Inseln. Die alte Hauptstadt Peking, deren Plan Astrologen bestimmten, hatte neun Bezirke: einen zentralen und acht periphere Bereiche.

Neun Musen beherrschen die Künste. Neun Ordnungen von Engeln nennt das Alte Testament. In der altchinesischen Mythologie, aber auch nach den Vorstellungen der Maya gibt es neun Ströme in der untersten Unterwelt, und neunköpfig war im alten Mexiko der Drache, der diese Ströme repräsentierte.

Die Neun als Überhöhung des Heiligen spielte auch in der Heilkunst eine wichtige Rolle, wobei bestimmte Genesungsrituale neunmal durchgeführt werden mussten.

Ihren Charakter als Übersteigerungszahl offenbart die Neun nicht zuletzt in Redewendungen wie »neunmalklug«, »Neunmänner-werk« oder auch »neunäugig« (im Sinne von gerissen oder durchtrieben).

Zehn

Die Zehn ist, schon aufgrund der Tatsache, dass wir zehn Finger besitzen, eine alte Zählgrenze. Aber auch aus anderen Gründen hat sie sich im Laufe der Zeit als Basis unseres Dezimalsystems durchgesetzt. Mit ihr lässt sich ganz einfach gut rechnen. Schon die alten Pythagoräer sahen in der Zehn – rein mathematisch – die »allumfassende, allbegrenzende Mutter aller Zahlen«, was für sie nicht zuletzt auch dadurch zum Ausdruck kam, dass die Zehn die Summe der ersten vier Zahlen ist: $10 = 1 + 2 + 3 + 4$. Als diese Einheit ist die Zehn mystisch gesehen mit der Eins verwandt. Zehn ist die Einheit in der Vielheit, wie dann auch wieder die Hundert, die Tausend und alle weiteren Zehnerpoten-zen. Zehn ist das Maß aller Dinge, und als solches spielt sie auch im mystischen Denken vieler Religionen eine wichtige Rolle.

Elf

Die Elf bezieht ihre wenig erfreuliche Bedeutung aus ihrer Stel-lung zwischen der Zehn und der Zwölf. Sündhaft überschreitet sie das Maß aller Dinge, die Zehn, und bezüglich der zweiten großen Rundzahl, der Zwölf, erweist sie sich als unvollkommen. Es fehlt halt etwas zum ganzen Dutzend. Elf ist einerseits die Zahl der Übertretungen, andererseits aber auch eine unvollstän-dige Zahl. Sie hat »keinerlei Verbindung mit göttlichen Din-gen«, sie ist »keine Leiter, die zu den oberen Dingen reicht« und sie hat »keinerlei Verdienst«, kritisierte sie der gelehrte Jesuit Petrus Bungus. Christus hatte zwölf Jünger, und als vorüberge-hend einer fehlte und die Zahl nur noch elf betrug, sorgte er um-gehend für Ersatz.
Gelegentlich treten aber in der Tat Gruppen von elf Personen auf, etwa bei der sprichwörtlichen Fußballelf oder bei den elf Jungfrauen, die im Kölner Stadtwappen als elf kleine Flämm-

chen symbolisiert sind. In solchen Fällen handelt es sich in der Regel um Gruppen von zehn plus eins, also von zehn Gleichen, die die Grundeinheit bilden, und einem Ungleichen, der entweder eine andere Funktion oder einen anderen Rang innehat. Beim Fußball sind das die zehn Feldspieler plus der Torwart. In der Kölner Legende waren es die heilige Ursula und weitere zehn sie begleitende Jungfrauen.

Zwölf

Die Zwölf ist von alters her eine Kreiszahl. Schon die Babylonier wussten, dass der Mond am Himmel durch zwölf Stationen, die zwölf Monate, wandert. Der Zodiak ist in zwölf Tierkreiszeichen unterteilt.

Aber auf der Zwölf beruht nicht nur die Gliederung des Jahreskreises, auch der Tag und die Nacht haben jeweils zwölf Stunden, die das kreisförmige Zifferblatt der Uhr ausweist. Zwölf Tore führten in den Himmel der Ägypter, zwölf Tore auch in die Unterwelt. Die heiligen Schriften nennen die Zwölf in verschiedenen Kontexten: Zwölf Stämme hatte Israel, zwölf Edelsteine schmückten den Brustschild des Hohenpriesters. Von zwölf kleinen Propheten spricht das Alte Testament ebenso wie von zwölf heiligen Wasserbrunnen oder von zwölf Fürsten. Zwölf Apostel scharte Christus um sich. In das himmlische Jerusalem führten zwölf Tore, und zwölfmal zwölf Auserwählte beteten dort das Lamm Gottes an. Immer steht dabei die Zwölf für eine Rundzahl.

Auch außerhalb des monotheistischen Kulturkreises spielte und spielt die Zwölf eine wichtige Rolle. So berichtete HERODOT, dass die alten Griechen in Asien zwölf Städte gründeten und sich weigerten, diese Zahl zu erhöhen. In China kannte man ebenfalls den Zwölferzyklus des Horoskops. Und in den präkolumbianischen Kulturen Mexikos war die Zwölf ebenfalls eine vielseitig verwendete Kreissummenzahl.

Bedeutung erlangte die Zwölf auch als Basis von Zählsystemen. Noch heute nennen wir das Dutzend als Rundzahl und nicht etwa die Zehnermenge. Als Papierzählmaß war lange das Gros für $12 \cdot 12 = 144$ Stück gebräuchlich. Verbreitet sind noch heute Zwölferpackungen oder deren Hälfte, etwa für Getränkeflaschen oder für Eier. Überhaupt lässt sich die Zwölf ideal in Teilgrößen zerlegen: 2, 3, 4 und 6. Das machte sie unter anderem im alten britischen Maßsystem beliebt, in dem 1 pound 12 ounces hat, die dann in halbe oder Viertelunzen unterteilt wurden.

Mathematisch ist die Zwölf sowohl das Produkt $3 \cdot 4$ wie auch die Summe $5 + 7$. Beides wurde stets auch mystisch gesehen, wobei wiederum die Zwölf als »vollständige« Zahl apostrophiert wurde. Mit der Drei und der Vier vereint die Zwölf in sich die göttliche und die weltliche Ordnung, mit der Fünf und der Sieben die real existierende, materielle Welt mit der transzendentalen, der spirituellen.

Dreizehn

Wie die Elf über die runde Zehn hinausreicht, so überschreitet die Dreizehn die vollständige Zwölf, was noch weitaus schlimmer ist, weil der Zwölf eine viel größere mythologische Bedeutung zukommt als der Zehn. Sprachlich kommt diese Stellung der Dreizehn schon dadurch zum Ausdruck, dass sie als erste ganze Zahl keinen eigenen Namen mehr hat. Dreizehn ist nur noch eine Zusammensetzung aus Zehn und Drei.

Aus diesen Gründen sehen dogmatisch orientierte Menschen in der Dreizehn meistens eine Unglückszahl. Die Dreizehn geht über das Bekannte hinaus, und das ist suspekt.

Aber da sind auch die Freigeister, die Nonkonformisten. Auch sie übertreten Grenzen und sehen folgerichtig in der Dreizehn oft ihre persönliche Glückszahl.

Jenseits der Dreizehn

Nach der Dreizehn nimmt die spirituelle und mystische Bedeutung der Zahlen rasch ab oder sie verliert zumindest an Gewicht. Zwar gibt es auch noch ein Reihe größerer in diesem Kontext erwähnenswerter Zahlen, doch besitzen sie oft nur für einen Kulturkreis oder eine bestimmte Personengruppe entsprechende Aussagekraft. Unter ihnen finden wir besonders die 14 (14 Nothelfer), die 16 (Ganzheitssymbolik), die 19 (heilige Zahl im Koran), die 20 (alte Zählgrenze), die 24 (verdoppelte 12 als Gesamtheitszahl), die 25 (Quadratzahl der heiligen 5), die 27 und die 28 (Mondzahlen), die 40 (Zahl der Vollendung), die 49 (Quadratzahl der heiligen 7), die 60 (babylonisches Zählsystem, noch heute in der Zeiteinteilung in Sekunden und Minuten gebräuchlich), die 64 (Quadratzahl der glücksbringenden 8), die 70 (Zehnfaches der heiligen 7) oder schließlich die 666 (die berühmte »Zahl des Tieres« der Apokalypse).

Was zeichnet die heilige Sieben aus?

Zu den mystisch und spirituell wichtigsten Zahlen überhaupt zählen zweifellos die Fünf und die Sieben. Die Bedeutung der Fünf als Zahl des Lebendigen und der Fruchtbarkeit erklärt sich nicht zuletzt aus ihrer überragenden mathematischen Rolle beim in der Natur allenthalben anzutreffenden Goldenen Schnitt und dessen geometrischer Darstellbarkeit im symbolträchtigen Pentagramm.

Ich hatte niemals von einer ähnlichen mathematischen Basis der Sieben gehört, obwohl dem Heptagramm in manchen magischen Kulten ebenfalls geheime Kräfte nachgesagt werden. Es soll zu Erkenntnis und Weisheit verhelfen und auch gewisse Schutzfunktionen besitzen. Neugierig geworden machte ich mich daran, nach mathematischen Zusammenhängen zu suchen.

Mein Grundgedanke dabei lag nahe. Wenn sich die Fünf und deren zahlentheoretische Zusammenhänge im Pentagramm erkennen lassen, dann schien es mir ratsam, das Heptagramm auf ähnliche Zusammenhänge hin zu untersuchen.

Zuerst möchte ich dafür hier noch einmal auf eine Eigenheit im Pentagramm hinweisen, die sich im Bild 93 deutlich erkennen lässt. Setzt man die Seitenlänge s des das Pentagramm umschreibenden regelmäßigen Fünfecks (Pentagons) gleich 1, dann ist die Länge der Strecke $d_1 = 0{,}618033988...$ und jene von $d_2 = 1{,}618033988...$ d_1 ist ebenso wie $1 / d_2$ das Verhältnis des Goldenen Schnitts. Das bedeutet, dass $d_1 \cdot d_2 = 1$ ist.

Setzen wir $x = d_2$, dann gilt auch $x = d_1 + 1$ oder $d_1 = x - 1$. Ergo ist $x(x - 1) = 1$ oder $x^2 - x - 1 = 0$.

Löst man die Gleichung mit der klassischen Formel für quadratische Gleichungen[10] nach x auf, dann erhält man:

$$x_{1,2} = -\frac{1}{2} \pm \frac{1}{2}\sqrt{5}$$

oder

$$x_1 = -0{,}618033...$$

und

$$x_2 = +1{,}618033...$$

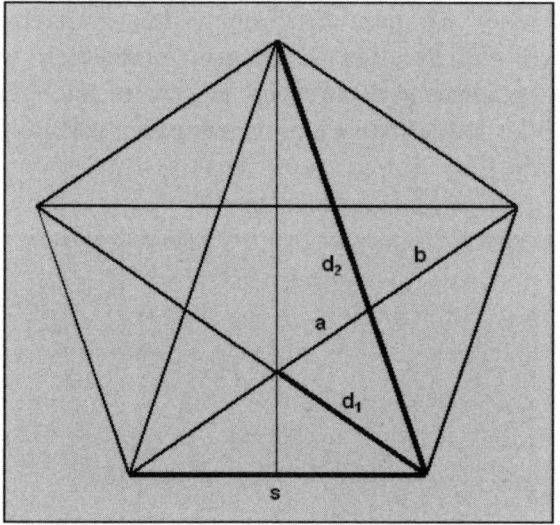

Bild 93
Setzt man in dieser Figur $s = 1$, dann gelten folgende Beziehungen:

$d_1 = 0{,}618033...$
$d_2 = 1{,}618033...$
$d_1 = (d_2 - d_1) / d_2$
$\quad = a / b$
$d_1 = 1 / d_2$

Anders als die reinen Strecken d_1 und d_2 ist also eine Lösung der Gleichung negativ, die andere positiv. Deshalb ist auch $x_1 \cdot x_2 = -1$ und nicht $+1$ wie $d_1 \cdot d_2$.

Mit den unterschiedlichen Vorzeichen tritt uns aber noch etwas anderes vor Augen:

$$x_1 + x_2 = +1$$

Bei den üblichen Betrachtungen des Goldenen Schnitts, bei denen in der Regel nur die reinen Proportionen interessieren, wird dieser Zusammenhang nicht berücksichtigt. Er wird sich aber für meine weiteren Betrachtungen als äußerst wichtig erweisen.

Lassen Sie mich kurz zusammenfassen:

> Eine interessante Gleichung für das Pentagramm ist
>
> $$x^2 - x - 1 = 0$$
>
> und für ihre beiden Lösungen x_1 und x_2 gilt
>
> $$x_1 \cdot x_2 = -1$$
> $$x_1 + x_2 = +1$$

---

[10] Siehe »Gleichung, quadratische« im Glossar

Gehen wir jetzt zur Sieben über. Zunächst fällt auf, dass sich in ein gleichseitiges Heptagon (Siebeneck) zwei verschiedene Heptagramme einschreiben lassen, je nachdem, ob wir jede zweite oder jede dritte Ecke miteinander verbinden (siehe Bilder 94 und 95).

Bild 94 ▶
Bild 95 ▶ ▶
Je nachdem, ob man jede dritte oder jede zweite Ecke eines Pentagons miteinander verbindet, erhält man zwei unterschiedliche Heptagrammtypen.

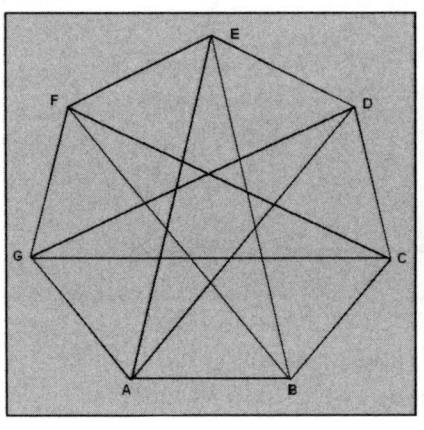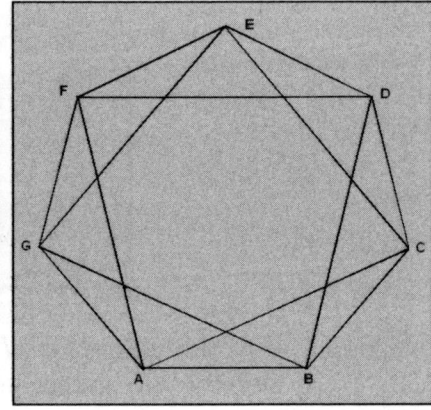

Im Bild 96 sind die beiden Figuren in dasselbe Heptagon eingezeichnet.

Betrachten wir zunächst einmal das Dreieck ABF innerhalb dieser Zeichnung genauer. Im Bild 97 habe ich es separat dargestellt.

Ich habe dabei auch die vom Punkt A ausgehenden Linien eingezeichnet, soweit sie innerhalb dieses Dreiecks liegen.

Nehmen wir wieder an, dass die Heptagonseite $s = 1$ sei, dann zeigt sich eine erstaunliche Häufung eines Längenverhältnisses:

$[AF]/[BF] = 0,80193774...$
$[FR]/[RB] = 0,80193774...$
$[ST]/[RS] = 0,80193774...$
$[AB]/[BR] = 0,80193774...$
$[AS]/[AB] = 0,80193774...$
$[BS]/s = [BS]/1 = 0,80193774...$

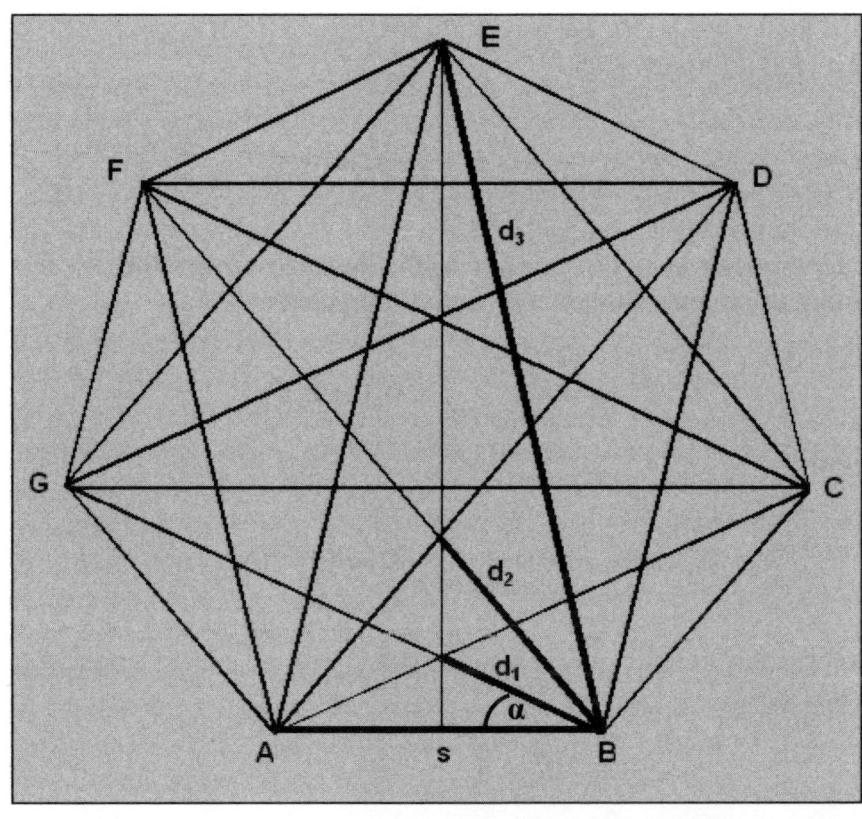

Bild 96
Setzt man in dieser
Figur $s = 1$,
dann gelten folgende
Beziehungen:

$d_1 = 0,55495813...$
$d_2 = 0,80193773...$
$d_3 = 2,2469796$

$[AF]/[CF] =$
$[DF]/[CG] = d_2$

Diese Verhältniszahl
lässt sich recht genau
ermitteln, denn wie
man aus dem Bild 96
erkennt, gilt:

$$\cos(2\alpha) = 0{,}5s \,/\, d_2$$

oder mit $s = 1$:

$$d_2 = \frac{1}{2 \cdot \cos(2\alpha)}$$

Dabei ist α ebenso der
Winkel ABG und je-
der der Winkel GBF,
FBE, EBD und DBC.

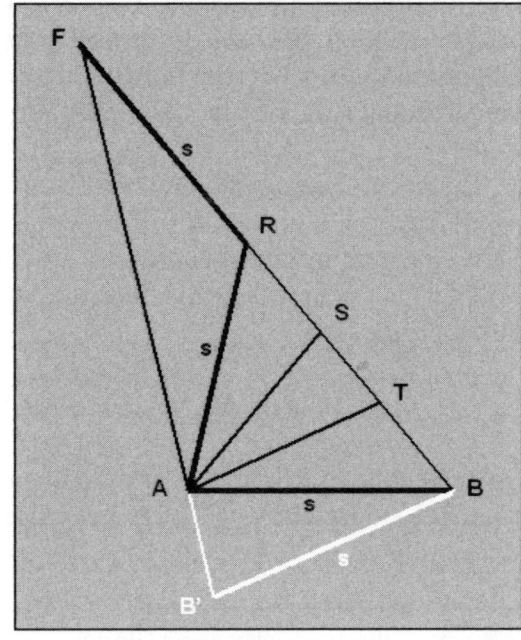

Bild 97
In diesem Teildrei-
eck der Figur von
Bild 7 spielt die Ver-
hältniszahl
0,80193773... eine
ähnlich bedeutende
Rolle wie das Ver-
hältnis des Goldenen
Schnitts im Penta-
gramm.

165

Es lässt sich leicht nachweisen, dass $\alpha = \pi / 7$ (Bogenmaß) ist und dass deshalb gilt:

$$d_2 = \frac{1}{2 \cdot \cos(2\pi / 7)} = 0{,}8019377...$$

Genauso einfach lassen sich auch die anderen in Bild 96 fett eingezeichneten Strecken d_1 und d_3 berechnen:

$$d_1 = \frac{1}{2 \cdot \cos(\pi / 7)} = 0{,}5549813...$$

und

$$d_3 = \frac{1}{2 \cdot \cos(3\pi / 7)} = 2{,}2469796...$$

Jetzt führt ein bisschen Experimentierfreude weiter. Dabei zeigt sich, dass

$$d_1 \cdot d_2 \cdot d_3 \approx 1$$

Die Vermutung liegt nahe, dass es sich bei dem Produkt um exakt 1 handelt, aber das ist zunächst noch nicht bewiesen. Experimentieren wir mit unterschiedlichen Vorzeichen für die verschiedenen d_m weiter, dann fällt auf, dass

$$-d_1 + d_2 - d_3 \approx -2$$

Sehr wahrscheinlich ist auch dies also eine ganze Zahl.
Spielen wir weiter. Für die Summe aller möglichen Zweierprodukte ergibt sich

$$(-d_1) \cdot d_2 + (-d_1) \cdot (-d_3) + d_2 \cdot (-d_3) \approx -1$$

Spätestens jetzt klingelt es im Gehirn eines Mathematikers: Hat eine Polynomgleichung[11] drei bekannte Lösungen x_1, x_2 und x_3,

---

[11] Siehe »Polynomgleichung« im Glossar

dann lässt sich daraus nach dem Wurzelsatz von Vieta rückwärts die Gleichung bestimmen zu

$$-x^3 + (x_1 + x_2 + x_3)\,x^2 - (x_1 x_2 + x_1 x_3 + x_2 x_3)\,x + x_1 x_2 x_3 = 0$$

Mit $x_1 = -d_1$, $x_2 = +d_2$ und $x_3 = -d_3$ und unter der Annahme, dass die vermutlich ganzen Zahlen tatsächlich ganze Zahlen sind, ergibt sich damit die für das Siebeneck und die eingeschriebenen beiden Heptagramme wichtige Gleichung

$$-x^3 - 2x^2 + x + 1 = 0$$

Ihre drei Lösungen sind

$$x_1 = -0{,}5549581...$$
$$x_2 = +0{,}8019377...$$
$$x_3 = -2{,}2469796...$$

Damit wäre eine Parallele zwischen dem Fünfeck mit seinem Pentagramm und dem Siebeneck mit seinen beiden Heptagrammen gefunden:

	Gleichung:	Lösungen:	Beziehungen:
5-Eck	$x^2 - x - 1 = 0$	x_1, x_2	$x_1 + x_2 = 1$ $x_1 \cdot x_2 = -1$
7-Eck	$-x^3 - 2x^2 + x + 1 = 0$	x_1, x_2, x_3	$x_1 + x_2 + x_3 = -2$ $x_1 \cdot x_2 \cdot x_3 = +1$

Nennen wir die Beträge der Lösungen x_m jeweils d_m, also $d_m = |x_m|$, dann lassen sich die Strecken d_m jeweils in den zugehörigen geometrischen Figuren (Bilder 93 und 96) direkt erkennen, wenn die Polygonseitenlänge $s = 1$ gesetzt wird.

Versuchen wir es jetzt einmal für geometrische Gebilde mit größeren ungeraden Eckenzahlen. Dazu denken wir uns (oder zeichnen es) ein regelmäßiges n-Eck und verbinden jede Ecke mit jeder durch eine gerade Linie. Unter diesen Linien befinden sich immer auch solche, die von der rechten unteren Ecke B aus in Richtung auf eine andere Ecke zu die senkrechte Mittelachse der Figur kreuzen. Die Abschnitte zwischen B und der Mittelachse bezeichnen wir wie in den Bildern 93 und 96 als d_m mit m von 1 bis $(n-1)/2$. Im Bild 98 ist das für das 11-Eck dargestellt.

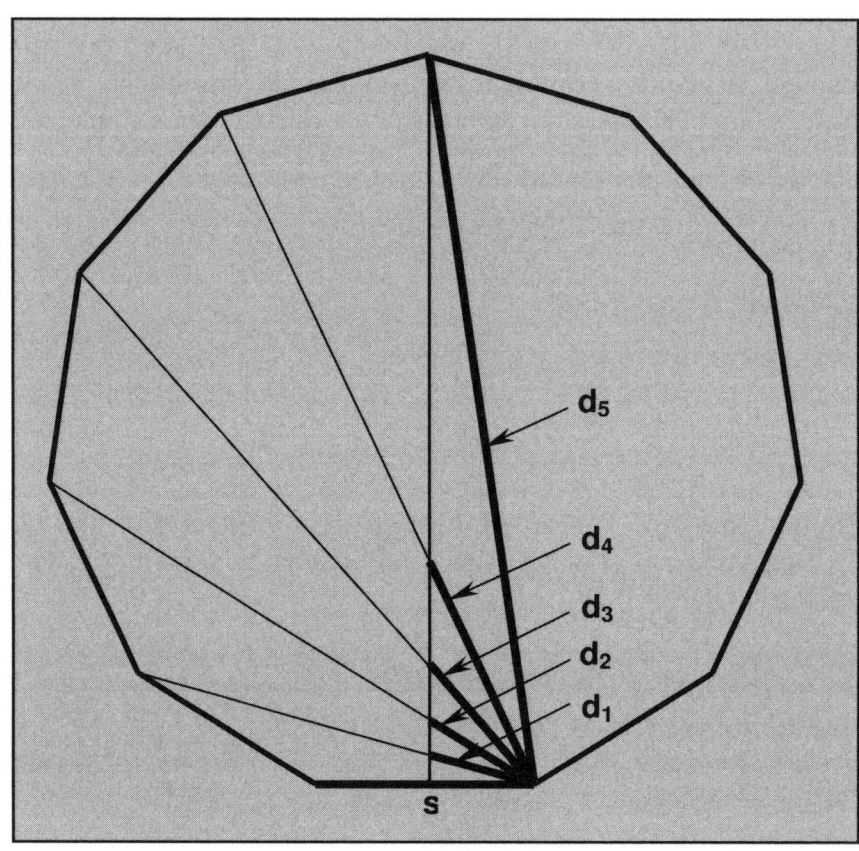

Bild 98
Im 11-Eck gibt es 5 Streckenabschnitte d_1 bis d_5 von der rechten unteren Ecke aus bis zur senkrechten Mittelachse.

Wählen wir wieder die Seitenlänge des n-Ecks mit $s = 1$, dann gilt analog zum 7-Eck für die Längen der Strecken d_m ganz allgemein

$$d_{n,m} = \frac{1}{2 \cdot \cos\dfrac{m \cdot \pi}{n}}$$

für alle n-Ecke mit ungerader Eckenzahl n. Bei geraden n geht das nicht, weil sich im geradzahligen n-Eck durch das Verbinden jeder Ecke mit jeder niemals geschlossene Linienzüge wie

168

ein Pentagramm oder ein Heptagramm ergeben, sondern jeweils zwei oder mehr getrennte, ineinander verschachtelte Sternfiguren.

Was liegt näher, als für jedes ungerade n-Eck alle $(m-1)/2$ Streckenabschnitte $d_{n,m}$ wiederum als Lösungen einer Gleichung zu betrachten? Als ich das machte, zeigte sich rasch, dass sich dabei immer dann Polynomgleichungen[12] mit durchweg ganzzahligen Koeffizienten ergaben, wenn man generell

$$x_{n,m} = - d_{n,m} \text{ für ungeradzahlige } m \text{ und}$$
$$x_{n,m} = + d_{n,m} \text{ für geradzahlige } m \text{ setzt.}$$

Um diese Gleichungen zu finden, muss man nicht nur das Produkt aller Lösungen $x_{n,m}$ und die Summen aller möglichen Produkte aus jeweils zwei verschiedenen $x_{n,m}$ für jeweils unterschiedliche m bilden, sondern auch die Summen aller möglichen Dreier-, Vierer-, Fünfer-Produkte usw. Sie ergeben jeweils die Koeffizienten der x-Potenzen in den Gleichungen.

Bei meiner Suche fand ich zunächst Gleichungen für Polygone mit ungeraden Eckenzahlen bis 25 heraus (siehe Bild 99). Dabei schienen die Koeffizienten der x-Potenzen auf den ersten Blick recht unsystematisch zu sein. Aber auf die Erkenntnis des britischen Mathematikers Hardy vertrauend, dass »für hässliche Mathematik auf dieser Welt kein beständiger Platz ist« und das entscheidende Kriterium Schönheit sei, glaubte ich fest an ein dahinterstehendes elegantes System und suchte es gezielt.

Es erwies sich nicht als allzu schwer, dieses zu entlarven. Schreibt man nur die Koeffizienten der Polygongleichungen in ein Diagramm wie in Bild 100, dann wird es rasch übersichtlich. Schnell lässt sich erkennen, dass in den von links unten nach rechts oben führenden Diagonalen jeweils Zeilen des Pascalschen Dreiecks[13] stehen. Schreibt man die Koeffizienten dann folgerichtig auch als Binome[13], dann springt ihre Systematik noch klarer ins Auge (siehe Bild 101).

Mühelos lässt sich nach diesem Schema die fundamentale Gleichung für jedes n-Eck (mit ungeradem n) angeben. Und ihre Lösungen sind dann jeweils $x_{n,m} = (-1)^m / [2 \cdot \cos(m \cdot \pi/n)]$.

---

[12] Siehe »Polynomgleichung« im Glossar
[13] Siehe »Pascalsches Dreieck« im Glossar

Ecken n	Polygongleichungen m Lösungen (Nullstellen)	$x_{n,m} = (-1)^m / [2 \cdot \cos(m \cdot \pi / n)]$

Ecken n	Polygongleichungen, m Lösungen (Nullstellen)
3	$-x - 1 = 0$ $x_1 = -1.0$
5	$x^2 - x - 1 = 0$ $x_1 = -0.61803399 \quad x_2 = +1.61803399$
7	$-x^3 - 2x^2 + x + 1 = 0$ $x_1 = -0.55495813 \quad x_2 = +0.80193774 \quad x_3 = -2.2469796$
9	$x^4 - 2x^3 - 3x^2 + x + 1 = 0$ $x_1 = -0.53208889 \quad x_2 = +0.65270364 \quad x_3 = -1.0 \quad x_4 = +2.87938524$
11	$-x^5 - 3x^4 + 3x^3 + 4x^2 - x - 1 = 0$ $x_1 = -0.52110856 \quad x_2 = +0.59435114 \quad x_3 = -0.76352112 \quad x_4 = +1.20361562$ $x_5 = -3.51333709$
13	$x^6 - 3x^5 - 6x^4 + 4x^3 + 5x^2 - x - 1 = 0$ $x_1 = -0.51496392 \quad x_2 = +0.56468078 \quad x_3 = -0.66799308 \quad x_4 = +0.88018136$ $x_5 = -1.41002005 \quad x_6 = +4.14811491$
15	$-x^7 - 4x^6 + 6x^5 + 10x^4 - 5x^3 - 6x^2 + x + 1 = 0$ $x_1 = -0.5111703 \quad x_2 = +0.54731814 \quad x_3 = -0.61803399 \quad x_4 = +0.74723827$ $x_5 = -1.0 \quad x_6 = +1.61803399 \quad x_7 = -4.78338612$
17	$x^8 - 4x^7 - 10x^6 + 10x^5 + 15x^4 - 6x^3 - 7x^2 + x + 1 = 0$ $x_1 = -0.50866092 \quad x_2 = +0.536209 \quad x_3 = -0.58808507 \quad x_4 = +0.67658182$ $x_5 = -0.82969011 \quad x_6 = +1.12173429 \quad x_7 = -1.82706474 \quad x_8 = +5.41897572$
19	$-x^9 - 5x^8 + 10x^7 + 20x^6 - 15x^5 - 21x^4 + 7x^3 + 8x^2 - x - 1 = 0$ $x_1 = -0.50691364 \quad x_2 = +0.52864336 \quad x_3 = -0.5685218 \quad x_4 = +0.63360073$ $x_5 = -0.73824539 \quad x_6 = +0.91416342 \quad x_7 = -1.24472416 \quad x_8 = +2.03678028$ $x_9 = -6.05478279$
21	$x^{10} - 5x^9 - 15x^8 + 20x^7 + 35x^6 - 21x^5 - 28x^4 + 8x^3 + 9x^2 - x - 1 = 0$ $x_1 = -0.50564767 \quad x_2 = +0.52324637 \quad x_3 = -0.55495813 \quad x_4 = +0.60515194$ $x_5 = -0.68207997 \quad x_6 = +0.80193774 \quad x_7 = -1.0 \quad x_8 = +1.36858433$ $x_9 = -2.2469796 \quad x_{10} = +6.690745$
23	$-x^{11} - 6x^{10} + 15x^9 + 35x^8 - 35x^7 - 56x^6 + 28x^5 + 36x^4 - 9x^3 - 10x^2 + x + 1 = 0$ $x_1 = -0.50470081 \quad x_2 = +0.5192554 \quad x_3 = -0.54513066 \quad x_4 = +0.5851927$ $x_5 = -0.64456971 \quad x_6 = +0.73254369 \quad x_7 = -0.86703149 \quad x_8 = +1.08680286$ $x_9 = -1.49307387 \quad x_{10} = +2.45753366 \quad x_{11} = -7.32682177$
25	$x^{12} - 6x^{11} - 21x^{10} + 35x^9 + 70x^8 - 56x^7 - 84x^6 + 36x^5 + 45x^4 - 10x^3 - 11x^2 + x + 1 = 0$ $x_1 = -0.50397399 \quad x_2 = +0.51621794 \quad x_3 = -0.53776365 \quad x_4 = +0.5705765$ $x_5 = -0.61803399 \quad x_6 = +0.68590057 \quad x_7 = -0.78440725 \quad x_8 = +0.93313736$ $x_9 = -1.17431733 \quad x_{10} = +1.61803399 \quad x_{11} = -2.66835571 \quad x_{12} = +7.96298555$

170

Ecken n	Koeffizienten der Polynomgleichungen											
3	−1	−1										
5	+1	−1	−1									
7	−1	−2	+1	+1								
9	+1	−2	−3	+1	+1							
11	−1	−3	+3	+4	−1	−1						
13	+1	−3	−6	+4	+5	−1	−1					
15	−1	−4	+6	+10	−5	−6	+1	+1				
17	+1	−4	−10	+10	+15	−6	−7	+1	+1			
19	−1	−5	+10	+20	−15	−21	+7	+8	−1	−1		
21	+1	−5	−15	+20	+35	−21	−28	+8	+9	−1	−1	
23	−1	−6	+15	+35	−35	−56	+28	+36	−9	−10	+1	+1
25	+1	−6	−21	+35	+70	−56	−84	+36	+45	−10	−11	+1	+1

In diesen Diagonalen stehen die Zeilen des Pascalschen Dreiecks.

Ecken n	Koeffizienten der Polynomgleichungen in Binomialdarstellung											
3	$-\binom{0}{0}$	$-\binom{1}{1}$										
5	$+\binom{1}{0}$	$-\binom{1}{1}$	$\binom{2}{2}$									
7	$-\binom{1}{0}$	$-\binom{2}{1}$	$+\binom{2}{2}$	$+\binom{3}{3}$								
9	$+\binom{2}{0}$	$-\binom{2}{1}$	$-\binom{3}{2}$	$+\binom{3}{3}$	$+\binom{4}{4}$							
11	$-\binom{2}{0}$	$-\binom{3}{1}$	$+\binom{3}{2}$	$+\binom{4}{3}$	$-\binom{4}{4}$	$\binom{5}{5}$						
13	$+\binom{3}{0}$	$-\binom{3}{1}$	$-\binom{4}{2}$	$+\binom{4}{3}$	$+\binom{5}{4}$	$-\binom{5}{5}$	$-\binom{6}{6}$					
15	$-\binom{3}{0}$	$-\binom{4}{1}$	$+\binom{4}{2}$	$+\binom{5}{3}$	$-\binom{5}{4}$	$-\binom{6}{5}$	$+\binom{6}{6}$	$+\binom{7}{7}$				
17	$+\binom{4}{0}$	$-\binom{4}{1}$	$-\binom{5}{2}$	$+\binom{5}{3}$	$+\binom{6}{4}$	$-\binom{6}{5}$	$-\binom{7}{6}$	$+\binom{7}{7}$	$+\binom{8}{8}$			
19	$-\binom{4}{0}$	$-\binom{5}{1}$	$+\binom{5}{2}$	$+\binom{6}{3}$	$-\binom{6}{4}$	$-\binom{7}{5}$	$+\binom{7}{6}$	$+\binom{8}{7}$	$-\binom{8}{8}$	$-\binom{9}{9}$		
21	$+\binom{5}{0}$	$-\binom{5}{1}$	$-\binom{6}{2}$	$+\binom{6}{3}$	$+\binom{7}{4}$	$-\binom{7}{5}$	$-\binom{8}{6}$	$+\binom{8}{7}$	$+\binom{9}{8}$	$-\binom{9}{9}$	$-\binom{10}{10}$	
23	$-\binom{5}{0}$	$-\binom{6}{1}$	$+\binom{6}{2}$	$+\binom{7}{3}$	$-\binom{7}{4}$	$-\binom{8}{5}$	$+\binom{8}{6}$	$+\binom{9}{7}$	$-\binom{9}{8}$	$-\binom{10}{9}$	$+\binom{10}{10}$	$+\binom{11}{11}$
25	$+\binom{6}{0}$	$-\binom{6}{1}$	$-\binom{7}{2}$	$+\binom{7}{3}$	$+\binom{8}{4}$	$-\binom{8}{5}$	$-\binom{9}{6}$	$+\binom{9}{7}$	$+\binom{10}{8}$	$-\binom{10}{9}$	$-\binom{11}{10}$	$+\binom{11}{11}$	$+\binom{12}{12}$

gleiche obere Zahlen

gleiche untere Zahlen

$$\binom{a}{b} = \frac{a!}{b!(a-b)!}$$

Immer gilt, dass das Produkt aus allen $x_{n,m}$ für jedes n entweder +1 oder −1 ist, immer ist die Summe aus allen $x_{n,m}$ eine ganze Zahl. Und immer lassen sich die Beträge $d_{n,m}$ der Gleichungslösungen als Strecken $d_{n,m}$ im jeweiligen Diagramm unmittelbar sehen und messen (siehe Bild 98 für $n = 11$).

Bild 99 (S. 170)
Die Polygonglei-
chungen sind Poly-
nomgleichungen.
Bilder 100, 101
Die Koeffizienten der
Polynomgleichungen

Angesichts dieser überaus eleganten, alle ungeraden n-Ecke verbindenden inneren Systematik habe ich die starke Vermutung, dass diese auch tatsächlich richtig ist, denn noch immer fehlt ja der exakte Beweis, dass die Werte

$$x_{n,m} = (-1)^m / [2 \cdot \cos(m \cdot \pi / n)]$$

tatsächlich exakte Lösungen der ermittelten Gleichungen sind, beziehungsweise, dass die Gleichungen mit ihren ganzzahligen Koeffizienten exakt zu den berechneten Werten

$$d_{n,m} = \frac{1}{2 \cdot \cos \dfrac{m \cdot \pi}{n}}$$

passen und nicht nur verdammt gute Näherungen sind. Stichprobenweise habe ich in einigen Fällen mit einer Genauigkeit bis zu 100 Stellen gerechnet. Auch dabei traten noch keine Abweichungen von den Lösungen (Nullstellen) der vermuteten Gleichungen auf. Ich gehe deshalb davon aus, dass die gefundenen Beziehungen tatsächlich exakt stimmen. Der mathematisch strenge Beweis dafür dürfte angesichts der Tatsache, dass die meisten über die Cosinus-Funktionen errechneten Werte irrationale Zahlen sind, alles andere als leicht sein. Für das 3-Eck und das 5-Eck lässt er sich allerdings unschwer aufgrund der geometrischen Beziehungen erbringen. Also ist zumindest der Anfang erwiesenermaßen korrekt.

Was die »heiligen« Zahlen 5 und 7 betrifft, so macht sie die Einsicht in größere Zusammenhänge mathematisch zu ganz gewöhnlichen ungeraden Zahlen ohne herausragende Eigenschaften. Was bleibt, ist die Tatsache, dass die Natur ganz offensichtlich die Lösungen der Gleichung $x^2 - x - 1 = 0$ favorisiert und sie für uns deshalb so auffällig sind, was die dahinterstehende 5 im Volksempfinden »heilig« erscheinen lässt, während sie die Lösungen der Gleichung $-x^3 - 2x^2 + x + 1 = 0$ fast völlig umgeht, was der 7 den Hauch des Kryptischen verleiht.

Der Goldene Schnitt verliert rein mathematisch damit natürlich auch an Einzigartigkeit, denn die Gleichung, deren Lösung er ist, ist nur eine von vielen verwandten Gleichungen.

Wie das Unmögliche möglich wird

Über jeglichen Zweifel erhaben ist indes eine eigenwillige Konstruktionsmethode des regelmäßigen 7-Ecks, die die alte Erkenntnis, eine solche Figur lasse sich nicht allein mit Zirkel und Lineal exakt konstruieren, auf raffinierte Weise austrickst.

Schauen wir uns noch einmal das Dreieck in Bild 97 auf Seite 165 an. Ich habe es mit den weißen Linien [AB'] und [BB'] zu einem gleichschenkligen Dreieck B'BF mit der Basis s ergänzt. Ließe sich dieses exakt nur mit Zirkel und Lineal konstruieren, dann könnte man es anschließend ebenfalls mit Zirkel und Lineal mühelos zum regelmäßigen 7-Eck erweitern:

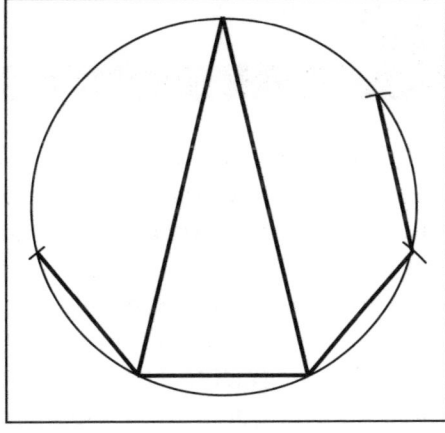

Man konstruiert den Umkreis des Dreiecks und trägt an diesem mit dem Zirkel fortgesetzt die Länge der unteren, kurzen Dreiecksseite ab, wovon das nebenstehende Bild den Anfang zeigt.

Bild 102
Konstruktion des regelmäßigen Siebenecks, ausgehend vom zentralen gleichseitigen Dreieck, das mit der »Heptagonkonstruktionsmaschine« (Bild 14) gefunden wurde, mit Zirkel und Lineal

Zunächst geht es aber darum, das Dreieck B'BF aus Bild 97 (Seite 165) allein mit Zirkel und Lineal zu konstruieren. Auf klassischem Wege ist das unmöglich, wie der große deutsche Mathematiker CARL FRIEDRICH GAUSS bewiesen hat. Interpretiert man »nur mit Zirkel und Lineal« allerdings so, dass damit gemeint ist, es dürfen keine messenden Werkzeuge, also Linealskala und/oder Winkelmesser benutzt werden und es darf auch nicht gerechnet werden, dann geht die Konstruktion eben doch. Ich habe eine einfache »Heptagonkonstruktionsmaschine« gebastelt, die das Unmögliche möglich macht. Bild 103 zeigt sie.

Der Holzschenkel S_1 ist fest mit der Unterlage verbunden, während Schenkel S_2 um ein Gelenk im Punkt F drehbar ist. An die Innenseite dieses Schenkels ist, ausgehend vom Punkt F, ein starrer Blechstreifen der beliebigen Länge s geklebt. Nur mit

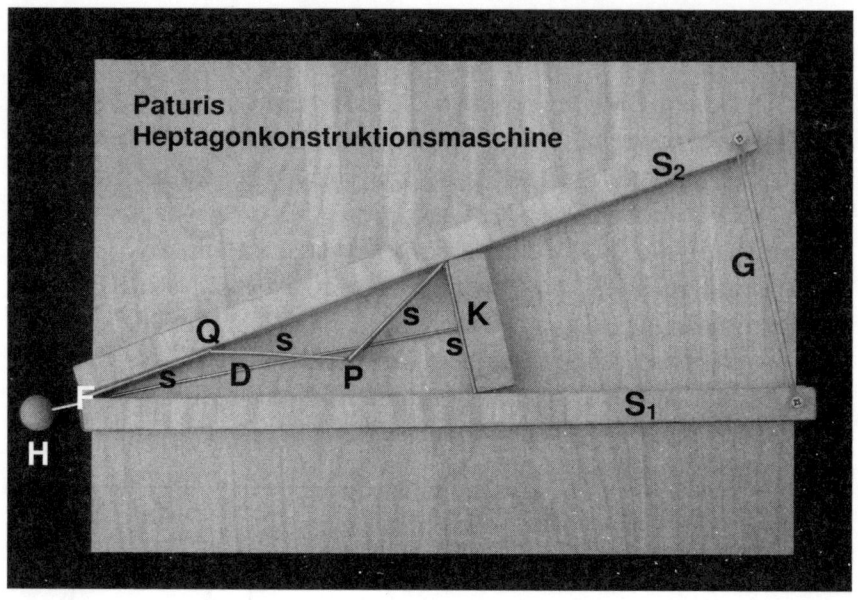

Bild 103
Die »Heptagonkonstruktionsmaschine« (hier in Position 1) ermittelt ohne
rechnen oder irgendwelche Strecken
oder Winkel messen
zu müssen, das
zentrale gleichschenklige Dreieck
ABE von Bild 96
(Seite 165).

Hilfe des Zirkels wurden drei weitere Blechstreifen der Länge *s* abgemessen und dann über Gelenke mit dem festgeklebten Streifen zu einer Art Gliederband verbunden. Am letzten Streifen dieser Kette wurde flächig ein Holzknebel K angeleimt, der ebenfalls die Länge *s* besitzt. In die Mitte des Knebels wurde rechtwinklig ein feines Loch gebohrt und in dieses ein steifer Draht D eingeklebt. Dieser Draht wurde durch ein kleines Loch im Gelenk F durch dieses Gelenk hindurchgesteckt. Schließlich habe ich die beiden Schenkel S_1 und S_2 an ihren Enden noch mit einem elastischen Gummiband G miteinander verbunden, das versucht, die Schenkel zusammenzuziehen.

Mit der kleinen Holzkugel H am Ende des Drahtes D lässt sich nun der Knebel K hin- und herschieben. Dabei wird der Gelenkzug aus den vier Blechstreifen gedehnt oder gestaucht. Im Prinzip sind dabei drei unterschiedliche Positionen möglich:

1. Der Gelenkpunkt P berührt den Schenkel S_1 nicht und der Knebel K berührt beide Schenkel (Bild 103).
2. Der Gelenkpunkt P berührt den Schenkel S_1 und der Knebel K berührt beide Schenkel (Bild 104).
3. Der Gelenkpunkt P berührt den Schenkel S_1 und der Knebel K berührt keinen der beiden Schenkel (Bild 105).

174

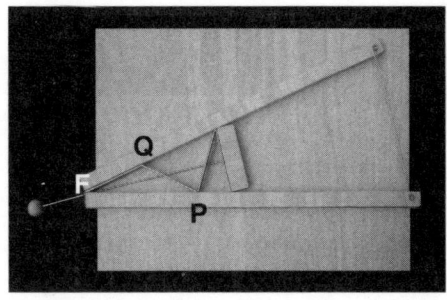
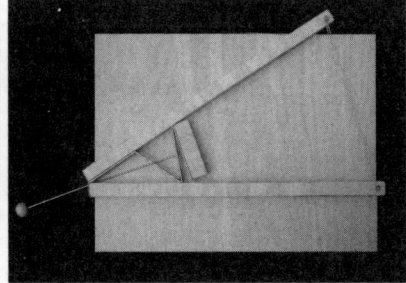

◄◄ **Bild 104**
Position 2

◄ **Bild 105**
Position 3

Geht man von der mehrdeutigen Position 1 aus, dann lassen sich die Kugel H und mit ihr der Draht D und der Knebel K so lange leicht nach links ziehen, bis genau die eindeutige Position 2 erreicht ist. Versucht man, weiter zu ziehen, dann stellt man fest, dass dies nur schwer möglich ist. Das hat folgenden Grund: Genau bis zum Erreichen der Position 2 spreizt der in Richtung Winkelschcitel wandernde Knebel die beiden Schenkel. Eine geringe Reibung gibt es nur an seinen beiden Enden. Ab Position 2 ändern sich die Bedingungen schlagartig: Der Knebel löst sich jetzt völlig von beiden Schenkeln, und die gesamte Spreizarbeit wird nur noch durch den immer steiler werdenden Anstellwinkel des Blechstreifens [QP] aufgebracht. Zusätzlich wirkt im Punkt Q von oben die hebelverstärkte Kraft des Gummizuges G und versucht, das Dreieck FQP zu spreizen. Und schließlich muss jetzt die Reibung des Punktes P gegenüber dem Schenkel S_1 überwunden werden, die erheblich größer ist als zuvor jene der Knebelenden, weil P aktiv auf den Schenkel drückt. So lässt sich die Position 2 präzise einstellen.

Geht man andererseits von der ebenfalls mehrdeutigen Position 3 aus, dann wirkt die durch den Gummizug G hebelverstärkt verursachte Spreizkraft des Dreiecks FQP derart stark, dass der Knebel von selbst (oder mit nur sehr leichtem Druck gegen die Kugel K) nach rechts wandert, bis er Kontakt mit beiden Schenkeln bekommt und dadurch die Spreizkraft sofort auf null reduziert, weil er eine weitere gummizugbewirkte Annäherung der Schenkel aneinander unterbindet. Auch von der Position 3 aus lässt sich der exakte Zustand 2 genau erreichen.

In der Praxis zeigte sich, dass die recht rohe Holzkonstruktion mit Gelenken aus Textilklebeband immerhin eine Genauigkeit liefert, die der einer Winkelmessung (der Winkel zwischen den

175

Schenkeln muss rechnerisch 25,714...° betragen) mit einem gängigen Geodreieck gut entspricht. 25,7° ließen sich mit dem zur Kontrolle angelegten Winkelmesser schätzen.

Eigentlich wollte ich ja nur wissen, ob es irgendwelche mathematischen Besonderheiten der Zahl 7 gibt. Aber so ist die Mathematik nun einmal: Sie gibt immer weit mehr Antworten, als man Fragen an sie stellt. Und für ästhetische Überraschungen sorgt sie ganz nebenbei meist auch noch, wie das Bild 106 zeigt.

Bild 106
Die lange Seite im Dreieck ABR in Bild 97 auf Seite 165 ist im Verhältnis 1 : 0,80193774... durch das Dreieck ABS geteilt. Das lässt sich als Konstruktionsprinzip für immer größere, ineinandergeschachtelte Dreiecke verwenden. Man erhält dann ein spiralig aufgebautes Gebilde, das jenen Spiralbildungen ähnelt, die man auch mit dem Teilungsverhältnis des Goldenen Schnitts konstruieren kann.

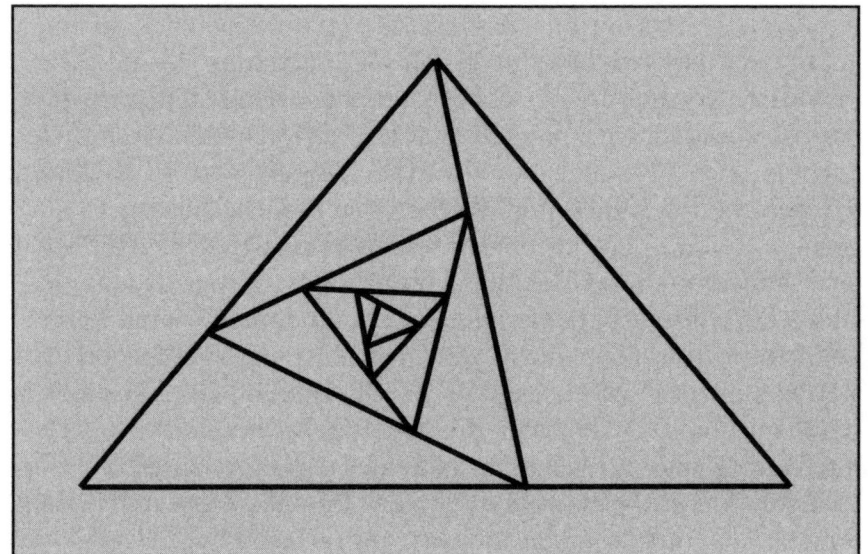

Wundersame Würfelwelten

A größer B größer C größer A?

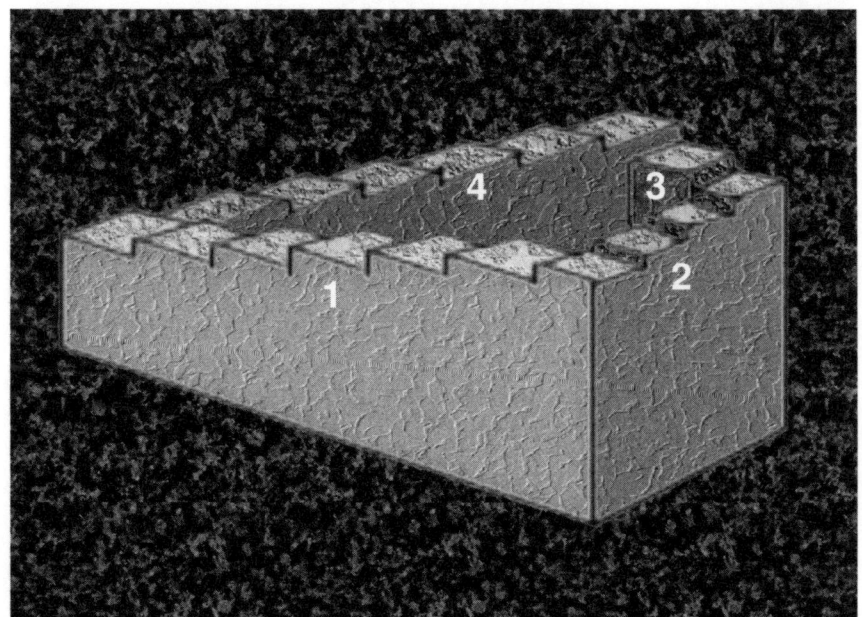

Bild 107
Der britische Mathematiker und theoretische Physiker ROGER PENROSE – Vater vieler unmöglicher Gegenstände – erfand auch diese jeder Logik widersprechende Treppe: Stufenflucht 2 führt höher hinauf als Flucht 1, 3 höher als Flucht 2 und 4 wiederum höher als 3. Dennoch erreicht Flucht 4 mit der obersten Stufe die unterste Stufe von 1.

Jürgen ist ganz genau so groß wie Stephan. Peter ist einen Kopf größer als Stephan, aber erstaunlicherweise ebenso deutlich kleiner als Jürgen. Dabei ist Peter weder ein Außerirdischer, der ständig seine Gestalt verändert, noch besitzt er sonstige magische Fähigkeiten, und er ist auch keine Figur in einem Bild mit dem Titel »optische Täuschung«.

»Peter« ist ein ganz normaler Knobel-Würfel. Allerdings zeigen seine sechs Seiten nicht die üblichen Augen • bis ⦂⦂, sondern die Zahlen 3, 17, 17, 17, 26 und 31.

»Jürgen« ist ein Würfel mit den Zahlen 4, 13, 18, 20, 23, 33.

Und der Würfel »Stephan« hat die Zahlen 2, 11, 16, 22, 25, 35.

Wenn zwei Spieler mit den Würfeln »Jürgen« und »Stephan« längere Zeit knobeln und dabei notieren, wer bei jedem Wurf die höhere Zahl erreicht, dann ist die Bilanz auf Dauer genau ausgeglichen: In 50 % aller Fälle gewinnt der Spieler mit dem Würfel

»Jürgen«, in 50 % jener mit dem Würfel »Stephan«. Das folgende Diagramm beweist das:

	4	13	18	20	23	33
2	+	+	+	+	+	+
11	−	+	+	+	+	+
16	−	−	+	+	+	+
22	−	−	−	−	+	+
25	−	−	−	−	−	+
35	−	−	−	−	−	−

Horizontal sind die Felder von »Jürgen« eingetragen, vertikal jene von »Stephan«. Ein Beispiel soll das Prinzip erklären: Die 13 von »Jürgen« (2. Spalte) schlägt die 2 und die 11 von »Stephan«.

Von allen möglichen Zahlenpaarungen gewinnt »Jürgen« auf allen 18 grauen Feldern mit +Zeichen. Auf den ebenfalls 18 Feldern mit −Zeichen gewinnt »Stephan«. »Jürgen« und »Stephan« sind also gleich stark bzw. »gleich groß«.

Jetzt gesellt sich als Dritter ein Spieler mit dem Würfel »Peter« hinzu. Die Spieler mit »Jürgen« und »Stephan« knobeln unbeirrt weiter und erzielen natürlich auch in Zukunft ein im Durchschnitt ausgeglichenes Ergebnis. Auf Dauer aber gewinnt der Spieler mit »Peter« gegenüber jenem mit »Stephan«, verliert aber gegenüber jenem mit »Jürgen«. Die beiden folgenden Diagramme zeigen, warum:

	3	17	17	17	26	31
2	+	+	+	+	+	+
11	−	+	+	+	+	+
16	−	+	+	+	+	+
22	−	−	−	−	+	+
25	−	−	−	−		+
35	−	−	−	−	−	−

»Peter« (horizontal) gewinnt gegen »Stephan« (vertikal) im Verhältnis 20 zu 16 bzw. 5 zu 4.

	3	17	17	17	26	31
4	+	+	+	+	+	+
13	−	+	+	+	+	+
18	−	−	−	−	+	+
20	−	−	−	−	+	+
23	−	−	−	−	+	+
33	−	−	−	−	−	−

Aber gegen »Jürgen« (vertikal) verliert »Peter« (horizontal) im Verhältnis 16 zu 20 bzw. 4 zu 5.

Also ist »Peter« stärker – bzw. »größer« – als »Stephan«, aber schwächer – bzw. »kleiner« – als »Jürgen«, während »Stephan« und »Jürgen« gleich stark – bzw. gleich »groß« – sind.

Das scheint den Gesetzen der Logik vollkommen zu widersprechen. Trotzdem ist es so. Doch es soll noch schlimmer kommen. Die soeben beschriebenen Würfel habe ich eigentlich nur konstruiert, um eine nette Einleitung für dieses Kapitel mit wundersamen Würfeleigenschaften zu finden. Das Prinzip geht auf die nach ihrem Erfinder BRADLEY EFRON[14] benannten Gruppen von drei oder vier Würfeln zurück, bei denen es überhaupt keine gleich starken Würfel gibt. Eine typische Efron-Würfelgruppe hat die folgenden merkwürdigen Eigenschaften:

Würfel A schlägt Würfel B.
Würfel B schlägt Würfel C.
Würfel C schlägt Würfel D.
Würfel D schlägt Würfel A.

Mathematisch könnte man das so ausdrücken:
$A > B > C > D > A$
Das aber widerspricht offensichtlich der einfachen logischen Erkenntnis: Wenn A größer ist als B, B größer als C und C größer als D, dann muss auch A größer sein als D.
Die folgenden vier Efron-Würfel scheinen diese Logik ad absurdum zu führen.

---

[14] Bradley Efron ist Statistikprofessor an der Stanford University und befasst sich unter anderem theoretisch mit mathematischen Problemen und Paradoxa bei demokratischen Wahlen.

Bilder 108 a/b
In diesem Satz von
vier Efron-Würfeln
schlagen
A → B,
B → C,
C → D,
D → A

Nun ist der Würfel, der auf jeder Seite die Zahl 3 aufweist, natürlich nicht gerade »elegant«. Wer möchte schon mit ihm spielen? Deshalb hat Efron selbst noch andere Würfelsätze mit gleichartigen Eigenschaften entwickelt:

Würfel A	Würfel B	Würfel C	Würfel D
2,2,3,3,9,10	0,1,7,8,8,8	5,5,6,6,6,6,	4,4,4,4,12,12
1,2,3,9,10,11	0,1,7,8,8,9	5,5,6,6,7,7	3,4,4,5,11,12

Andere Efron-Würfelsätze sind solche mit nur drei Würfeln A, B und C, bei denen A → B schlägt, B → C und C → A:

Würfel A	Würfel B	Würfel C
3,3,5,5,7,7	2,2,4,4,9,9	1,1,6,6,8,8

Auch dieser Satz stammt von Efron selbst. Einen anderen hat ALLEN J. SCHWENK von der Michigan University gefunden.

In den letzten Jahren haben sich eine ganze Reihe von Liebhabern mathematischer Kuriositäten mit Efron-Würfeln befasst. Darunter auch der Spielesammler TIM ROWLETT. Er ging zunächst von Efrons ursprünglichem Vierersatz aus, weil der die angenehme Eigenschaft besitzt, dass keine Zahl größere als 6 ist, wie man das in der Regel von einem »anständigen« Würfel erwartet. Dabei störte ihn allerdings der eine Würfel, der ausschließlich Dreien aufweist. Rowlett fand eine befriedigendere Variante:

Würfel A	Würfel B	Würfel C
1,4,4,4,4,4	3,3,3,3,3,6	2,2,2,5,5,5

Sie hat zugleich den Vorteil, dass die Überlegenheit der einzelnen Würfel gegenüber je einem anderen besonders ausgeprägt ist:

Würfel A schlägt Würfel B 25 zu 11.
Würfel B schlägt Würfel C 21 zu 15.
Würfel C schlägt Würfel A 21 zu 15.

In der Praxis kann ein Spiel mit den drei Würfeln so aussehen:
Zwei Spieler treten gegeneinander an, einer (I), der nicht ahnt, dass er gleich hereingelegt wird, und einer (II), der das Geheimnis der merkwürdigen Würfel kennt.

Spieler I wird von Spieler II gebeten, sich irgendeinen der drei Würfel auszusuchen. Spieler II nimmt selbst dann den diesem Würfel überlegenen und gewinnt bereits nach etwa 10 Würfen deutlich.

Nun sagt er zu Spieler I, dass der wohl Pech bei der Wahl des Würfels gehabt hat, weil es in der Tat »bessere« und »schlechtere« Würfel gibt. Er bekommt eine zweite Chance und darf einen anderen Würfel wählen. Tut er das, dann greift natürlich auch Spieler II nach einem andern Würfel und ... gewinnt wieder.

Das geht in der Regel so lange, bis Spieler I an seinem Verstand zweifelt.

Sollte er aber tatsächlich das Geheimnis der Würfel lüften, dann hat Spieler II gleich noch eine Überraschung parat:

Würfel A schlägt Würfel B, wie Spieler I herausgefunden haben dürfte. Also erhält Spieler I den Würfel A, während Spieler II selbst den Würfel B nimmt. Seine Gewinnaussichten scheinen gegen null zu gehen. Doch nun schlägt er leicht veränderte Spielregeln vor. Statt jeweils nur einmal zu würfeln, knobelt jeder Spieler mit seinem Würfel zweimal hintereinander und addiert die erwürfelten Zahlen. Wer dabei die höhere Summe erreicht, gewinnt einen Punkt. Dasselbe geht natürlich auch, wenn Spieler I mit zwei Würfeln A und Spieler II mit zwei Würfeln B knobelt. Verblüffenderweise kehren sich die Gewinnchancen dabei genau um. Bei diesen Regeln schlagen zwei Würfel B zwei Würfel A!

	1	4	4	4	4	4
3	−	+	+	+	+	+
3	−	+	+	+	+	+
3	−	+	+	+	+	+
3	−	+	+	+	+	+
3	−	+	+	+	+	+
6	−	−	−	−	−	−

Die Diagramme erklären dieses eigenartige Verhalten. Würfel A (horizontal) schlägt Würfel B (vertikal) 25 zu 11.

182

	1	4	4	4	4	4
1	2	5	5	5	5	5
4	5	8	8	8	8	8
4	5	8	8	8	8	8
4	5	8	8	8	8	8
4	5	8	8	8	8	8
4	5	8	8	8	8	8

Würfel A (1,4,4,4,4,4) kann bei zwei Würfen diese Zahlensummen erreichen.

	3	3	3	3	3	6
3	6	6	6	6	6	9
3	6	6	6	6	6	9
3	6	6	6	6	6	9
3	6	6	6	6	6	9
3	6	6	6	6	6	9
6	9	9	9	9	9	12

Würfel B (3,3,3,3,3,6) kann bei zwei Würfen diese Zahlensummen erreichen.

Stellt man die erzielten Zahlensummen der beiden Würfel einander gegenüber (A horizontal, B vertikal), dann ergeben sich folgende Gewinnverhältnisse:

	1x2	10x5	25x8
25x6	–25	–250	+625
10x9	–10	–100	–250
1x12	–1	–10	–25

Würfel A gewinnt insgesamt in nur 625, Würfel B dagegen in 671 von insgesamt 1296 möglichen Fällen. A gewinnt also in nur etwa 48,2 Prozent der Fälle und unterliegt damit knapp.
Auch diese Umkehrung der Verhältnisse ärgert den »gesunden Menschenverstand«. So ganz aus dem Bauch heraus hätte wohl kaum jemand damit gerechnet.

Man kann jetzt natürlich weitermachen. Wie sieht es bei drei Würfeln A gegen drei Würfel B aus? ...

Transitiv oder nicht

Der mathematische Fachausdruck für die logische Kette »wenn A größer ist als B und B größer als C, dann ist auch A größer als C« heißt »A, B und C sind transitiv«.
Der Begriff »transitiv« beschreibt auch andere ähnliche kausale Folgeschlüsse wie:
»Was bellt, ist ein Hund. Jeder Hund ist ein Säugetier. Also ist etwas, das bellt, immer auch ein Säugetier.«
oder:
»Wer in Wien geboren wurde, ist ein gebürtiger Wiener. Ein gebürtiger Wiener ist ein gebürtiger Österreicher, weil Wien in Österreich liegt. Ein gebürtiger Österreicher ist immer auch ein gebürtiger Europäer. Deshalb ist jeder gebürtige Wiener ein gebürtiger Europäer.«
Nicht jede Kette von Aussagen ist aber transitiv.
»Karl ist in der Schule besser als Fritz und Fritz ist besser als Klaus« muss nicht automatisch bedeuten, dass Karl auch besser als Klaus ist. Wenn nämlich Karl besser in Mathematik ist als Fritz und Fritz besser in Deutsch ist als Klaus, dann sagt das nichts darüber aus, ob Karl in irgendeinem dieser beiden Fächer besser ist als Klaus. Diese Kette ist also ohne weitere Spezifikationen nicht transitiv, denn hier werden verschiedene Qualitäten miteinander verglichen.
Anders verhält es sich bei den Efronschen Würfeln. Hier konkurrieren zwar gleiche Qualitäten miteinander, aber dennoch sind diese Würfel nicht transitiv.
Betrachten wir noch einmal die drei Würfel des zweiten Diagramms auf Seite 181. Würfelt man mit irgendeinem dieser Würfel 100-mal, addiert alle erwürfelten Zahlen und teilt die Summe durch 100, dann erhält man sowohl für Würfel A wie Würfel B und Würfel C immer ziemlich genau 5. Hinsichtlich ihrer Punktezahl sind die drei Würfel also ausgeglichen. Nur kommt derselbe Durchschnitt der 100 Würfe jeweils anders zustande. Hierin liegt die Intransitivität. – Anhand von drei Schülern wird das klar:

	Karl	Fritz	Klaus
Deutsch	1	2	3
Mathematik	1	4	3
Englisch	5	3	6
Physik	5	4	3
Geschichte	5	4	3

Transitiv ist hier nur die Aussagenfolge:
»Karl hat denselben Notendurchschnitt wie Fritz und dieser hat einen besseren als Klaus. Also hat auch Karl einen besseren Notendurchschnitt als Klaus.«

Vergleicht man nun aber – sinnloserweise – jede Note von Fritz mit jeder Note von Karl, dann schneidet Fritz in 15 Fällen besser und nur in 10 Fällen schlechter ab als Karl. Der Vergleich zwischen Fritz und Klaus geht 12 zu 9 zugunsten von Klaus aus, und der zwischen Klaus und Karl 13 zu 12 zugunsten von Karl. Demzufolge wäre Klaus besser als Fritz und dieser besser als Karl, aber auch Karl besser als Klaus. Genau Gleiches geschieht bei der Bewertung von Würfelzahlenvorteilen. Dieses Verfahren ist ebenso wenig transitiv, wie der Vergleich jeder Note in jedem Fach des einen Schülers mit jeder Note in jedem andern Fach des anderen irgendwie sinnvoll ist.

Was auf den ersten Blick wie eine Verletzung der Kausallogik aussah, entpuppt sich also als ein Verfahren der Wahrscheinlichkeitsrechnung mit Größen, die logisch nichts miteinander zu tun haben.

Das Ganze ist nur deshalb so faszinierend, weil wir hier rein gefühlsmäßig im Falle der Würfelns strenge Logik vermuten. Genau deshalb beschäftigen sich seit einigen Jahrzehnten zahlreiche Freunde des Skurrilen mit diesem Phänomen. Sogar äußerst komplexe, weit in die Zahlentheorie reichende mathematische Doktorarbeiten sind darüber in letzter Zeit verfasst worden. Und wirklich kann man auch auf diesem Feld zu erheblichen mathematischen Herausforderungen gelangen.

Viele auf einen Streich

Vor kurzem befasste sich der geniale niederländische Puzzleerfinder M. OSKAR VAN DEVENTER mit nicht transitiven Würfeln. Er fragte sich, ob es möglich ist, einen Satz verschiedener Würfel so zu konstruieren, dass es zu je zwei beliebig ausgewählten Würfeln immer einen dritten gibt, der alle beide schlägt. Bild 109 zeigt eine Konstellation, bei der jeder Würfel zwei andere schlägt.

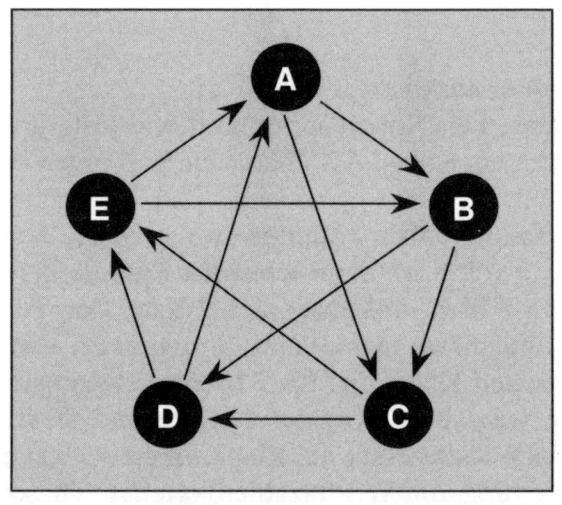

Bild 109
Würfel A schlägt B
und C.
Würfel B schlägt C
und D.
Würfel C schlägt D
und E.
Würfel D schlägt E
und A.
Würfel E schlägt A
und B.

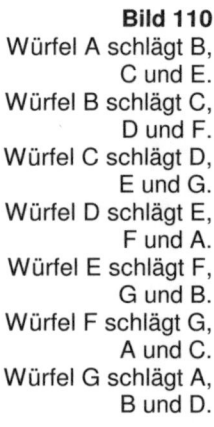

Bild 110
Würfel A schlägt B,
C und E.
Würfel B schlägt C,
D und F.
Würfel C schlägt D,
E und G.
Würfel D schlägt E,
F und A.
Würfel E schlägt F,
G und B.
Würfel F schlägt G,
A und C.
Würfel G schlägt A,
B und D.

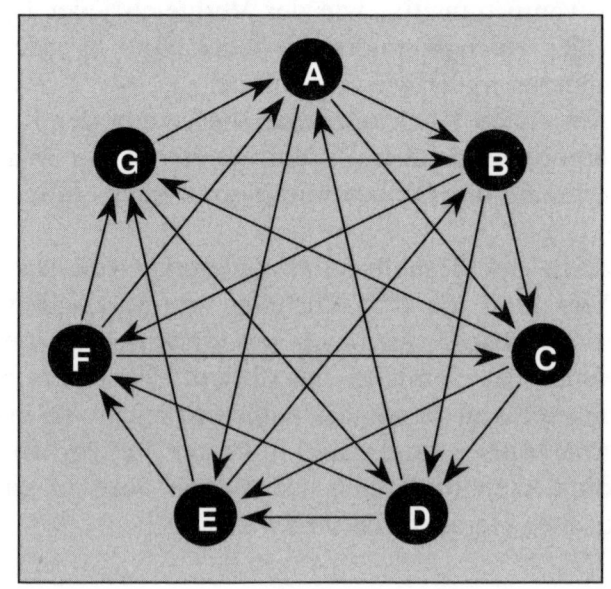

186

Was Deventer forderte, erwies sich allerdings als praktisch unmöglich. Komplizierte zahlentheoretische Überlegungen haben gezeigt, dass es keinen solchen Würfelsatz gibt.

Oskar van Deventer fand aber eine Kombination von sieben Würfeln, von denen jeweils beliebige zwei von einem dritten geschlagen werden. Das zugehörige Diagramm zeigt Bild 110.

Hier schlägt zwar jeder Würfel gleich drei andere, aber nicht zu jeden beliebig gewählten drei Würfeln gibt es einen, der allen drei überlegen ist. Doch lässt sich für je zwei beliebige Würfel ein dritter finden, der beide schlägt.

Oskar fand einen Satz Würfel, der das Schema von Bild 110 befriedigt. Bild 111 zeigt ihn.

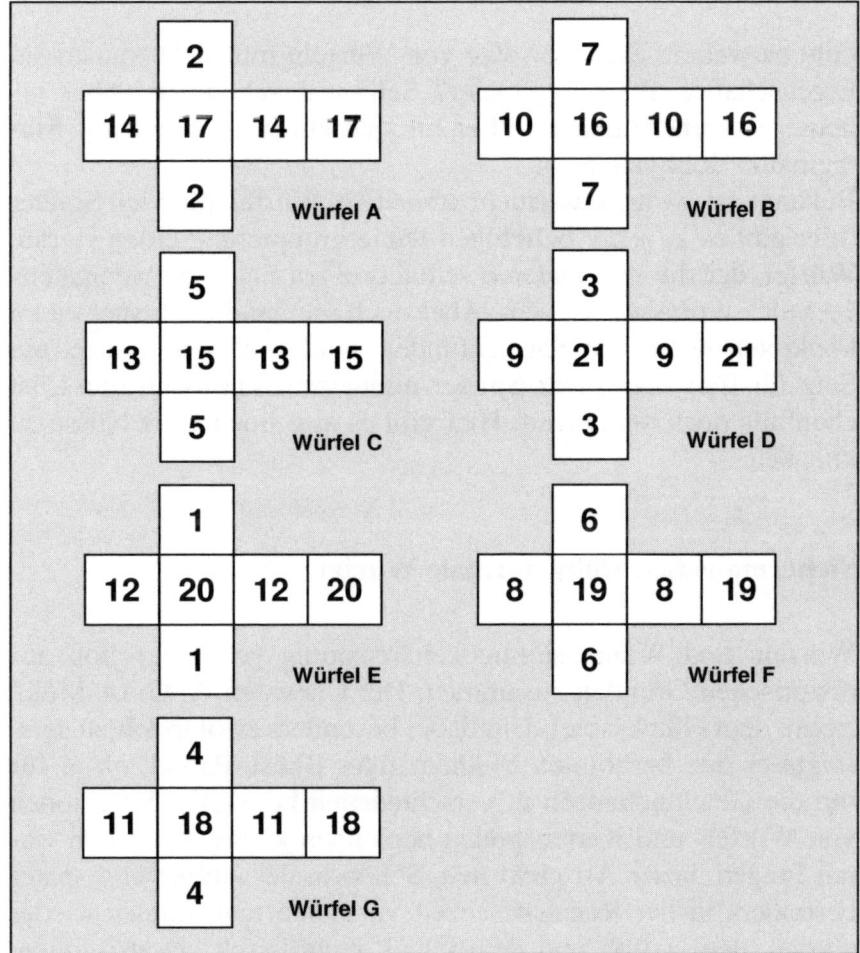

Bild 111
Würfel A schlägt B, C und E.
Würfel B schlägt C, D und F.
Würfel C schlägt D, E und G.
Würfel D schlägt E, F und A.
Würfel E schlägt F, G und B.
Würfel F schlägt G, A und C.
Würfel G schlägt A, B und D.

Und hier ist die Tabelle der überlegenen Würfel für jede Paarung:

Würfelpaar:	A, B	A, C	A, D	A, E	A, F	A, G	B, C	B, D	B, E	B, F
überlegener Würfel:	G	F	G	D	D	F	A	G	A	E

Würfelpaar:	B, G	C, D	C, E	C, F	C, G	D, E	D, F	D, G	E, F	E, G
überlegener Würfel:	E	B	A	B	F	C	B	C	D	C

Aufgaben für Generationen

Gibt es weitere Siebenersätze von Würfeln mit nicht transitiven Eigenschaften für drei Spieler? Sehr wahrscheinlich. Aber bis heute ist keiner bekannt. Hier tut sich ein weites Feld für Mathematik-Hobbyisten auf.

Bekannt ist zwar, dass nicht transitive Würfel für vier Spieler (hier gibt es zu jeder beliebigen Dreiergruppierung einen vierten Würfel, der die drei anderen schlägt) einen Satz von wenigstens 19 Stück umfassen müssen. Aber noch niemand hat bisher einen konkreten derartigen Satz gefunden. Und wie viele Würfel ein Satz für fünf oder mehr Spieler mindestens umfassen muss, ist ebenfalls noch unbekannt. Hier gibt es also noch viele Nüsse zu knacken.

Sichermans fast völlig normale Würfel

Würfeln und Wahrscheinlichkeitsrechnung gehören schon aus historischen Gründen zusammen. Der Chevalier A. G. DE MÉRÉ frönte dem Glücksspiel. Um dabei besonders erfolgreich zu sein, fragte er den berühmten Mathematiker Blaise Pascal, ob er für ihn die Gewinnchancen in verschiedenen konkreten Situationen von Würfel- und Kartenspielen berechnen könne. Natürlich waren Fragen dieser Art nicht neu. Schon in der Antike und später besonders in der Renaissancezeit versuchte man immer wieder einmal, dem Zufall und dem Glück rechnerisch beizukommen.

Der Erfolg blieb aber aus. Wahrscheinlichkeitsberechnungen können recht komplex sein und manchmal auch sehr überraschende Ergebnisse zeitigen. Das merkte bald auch Pascal, als er sich ernsthaft mit den Fragen des Chevaliers befasste. Er kam nicht so recht weiter, denn die mathematische Disziplin der Wahrscheinlichkeitsrechnung gab es 1654 noch nicht. Pascal wandte sich an den wohl genialsten Mathematiker seiner Zeit, Pierre de Fermat. Auch für ihn waren derartige Berechnungen neu, aber er lieferte gute Denkansätze, und gemeinsam begründeten Fermat und Pascal in einem längeren Briefwechsel die moderne Wahrscheinlichkeitsrechnung. Der Anlass dafür waren Karten- und Würfelspiele und nicht etwa Fragen aus der Physik, der Politik oder der Wirtschaftsmathematik. Noch rund anderthalb Jahrhunderte später war der große französische Mathematiker und Astronom PIERRE-SIMON DE LAPLACE so sehr von der Fermat-Pascalschen Wahrscheinlichkeitsrechnung begeistert, dass er mit deren Mitteln die Wahrscheinlichkeit zu berechnen versuchte, mit der am kommenden Tage die Sonne aufgeht. Er ging davon aus, dass die Sonne offenbar bisher jeden Tag aufgegangen war, seit es historische Überlieferungen gibt, also seit wenigstens etwa 5000 Jahren. Wäre sie eines Tages einmal nicht aufgegangen, dann wäre dieses außergewöhnliche Ereignis der Menschheit ganz sicher im Gedächtnis geblieben.

Wahrscheinlichkeitsberechnungen werden immer dann schwierig, wenn die Eintretenswahrscheinlichkeiten verschiedener Ereignisse einander irgendwie beeinflussen. So lässt sich zum Beispiel ohne längeres Nachdenken sagen, dass die Wahrscheinlichkeit, mit einem einzigen »normalen« Würfel bei einem einzigen Wurf eine 5 zu würfeln, 1 aus 6 ist. Und das gilt natürlich auch für jede andere Augenzahl. Wie groß aber ist die Wahrscheinlichkeit, die 5 als Augensumme zu erhalten, wenn man mit zwei oder drei Würfeln gleichzeitig spielt?

Bei zwei Würfeln gibt es nicht 6 Möglich-

	1	2	3	4	5	6
1	2	3	4	5	6	7
2	3	4	5	6	7	8
3	4	5	6	7	8	9
4	5	6	7	8	9	10
5	6	7	8	9	10	11
6	7	8	9	10	11	12

Bild 112
Die Augensummen für alle mit zwei Würfeln möglichen Würfe:
1 x 2, 2 x 3, 3 x 4, 4 x 5, 5 x 6, 6 x 7, 5 x 8, 4 x 9, 3 x 10, 2 x 11, 1 x 12

keiten wie bei einem einzigen Würfel, sondern bereits 6-mal 6 Möglichkeiten. Die Häufigkeiten der dabei gewürfelten Summen ergiben sich aus Bild 112.

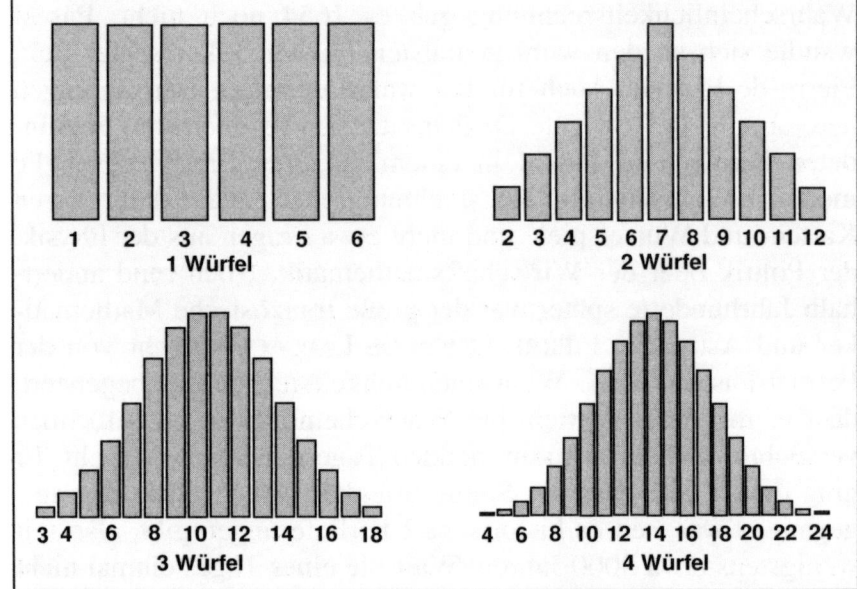

Bild 113
Die Wahrscheinlichkeitsverteilung der Augensummen von 1, 2, 3 und 4 Würfeln.
Je mehr Würfel im Spiel sind, umso mehr nähert sich die Verteilung der berühmten »Gaußschen Glockenkurve«.

Aus nicht näher bekannten Gründen fragte sich Anfang der 1970er Jahre Colonel GEORGE SICHERMAN, ein Freund mathematischer Skurrilitäten, ob es neben zwei normalen Würfeln mit den Augen • bis ⁚⁚ auch andere Würfelpärchen gibt, bei denen die erwürfelten Summenzahlen 2 bis 12 mit genau denselben Häufigkeiten auftreten wie bei den normalen Würfeln (siehe Bild 112).
In der Tat fand er ein solches Würfelpaar:

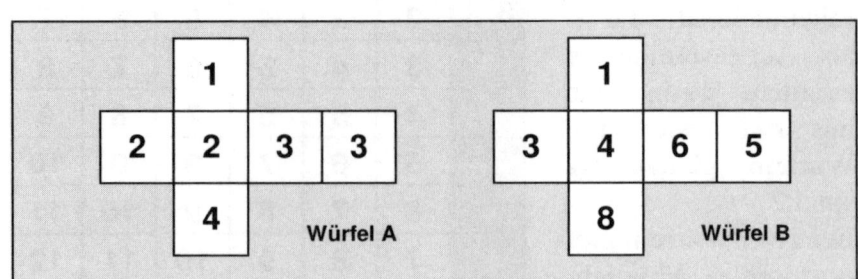

Bild 114
Die beiden Sicherman-Würfel

190

Bild 115
Es gibt nur ein einziges alternatives Würfelpaar, das die gleiche Wahrscheinlichkeitsverteilung der Augensummen besitzt wie zwei »normale« Würfel: die Sicherman-Würfel.

Dabei zeigte sich, dass es nur ein einziges derartiges Würfelpaar gibt, wenn man weder die Augenzahl null noch negative Augenzahlen zulässt. Warum das so ist, erkläre ich im Anhang auf Seiten 261f. Hier folgt zunächst einmal der Nachweis, dass die Sicherman-Würfel in der Tat dieselben Augensummenhäufigkeiten wie »normale« Würfel (s. Bild 112) ergeben:

	1	2	2	3	3	4
1	2	3	3	4	4	5
3	4	5	5	6	6	7
4	5	6	6	7	7	8
5	6	7	7	8	8	9
6	7	8	8	9	9	10
8	9	10	10	11	11	12

Bild 116
Die Augensummen für alle mit den Sicherman Würfeln möglichen Würfe sind genau wie bei »normalen« Würfeln:
1 x 2, 2 x 3, 3 x 4, 4 x 5, 5 x 6, 6 x 7, 5 x 8, 4 x 9, 3 x 10, 2 x 11, 1 x 12

Addieren sich die Augen auf jeweils gegenüberliegenden Seiten eines »normalen« Würfels immer zu 7, so addieren sie sich beim einen Sicherman-Würfel zu 5, beim anderen zu 9. Der Mittelwert beider Summen ist wiederum 7.

191

Neuner, Zehner, zwei Ziegen und ein Auto

Würfel sind für so manche Überraschung gut. Merkwürdigkeiten, die auf den ersten Blick dem gesunden Menschenverstand zu widersprechen scheinen, werden in der mathematischen Literatur oft als Paradoxa bezeichnet. Aber im Grunde gibt es gar keine Paradoxa – zumindest keine mathematischen. Wenn eine junge Frau ihren Freund zum Teufel jagt und dann bitterlich darüber weint, dass er nun weg ist, dann mag das zwar ein echtes Paradoxon sein, aber eben kein mathematisches. Denn es hat nichts mit widersprüchlicher Logik zu tun, wenn Logik völlig fehlt. Logisch einander widersprechende Fakten gibt es nur im »wirklichen« Leben, und dazu gehört das stringente Gebäude der Mathematik nun einmal nicht. Wenn wir hier also auf Paradoxa stoßen, dann ist das Paradoxe daran allenfalls, dass es gar keine Paradoxa sind, sondern dass wir wieder einmal an die Grenzen unserer Vorstellungskraft gestoßen sind. »Das kann doch gar nicht sein« entspringt dann einem Gefühl und nicht klarer Logik. Eines der brillantesten Beispiele dafür, wie sehr man sich irren kann, ist das in den letzten Jahren unter Mathematikern berühmt gewordene »Ziegenparadoxon« oder auch »Türenparadoxon«. Ich will es jenen unter meinen Lesern, die es noch nicht kennen, nicht vorenthalten. Die anderen mögen wohlwollend darüber hinweglesen.

Bei einer Fernsehshow stehen auf der Bühne nebeneinander drei geschlossene Türen. Hinter zwei von ihnen befindet sich jeweils eine Ziege, hinter der dritten ein Nobelauto, das ein Kandidat gewinnen kann, wenn er errät, hinter welcher Tür es sich befindet. Der Showmaster weiß, wo die Ziegen und wo das Auto versteckt sind. Der Kandidat tippt auf eine Tür, die wir A nennen wollen. Der Showmaster sagt nun, er werde diese Tür nicht sofort öffnen. Stattdessen öffnet er die Tür C, hinter der eine Ziege steht. Danach fragt er den Kandidaten: »Bleiben Sie bei Tür A oder wollen Sie sich nicht noch umentscheiden und B nehmen?« – Nun die Frage an den Mathematiker: Was sollte der Kandidat tun? Würde eine Umentscheidung seine Gewinnchancen verändern?

1991 wurde die Aufgabe unter anderem MARYLIN VOS SAVANT vorgelegt, der Frau mit dem höchsten je gemessenen Intelligenzquotienten. Ihre spontane Antwort war, dass die Gewinnchancen des Kandidaten steigen, wenn er sich nach dem Öffnen der Ziegentür C von A auf Tür B umentscheidet. Das löste – auch unter Mathematikern – weltweiten Protest aus. Dennoch hat Frau Savant recht, wie sich sogar relativ einfach nachweisen lässt.

Bei der ersten Auswahl hat der Kandidat immer eine Chance von 1 aus 3, also von 33,33 %, ganz gleich, welche Tür er wählt.

Nun könnte man meinen, dass diese Chance automatisch auf 1/2 steigt, nachdem der Showmaster die Tür C geöffnet hat, denn jetzt sind ja nur noch zwei Türen im Rennen, jede von ihnen mit einer Wahrscheinlichkeit von 50 %. Eine Umententscheidung zugunsten der Tür B würde also keinen Vor- oder Nachteil bedeuten. Aber dieser Gedanke erweist sich bei näherem Hinsehen als falsch. In der Wahl der Tür C durch den Showmaster steckt nämlich eine Information, denn der Moderator wusste schließlich von Anfang an über die Verteilung Bescheid.

Grundsätzlich gab es vier Möglichkeiten, wenn der Kandidat die Tür A wählte:

1. Hinter der Tür A steht das Auto und der Moderator öffnet die Tür B mit einer Ziege.

2. Hinter der Tür A steht das Auto und der Moderator öffnet die Tür C mit einer Ziege.

Irrtümer

Überzeugungen sind schlimmere Feinde der Wahrheit als Lügen.
FRIEDRICH NIETZSCHE, DEUTSCHER PHILOSOPH (1844 – 1900)

Um einen falschen Gedanken mit Erfolg zu widerlegen, muß man bekanntlich ein ganzes Buch schreiben, und den, der den Ausspruch getan hat, überzeugt man doch nicht.
OTTO VON BISMARCK, DEUTSCHER REICHSKANZLER (1815 – 1898)

Im Unverstand allein ist das Leben angenehm.
SOPHOKLES, GRIECHISCHER TRAGÖDIENDICHTER (496 – 406/5 V. CHR.)

Von allen, die bis jetzt nach Wahrheit forschten, haben die Mathematiker allein eine Anzahl Beweise finden können, woraus folgt, dass ihr Gegenstand der allerleichteste gewesen sein müsse.
RENÉ DESCARTES, FRANZÖSICHER PHILOSOPH, MATHEMATIKER UND NATURWISSENSCHAFTLER (1596 – 1650)

In der Politik ist es manchmal wie in der Mathematik: Ein Fehler, den alle begehen, wird schließlich als Regel anerkannt.
MANFRED ROMMEL, ZEITGENÖSSISCHER DEUTSCHER POLITIKER

Das einzige Mittel, unsere Schlußfolgerungen zu verbessern, ist, sie ebenso anschaulich zu machen, wie es die der Mathematiker sind, derart, dass man seinen Irrtum mit den Augen findet und, wenn es Streitigkeiten unter den Leuten gibt, man nur zu sagen braucht: »Rechnen wir!« ohne eine weitere Förmlichkeit, um zu sehen, wer recht hat.
GOTTFRIED WILHELM LEIBNIZ, DEUTSCHER PHILOSOPH, NATURWISSENSCHAFTLER UND MATHEMATIKER (1646 – 1716)

In mathematischen Fragen darf man sich auch über den kleinsten Fehler nicht hinwegsetzen.
ISAAC NEWTON, ENGLISCHER PHYSIKER, MATHEMATIKER UND PHILOSOPH (1643 – 1727)

3. Hinter der Tür A steht eine Ziege und der Moderator will die Tür B öffnen, kann dies aber nicht, weil dahinter das Auto steht. Er muss also C öffnen.
4. Hinter der Tür A steht eine Ziege und der Moderator öffnet die Tür B mit einer Ziege.

Alle vier Fälle sind aber nicht gleich wahrscheinlich. Das Auto steht mit einer Wahrscheinlichkeit von 1 aus 3 hinter der Tür B. Daraus ergibt sich eindeutig Fall 3. Also hat Fall 3 ebenfalls die Wahrscheinlichkeit 1 aus 3. Aus gleichem Grunde hat auch Fall 4 hat die Wahrscheinlichkeit 1 aus 3. Anders ist es, wenn das Auto hinter der Tür A steht (ebenfalls 1 aus 3). Hier kann sowohl Fall 1 wie Fall 2 eintreten. Diese beiden Fälle haben also jeweils die Wahrscheinlichkeit 1 aus 6. Wählt der Kandidat eine Tür, bevor der Moderator eine andere öffnet, hat er eine Gewinnchance von 1 aus 3. Öffnet der Moderator nun die Tür B, dann steht das Auto mit der Wahrscheinlichkeit 1 aus 6 hinter Tür A und mit der Wahrscheinlichkeit 1 aus 3 hinter C. Öffnet er die Tür C, dann steht das Auto mit der Wahrscheinlichkeit 1 aus 6 hinter Tür A und mit der Wahrscheinlichkeit 1 aus 3 hinter B. Auf jeden Fall hat der Kandidat die schlechteren Karten, wenn er bei Tür A bleibt. Seine Gewinnchancen steigern sich auf das Doppelte (also von 1/3 auf 2/3), wenn er sich umentscheidet.

Doch zurück zu den Würfeln. Eine originelle Frage legte 1990 der Ungar GABOR J. SZÉKELY in seinem Buch *Klassische und neue Überraschungen aus Wahrscheinlichkeitsrechnung und mathematischer Statistik* vor:
Warum ist die Wahrscheinlichkeit, mit zwei Würfeln die Augensumme 9 zu würfeln, größer als die Wahrscheinlichkeit, eine 10 zu würfeln, während bei drei Würfeln öfter die 10 vorkommt als die 9?
Man könnte natürlich spontan annehmen, dass es bei zwei Würfeln mehr Augenkombinationsmöglichkeiten für die 9 als für die 10 gibt und bei drei Würfeln mehr Kombinationsmöglichkeiten für die 10 als für die 9. Eine rasche Kontrolle zeigt aber sofort, dass dem offenbar nicht so ist:

Mit zwei Würfeln lässt sich die Augensumme 9 erreichen als 3 + 6 oder als 4 + 5. Und auch für die 10 gibt es nur zwei Kombinationsmöglichkeiten: 4 + 6 und 5 + 5.

Bei drei Würfeln gibt es sowohl für die 9 wie für die 10 jeweils genau sechs Möglichkeiten:

Für die 9:   1 + 2 + 6, 2 + 2 + 5, 2 + 3 + 4, 3 + 3 + 3,
1 + 4 + 4, 1 + 3 + 5
Für die 10:   1 + 3 + 6, 1 + 4 + 5, 2 + 2 + 6, 2 + 3 + 5,
3 + 3 + 4, 2 + 4 + 4

Bei genauerem Hinsehen löst sich dieses vermeintliche Paradoxon in Luft auf. Das Kombinationsdiagramm für zwei Würfel zeigt, warum:

Bild 117
Die Zahl 9 lässt sich genau wie die Zahl 10 mit zwei Würfeln jeweils durch zwei unterschiedliche Augensummen erzielen:
9 = 3 + 6 = 4 + 5
10 = 4 + 6 = 5 + 5

Die Augensumme 9 kommt viermal, die Augensumme 10 nur dreimal vor, denn die Kombinationen 3 + 6, 4 + 5 und 4 + 6 kommen jeweils auch in umgekehrter Paarung vor (6 + 3, 6 + 4, 6 + 4), die 5 + 5 gibt es nur einmal.

	1	2	3	4	5	6
1	2	3	4	5	6	7
2	3	4	5	6	7	8
3	4	5	6	7	8	9
4	5	6	7	8	9	10
5	6	7	8	9	10	11
6	7	8	9	10	11	12

Ich möchte es mir ersparen, hier auch die genauen Kombinationshäufigkeiten für die drei Würfel darzulegen, aber sie führen dazu, dass es für die Augensumme 9 25 Möglichkeiten, für die 10 dagegen 26 Möglichkeiten gibt.

So einfach lassen sich manche vermeintliche Paradoxa auflösen.

Die Würfelschlange näher betrachtet

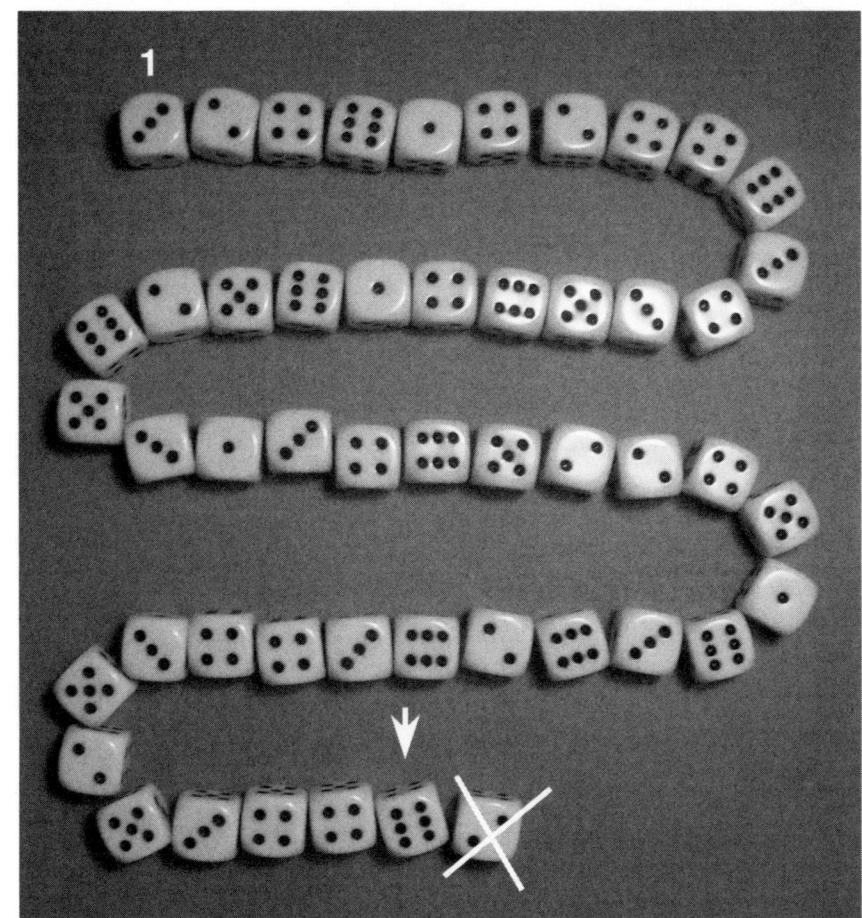

Bild 118
Wer die »Würfel-
schlange« erfunden
hat, weiß ich nicht.
Sie geistert seit rund
zwei Jahrzehnten
durch die Würfel-
wunderwelten und
erweist sich auf
Ausstellungen – wie
2005 im Hygienemu-
seum in Dresden –
regelmäßig als Pub-
likumsmagnet.
Ihre verblüffenden
Eigenschaften wer-
den im Text be-
schrieben.

Die Würfelschlange ist ein Paradebeispiel, wenn es um Fehlein-
schätzungen von Wahrscheinlichkeiten geht. Wie sie »funktioniert«, ist rasch erklärt. Etwa 50 oder 60 Würfel werden einzeln
gewürfelt, um Zufallszahlen auf ihren Oberseiten zu erhalten,
und dann in einer Schlange aneinandergelegt. Man beginnt nun
beim ersten Würfel und zählt in der Schlange ebenso viele Würfel ab, wie seine Augenzahl es angibt – bei der Schlange im Bild
118 also 3. Damit kommt man im Bild auf den 4. Würfel (1 + 3
= 4), der hier die Zahl 6 trägt. Nun zählt man 6 Würfel weiter
bis zum Würfel, der wieder die Augenzahl 6 zeigt. Also zählt
man weitere 6 Würfel ab und kommt auf die 4. Nun werden 4

Würfel gezählt. So geht das weiter, bis man kurz vor dem Ende der Schlange zu einem Würfel kommt, dessen Augenzahl sich nicht mehr abzählen lässt, weil der Rest der Schlange dafür zu kurz ist. Im Falle von Bild 118 erreicht man als letzten Würfel den mit dem weißen Pfeil gekennzeichneten mit der Zahl 6. Alles, was danach kommt, wird kurzerhand entfernt – in unserem Beispiel nur der eine verbleibende durchgekreuzte Würfel mit der Augenzahl 2.

Nun kommt das Überraschende: Zählt man die Schlange erneut durch, vertauscht diesmal aber den ersten Würfel gegen einen solchen mit einer anderen Augenzahl, dann gerät man am Ende mit an Sicherheit grenzender Wahrscheinlichkeit wieder auf denselben Würfel mit der Zahl 6, der nach dem Entfernen des durchgekreuzten Würfels jetzt das Ende der Schlange bildet. Gleiches passiert natürlich auch, wenn man statt beim ersten gleich beim zweiten, dritten, vierten oder fünften Würfel mit dessen Augenzahl abzuzählen beginnt.

In seiner Examensarbeit über »Stochastische Paradoxien« aus dem Jahr 2005 schreibt der Mathematiker MATTHIAS DIETZ »Die Erklärung ist ziemlich trivial«, und kann sich damit in guter Gesellschaft sehen, denn auch so mancher Mathematikprofessor argumentiert gleich. Die Erklärung, die sie geben, ist folgende:

»Man stellt sich die Würfel, auf denen man beim ersten Mal gelandet ist, markiert vor« (in unserem Beispiel sind das Würfel mit den Augen 6, 6, 4, 2, 5, 6, 1, 6, 4, 2, 3 und die finale 6). »Diese Würfel ergeben einen ›Würfelpfad‹. Der Zufall will es, dass man auch beim zweiten Mal Abzählen irgendwann einmal auf einen markierten Würfel des Würfelpfades gelangt und man damit die Würfelschlange genau wie beim ersten Mal beendet.« Dann folgt eine in der Tat triviale Berechnung. Unter den auf den ersten Würfel folgenden 6 Würfeln ist mindestens einer markiert. Die Wahrscheinlichkeit, ihn beim Zählen nicht zu treffen, liegt bei 5/6. Gleiches gilt für jede folgende Sechsergruppe. Bei einer Schlange aus 49 Würfeln ($1 + 6 \times 8$) ist die Wahrscheinlichkeit, gar keinen Würfel des Pfades zu treffen, deshalb maximal $(5/6)^8 = 0{,}232568...$; maximal deshalb, weil die markierten Würfel des Pfades schließlich nicht immer genau um 6 Zähleinheiten voneinander entfernt liegen. Jedenfalls ergibt diese Trivialrechnung für das Treffen irgendeines Pfadwürfels und damit des Schlangenendes beim zweiten Zähldurchgang eine Wahrscheinlichkeit von mindestens $1-(5/6)^8 = 0{,}76743\ldots$ Diese Milchmädchenrechnung ist zwar im Prinzip korrekt, erklärt aber das Phänomen Würfelschlange in keiner Weise befriedigend. Zum einen sagt die untere Wahrscheinlichkeitsgrenze nichts über die tatsächliche Wahrscheinlichkeit aus, und zweitens lässt die Rechnung offen, was beim dritten, vierten, fünften und sechsten Durchgang mit immer anderen Startzahlen geschieht. Wären diese Zähldurchgänge voneinander unabhängig, dann würde das Minimum der Gesamtwahrscheinlichkeit auf nur $[1-(5/6)^8]^5 = 0{,}26619\ldots$ sinken. Aber das ist natürlich falsch. Die einzelnen Zähldurchgänge sind im hohen Maße voneinander abhängig, und auch die errechnete minimale Wahrscheinlichkeit für nur einen Durchgang liefert keine wirklich erhellende Aussage.

Bei näherer Betrachtung entpuppt sich die Theorie der Würfelschlange als höchst kompliziertes Problem.

Ich habe mir deshalb zunächst einmal ein Bild von der tatsächlichen Wahrscheinlichkeit, mit der alle 6 Zähldurchgänge beim selben Endwürfel landen, mittels einer Computersimulation verschafft. Der Rechner ermittelte für Schlangenlängen von 10, 20, 30, 40, 50, 60 und 70 Würfeln jeweils 100 000 Zufallsschlangen und zählte die dann alle einfach stumpfsinnig aus. Die Ergebnisse zeigt Bild 119.

Danach beträgt die Gesamttreffer-wahrscheinlichkeit bereits bei einer 20 Würfel langen Schlange 55,2 %, bei einer 30 Würfel langen Schlange schon 82,3 %, bei 40 Würfeln 93,3 % und bei 50 Würfeln rund 97,4 %. Bei 60 Würfeln liegt die Wahrscheinlichkeit für »6 Treffer« dann bei 99,0 % und für 70 bei 99,8 %.

Die Frage ist, wie sich diese gemessenen Werte auch rechnerisch begründen lassen. Daran allerdings kann man sich gut und gerne die Zähne ausbeißen!

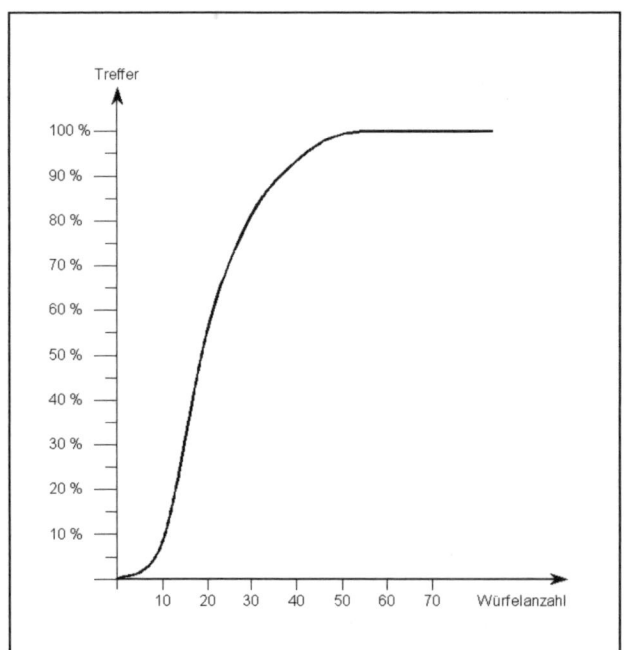

Bild 120

Die 6 vertikalen Diagramme repräsentieren 6 zufällige Würfelschlangen à 50 Würfel. Die linke Spalte gibt jeweils die Augenzahlen der einzelnen Würfel an. Die folgenden 5 Spalten zeigen der Reihe nach die Erreichbarkeit des 45sten, 46sten usw. bis zum 50sten Würfel. + bedeutet einen Punkt auf dem Pfad, »oooooo« bedeutet eine Blockade, d. h. Unerreichbarkeit vom Schlangenanfang aus.

199

Kritik an zweckfreier Mathematik

Zu Beginn dieses Jahrhunderts wurde ein selbstzerstörerisches demokratisches Prinzip in die Mathematik eingeführt (vor allem durch Hilbert), nach dem alle Axiomensysteme das gleiche Recht auf Analyse haben und der Wert einer mathematischen Leistung nicht durch seine Bedeutung und seinen Nutzen für andere Disziplinen bestimmt wird, sondern allein durch die Schwierigkeit, wie beim Bergsteigen. Dieses Prinzip führte schnell dazu, dass die Mathematiker mit der Physik brachen und sich von allen anderen Wissenschaften abschotteten. In den Augen aller normalen Leute verwandelten sie sich in eine obskure priesterliche Kaste ... Merkwürdige Fragen wie Fermats Problem oder Summen von Primzahlen wurden zu angeblich zentralen Problemen der Mathematik erhoben.
VLADIMIR IGOREWITSCH ARNOLD, ZEITGENÖSSISCHER RUSSISCHER MATHEMATIKER

Die Mathematiker sind närrische Kerls und sind so weit entfernt, auch nur zu ahnen, worauf es ankommt, daß man ihnen ihren Dünkel nachsehen muß.
Ich bin sehr neugierig auf den ersten, der die Sache einsieht und sich redlich dabei benimmt: denn sie haben doch nicht alle ein Brett vor dem Kopfe, und nicht alle haben bösen Willen.
Übrigens wird mir dann doch bei dieser Gelegenheit immer deutlicher, was ich schon lange im Stillen weiß, daß diejenige Kultur, welche die Mathematik dem Geiste gibt, äußerst einseitig und beschränkt ist.
JOHANN WOLFGANG VON GOETHE, DEUTSCHER DICHTER (1710 – 1782)

In Bild 120 sind sechs per Zufallsgenerator erstellte Würfelschlangen von je 50 Würfeln Länge dargestellt. Am linken Rand der Gesamttabelle findet sich eine Spalte mit den Zählnummern der Würfel (Zeilenzahlen). Jede Schlange ist in sieben Spalten repräsentiert. In der ersten finden sich die Augenzahlen der einzelnen Würfel wieder. Die Spalte 2 zeigt die Erreichbarkeit des 45sten Würfels vom Schlangenanfang aus. Die Spalten 3 bis 7 zeigen entsprechend die Erreichbarkeiten des 46sten bis 50sten Würfels. Die Augenzahl des jeweiligen Endwürfels einer Spalte ist am Ende der Spalte eingetragen. Die +-Zeichen in jeder Spalte zeigen an, dass von jeder dieser Positionen innerhalb einer Spalte der Endwürfel erreicht werden kann. Nur wenn ein Pfad von +-Zeichen bis zum Anfang einer Spalte hinaufreicht, lässt sich der Endwürfel in dieser Spalte vom Schlangenanfang aus erreichen. Die Folgen »oooooo« geben »Blockaden« wieder, die sich von oben nach unten in einer Spalte nicht überwinden lassen. Die Felder vor solchen Blockaden enthalten keine Zeichen, weil sie gleichsam in eine Sackgasse führen, die in der Blockade stecken bleibt.

Interessant ist es, die Schlangen vom Schwanz her zu betrachten. Die Diagramme zeigen, dass vom Beginn einer Schlange einer oder mehrere +-Pfade ausgehen können und dass ebenso viele Endwürfel erreicht werden. Wird mehr als ein einziger Endwürfel erreicht, dann kann man aber immer von den in der Schlange früheren Endwürfeln auch den oder die späteren End-

200

würfel erreichen. Im Grunde gibt es also pro Spalte stets nur einen einzigen definitiven Endwürfel, der überhaupt erreicht werden kann.

In der Folge 1 ist das der Würfel mit der Augenzahl 5 auf Platz 46, in der Folge 2 der Würfel 6 auf Platz 49, der sich allerdings auch von Würfel 4 auf Platz 45 aus erreichen lässt, zu dem ebenfalls ein +-Pfad vom Schlangenanfang aus führt. In der Folge 3 werden Würfel 1 auf Platz 46 und Würfel 2 auf Platz 47 erreicht; aber von beiden aus gelangt man auch zu Würfel 6 auf Platz 49, der sich ebenfalls vom Schlangenbeginn aus erreichen lässt. In Folge 4 lässt sich überhaupt nur Würfel 6 auf Platz 49 erreichen, in Folge 5 Würfel 1 auf Platz 46, der zu Würfel 5 auf Platz 47 weiterführt. Und in Folge 6 wird nur Würfel 6 auf Platz 47 erreicht.

Wir können also festhalten:
1. Immer wird ein finaler Würfel erreicht.
2. Zwei oder drei Pfade mit +-Zeichen in denselben Zeilen führen stets zum selben finalen Würfel.
3. Die Pfade mit +-Zeichen in anderen Zeilen führen zu anderen Endwürfeln, dies aber kaum jemals vom Beginn der Schlange aus, weil sie irgendwo durch eine Blockade gesperrt sind und – wenn überhaupt – nur zum Ende hin existieren.

Für die weiteren Betrachtungen ist es wichtig, herauszufinden, wie die Blockaden zustande kommen und wie sie verteilt sind. Dabei fällt auf, dass sich die meisten Blockaden gegen Ende der Schlange häufen. So gibt es in fünf von sechs Fällen der Zufallsschlangen von Bild 120 eine Blockade in der ersten Spalte in den Zeilen 39 bis 44. Und häufig liegen Blockaden auch bereits zwischen 44 und 49 oder 43 bis 48. Warum ist das so?

4. Blockaden sind jeweils sechs Würfel in Folge, wobei sich von keinem einzigen aus der siebente Würfel erreichen lässt. Würfel mit höheren Zeilenzahlen könnten zwar aus der Blockade heraus erreicht werden, doch gehören diese niemals zum Pfad der blockierten Spalte, haben also kein +-Zeichen. Derselbe Sechsersatz von Würfeln in einer Nachbarspalte bewirkt oft keine Blockade (Beispiel: die Würfel der Zeilen 15 bis 20 in Folge 1, Bild 120).

Endblockaden

Um die Wahrscheinlichkeit zu berechnen, dass in irgendeiner der sechs Spalten die sechs Würfel unmittelbar vor dem Schlusswürfel der Spalte eine Blockade bilden, muss man zunächst für jeden einzelnen Würfel dieser Sechsersequenz feststellen, ob seine Augenzahl zum Schlusswürfel (also zum Würfel unmittelbar nach der Sechsersequenz) führt oder nicht. Weil das immer nur für eine einzige Augenzahl gilt, ist die Wahrscheinlichkeit, dass man von einem bestimmten Würfel aus nicht weiterkommt, 5/6. Alle sechs Würfel blockieren das Weiterkommen gemeinsam deshalb mit der Wahrscheinlichkeit $(5/6)^6 = 0,335$, entsprechend 33,5 %. Keine Endblockade in einer Spalte gibt es also zu 66,5 %. Die Wahrscheinlichkeit, dass in allen sechs Spalten keine Endblockade auftritt, beträgt $(0,665)^6 = 0,0866$, also nur rund 8,66 %. In 91,3 % aller Fälle ist also wenigstens eine Spalte bereits unmittelbar vor dem Endwürfel blockiert, das heißt, dieser Endwürfel lässt sich von nirgendwo aus der Schlange heraus erreichen. Die Wahrscheinlichkeit, dass auch in den verbleibenden fünf Spalten wenigstens eine Endblockade auftritt, ist entsprechend $1 - (0,665)^5 = 1 - 0,130 = 0,870$ oder 87,0 %. In wenigstens zwei Spalten treten demnach in $0,870 \times 0,913 = 0,794$ oder 79,4 % aller Fälle Endblockaden auf. Und mit 63,9 % Wahrscheinlichkeit liegen Endblockaden in wenigstens drei Spalten vor. Das Zufallsbild 120 spiegelt diesen Sachverhalt gut wider: In den Folgen 1, 2 und 3 haben wir je zwei Endblockaden, in den Folgen 4, 5 und 6 deren drei.

Blockaden im Laufe einer Spalte ohne blockierte andere Spalten

Die folgende Rechnung betrifft nur jene 8,66 % der Fälle, in denen es überhaupt keine Endblockade in irgendeiner Spalte gibt. Hier fragt es sich, wie groß die Wahrscheinlichkeit von Blockaden weiter vorne im Schlangenverlauf ist. Solange noch keine einzige Spalte blockiert ist, berechnet sich die Blockadewahrscheinlichkeit für jeweils 6 Würfel in Folge irgendwo innerhalb einer Spalte wieder wie bei der Endblockade zu $(5/6)^6 = 0,335$, entsprechend 33,5 %. Diese Wahrscheinlichkeit ist für jede Sechsersequenz gleich groß, weil die Wahrscheinlichkeiten verschiedener Sequenzen voneinander unabhängig sind, auch wenn die Sequenzen einander überlappen.

Die beiden folgenden Diagramme zeigen das:

3	–	o		3	–	
3	o	o		1	o	o
5	o	o		6	o	o
5	o	o		3	o	
4	o	o		5	o	o
4	o	o		4	o	o
5	o	x		2	o	x
	x				x	

Hier gibt es im linken Beispiel innerhalb einer Siebenersequenz von Würfeln zwei geschachtelte Blockaden, im rechten nur eine. Für eine Sequenz von 7 Würfeln gilt also die Summenwahrscheinlichkeit von $w_1 = (5/6)^6$ (Blockadewahrscheinlichkeit der Würfel 1 bis 6) und $w_2 = (5/6)^6$ (Blockadewahrscheinlichkeit der Würfel 2 bis 7), die sich zu $1 - [1 - (5/6)^6]^2 = 0{,}558$ oder 55,8 % berechnet. Für eine Sequenz von n Würfeln verallgemeinert sich die Berechnung der Summenwahrscheinlichkeit zu: $1 - [1 - (5/6)^6]^{(n-5)}$. Betrachtet man also die gesamte Schlange aus 50 Würfeln, dann liegt die Wahrscheinlichkeit, dass wenigstens eine Spalte irgendwo blockiert ist, bei $1 - [1 - (5/6)^6]^{45} = 0{,}999999989$ oder 99,9999989 % und damit quasi bei 100 %.

Blockaden im Laufe der Spalte bei blockierten anderen Spalten
Gibt es allerdings bereits Blockaden in einer oder mehreren anderen Spalten, dann sieht die Rechnung anders aus. Es lässt sich zeigen, dass in jeder Zeile wenigstens ein + stehen muss. Bei sechs freien Spalten sind das also maximal sechs +. Ist hingegen eine Spalte bereits blockiert, dann gibt es nur noch fünf freie Spalten und daher höchstens fünf +. Außerdem muss innerhalb einer Sechsersequenz innerhalb einer Spalte immer wenigstens ein + stehen, sonst führt durch diese Sequenz kein Pfad.
Die folgenden Diagramme erläutern die Verhältnisse, wenn nur noch fünf Spalten frei sind. Spalte 1 ist hier bereits blockiert. Bezüglich einer möglichen Blockade sollen die Zeilen 1 bis 6 der Spalte 2 untersucht werden. In den Zeilen 7 bis 12 müssen 6 +-Zeichen so verteilt sein, dass in jeder Zeile und in jeder freien Spalte wenigstens ein + steht. In der zu untersuchenden Spalte 2 können deshalb ein oder zwei + stehen. Wenn es zwei sind, dann

können diese außerdem verschieden verteilt sein. Die Verteilung der + in den Spalten 3 bis 6 spielt keine Rolle, solange in jeder dieser Spalten überhaupt wenigstens ein + steht.

Es gibt also folgende sechs Möglichkeiten:

	1	2	3	4	5	6	nicht mögliche Zahlen:
1	o						6
2	o						5
3	o						4
4	o						3
5	o						2
6	o						1
7	o	+					
8	o			+			
9	o		+				
10	o				+		
11	o			+			
12	o				+		

1. In den Zeilen 7 bis 12 gibt es in Spalte 2 nur ein +. Dieses muss in Zeile 7 stehen. Die Blockadewahrscheinlichkeit beträgt hier $w_1 = (5/6)^6$.

	1	2	3	4	5	6	nicht mögliche Zahlen:
1	o						6
2	o						5
3	o						4
4	o						3
5	o						2
6	o						1, 6
7	o	+					
8	o			+			
9	o		+				
10	o				+		
11	o			+			
12	o	+					

2. In den Zeilen 7 bis 12 gibt es in Spalte 2 zwei +. Eines davon muss in Zeile 7 stehen. Das zweite steht in Zeile 12. Die Blockadewahrscheinlichkeit beträgt hier $w_2 = (5/6)^5 \cdot (4/6)$.

	1	2	3	4	5	6	nicht mögliche Zahlen:
1	o						6
2	o						5
3	o						4
4	o						3
5	o						2, 6
6	o						1, 5
7	o	+					
8	o			+			
9	o		+				
10	o				+		
11	o	+					
12	o				+		

3. In den Zeilen 7 bis 12 gibt es in Spalte 2 zwei +. Eines davon muss in Zeile 7 stehen. Das zweite steht in Zeile 11. Die Blockadewahrscheinlichkeit beträgt hier $w_3 = (5/6)^4 \cdot (4/6)^2$.

	1	2	3	4	5	6	nicht mögliche Zahlen:
1	o						6
2	o						5
3	o						4
4	o						3, 6
5	o						2, 5
6	o						1, 4
7	o	+					
8	o		+				
9	o		+				
10	o	+					
11	o			+			
12	o			+			

4. In den Zeilen 7 bis 12 gibt es in Spalte 2 zwei +. Eines davon muss in Zeile 7 stehen. Das zweite steht in Zeile 10. Die Blockadewahrscheinlichkeit beträgt hier

$$w_4 = (5/6)^3 \cdot (4/6)^3.$$

	1	2	3	4	5	6	nicht mögliche Zahlen:
1	o						6
2	o						5
3	o						4, 6
4	o						3, 5
5	o						2, 4
6	o						1, 3
7	o	+					
8	o		+				
9	o	+					
10	o			+			
11	o		+				
12	o			+			

5. In den Zeilen 7 bis 12 gibt es in Spalte 2 zwei +. Eines davon muss in Zeile 7 stehen. Das zweite steht in Zeile 9. Die Blockadewahrscheinlichkeit beträgt hier

$$w_5 = (5/6)^2 \cdot (4/6)^4.$$

	1	2	3	4	5	6	nicht mögliche Zahlen:
1	o						6
2	o						5, 6
3	o						4, 5
4	o						3, 4
5	o						2, 3
6	o						1, 2
7	o	+					
8	o	+					
9	o		+				
10	o			+			
11	o		+				
12	o			+			

6. In den Zeilen 7 bis 12 gibt es in Spalte 2 zwei +. Eines davon muss in Zeile 7 stehen. Das zweite steht in Zeile 8. Die Blockadewahrscheinlichkeit beträgt hier

$$w_6 = (5/6) \cdot (4/6)^5.$$

Ist also eine Spalte (hier die erste) blockiert, dann kann sich die Blockadewahrscheinlichkeit im Zeilenbereich 1 bis 6 in einer andern Spalte (im Beispiel die zweite) je nach Verteilung der + in den Zeilen 7 bis 12 auf sechs verschiedene Weisen ergeben. Alle sechs Fälle sind gleich wahrscheinlich. Deshalb rechnen wir bei fünf freien Spalten mit einer mittleren Blockadewahrscheinlichkeit von $(w_1 + w_2 + w_3 + w_4 + w_5 + w_6) / 6 = 0{,}2059...$

Für sechs freie Spalten lag sie bei $(5/6)^6 = 0{,}3348\ldots$

Sind zwei Spalten blockiert, dann gibt es bereits 16 verschiedene Möglichkeiten w_n für Blockadewahrscheinlichkeiten in einer der verbleibenden vier freien Spalten:

$(5/6)^6$
$(5/6)^5 \cdot (4/6)^1$
$(5/6)^2 \cdot (4/6)^4$
$(5/6)^3 \cdot (4/6)^1 \cdot (3/6)^2$
$(5/6)^2 \cdot (4/6)^2 \cdot (3/6)^2$
$(5/6)^1 \cdot (4/6)^2 \cdot (3/6)^3$

$(5/6)^4 \cdot (4/6)^2$
$(5/6)^1 \cdot (4/6)^5$
$(5/6)^3 \cdot (4/6)^2 \cdot (3/6)^1$
$(5/6)^2 \cdot (4/6)^1 \cdot (3/6)^3$
$(5/6)^1 \cdot (4/6)^3 \cdot (3/6)^2$

$(5/6)^3 \cdot (4/6)^3$
$(5/6)^4 \cdot (4/6)^1 \cdot (3/6)^1$
$(5/6)^2 \cdot (4/6)^1 \cdot (3/6)^3$
$(5/6)^1 \cdot (4/6)^1 \cdot (3/6)^4$
$(5/6)^1 \cdot (4/6)^4 \cdot (3/6)^1$

Die mittlere Wahrscheinlichkeit errechnet sich daraus zu

$$\frac{1}{16} \sum_{n=1}^{16} w_n = 0{,}1302\ldots$$

Für drei blockierte und folglich auch drei freie Spalten ergibt sich durch eine entsprechende Rechnung eine mittlere Blockadewahrscheinlichkeit von $\dfrac{1}{26} \sum_{n=1}^{26} w_n = 0{,}09273\ldots$

Für vier blockierte Spalten ist die Wahrscheinlichkeit für eine Blockade in einer der freien Spalten $\dfrac{1}{31} \sum_{n=1}^{31} w_n = 0{,}07901\ldots$

Wir können jetzt ganz allgemein die Blockadewahrscheinlichkeit in einer von 2, 3, 4, 5 oder 6 nicht blockierten Spalten für die gesamte Spalte berechnen.
Für 6 freie Spalten betrug sie (wie auf Seite 203 oben beschrieben) $1 - [1 - (5/6)^6]^{45}$.
Dabei müssen wir $(5/6)^6$ jeweils durch die mittlere Blockadewahrscheinlichkeit einer Sechsersequenz ersetzen.
Bei 5 freien Spalten ergibt das also $1 - [1 - 0{,}2059\ldots]^{45}$.

206

Hier ist eine Tabelle mit den jeweiligen mittleren Wahrscheinlichkeiten und den daraus resultierenden Gesamtblockadewahrscheinlichkeiten:

	mittlere Blockadewahrscheinlichkeit w für Sechsersequenz	Blockadewahrscheinlichkeit für die gesamte Spalte $1 - [1 - w]^{45}$
6 freie Spalten	0,334897977...	0,99999999
5 freie Spalten	0,205922068...	0,99996882
4 freie Spalten	0,130268615...	0,99812789
3 freie Spalten	0,092730196...	0,98746453
2 freie Spalten	0,079018237...	0,97537953
1 freie Spalte	0	0

Diese Rechnung ist allerdings in einem Punkt noch korrekturbedürftig. Ich habe das hier zunächst nicht berücksichtigt, weil die Darstellung sonst zu unübersichtlich würde.

Die Gesamtwahrscheinlichkeit ist hier nur für 6 freie Spalten völlig korrekt. Im Falle von 5, 4, 3 oder 2 freien Spalten ist sie dagegen stets etwas zu niedrig angegeben. Das liegt daran, dass wir für die gesamte Schlangenlänge von 50 Würfeln mit der mittleren Blockadewahrscheinlichkeit w (siehe obige Tabelle) gerechnet haben. Die stimmt aber für letzten 6 Zeilen der Würfelschlange nicht, wenn eine oder mehrere Spalten bereits blockiert sind, weil dort die Verteilung der + (bzw. der Endwürfel gemäß Bild 120) fest vorgegeben ist. In diesem Bereich müssen wir korrekterweise immer mit einer mittleren Blockadewahrscheinlichkeit von $(5/6)^6 = 0{,}334897977...$ rechnen. Berücksichtigt man das, dann gelangt man zu geringfügig korrigierten mittleren Blockadewahrscheinlichkeiten und muss damit die Tabelle von Seite 206 so abändern wie auf Seite 208 angegeben.

Aus ihr sieht man, dass wenigstens eine Spalte immer unblockiert bleibt. Das ist jene Spalte, für die bereits alle anderen fünf Spalten blockiert sind. In ihr gibt es einen +-Pfad bis zu einem Würfel am Schlangenende.

	korrigierte Blockadewahrschein-lichkeit für die gesamte Spalte
6 freie Spalten	0,99999999
5 freie Spalten	0,99997962
4 freie Spalten	0,99875486
3 freie Spalten	0,99166263
2 freie Spalten	0,98362487
1 freie Spalte	0

Die Wahrscheinlichkeit, dass alle anderen fünf Spalten blockiert sind, errechnet sich als Produkt der Wahrscheinlichkeiten dieser fünf Spalten zu

$0,99999999 \times 0,99997962 \times 0,99875486 \times 0,99166263 \times 0,98362487 \approx 0,974$

Das besagt: Die Wahrscheinlichkeit, mit der man bei einer Schlange aus 50 Würfeln unabhängig von der Augenzahl des Anfangswürfels beziehungsweise davon, ob man beim ersten, zweiten, dritten ... oder sechsten Würfel abzuzählen beginnt, immer denselben Endwürfel erreicht, beträgt 97,4 %. Und das ist genau die Zahl, die auch die Computersimulation von 100 000 Spielen (s. Seite 198) ergab.

Wer dagegen, gestützt auf eine angeblich »triviale Schlangen-theorie« eine »Mindestwahrscheinlichkeit« von $100 \cdot [1 - (5/6)^8]$ = 76,7 % für 50 Würfel angibt, der verhält sich nicht viel anders als jemand, der einem Bergsteiger auf dem Weg zum 4800 Meter hohen Montblanc zuruft: »Na, höher als 3680 Meter ist der Berg wohl sehr wahrscheinlich.« Natürlich stimmt das, aber was soll man mit einer solchen Aussage anfangen?

Von Knoten und Unknoten

Habe ich eine indianische Seele?

Ende der 1960er Jahre kam mir durch einen Zufall das wundervolle Buch *String Figures and How to Make Them* von CAROLINE F. JAYNE in die Finger. Es infizierte mich auf Anhieb mit dem Schnurfiguren-Virus.

Schnurfiguren werden hierzulande oft reichlich unzutreffend meist als Fadenspiele bezeichnet, obwohl weder ein dünner Faden verwendet wird noch von Spielen die Rede sein kann. Schnurfiguren sind dort, wo sie herkommen, meist magisch, mystisch oder sogar heilig. Sie schaffen Kontakt zu Geistern und Göttern, sind ein mächtiger Schutz- oder auch Fruchtbarkeitszauber und können sogar höchst gefährlich werden. Deshalb sind sie in unseren Breiten auch so gut wie ausgerottet. Die jüdische Religion, das Christentum und auch der Islam haben sie als schwarzmagisch verboten und mit Erfolg verteufelt. Es lässt sich nachweisen, dass sie vor der Zeitwende auch in Europa verbreitet waren. Bis Mitte des 20. Jahrhunderts waren sie bei vielen Völkern der Erde noch eine wichtige Komponente der Spiritualität, und hier und da sind sie es heute noch – etwa in Papua Neuguinea, auf südpazifischen Inseln oder bei manchen

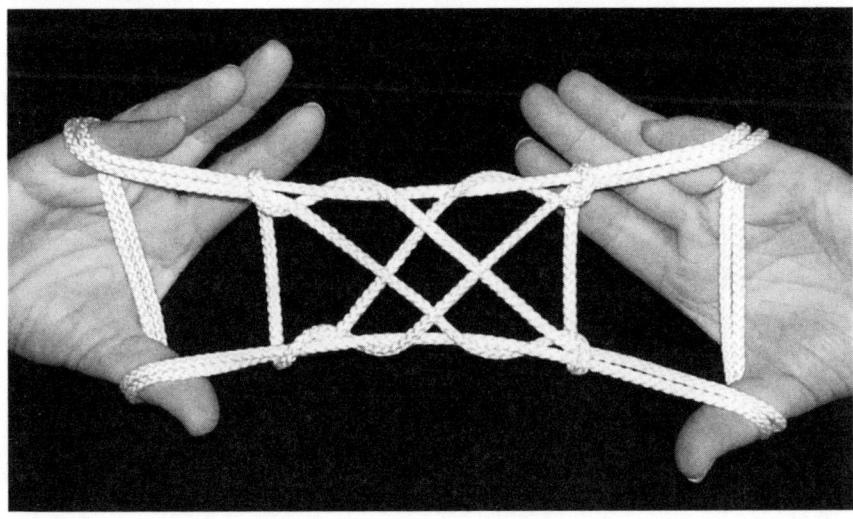

Bild 121
»Brett zum Glätten der Stirn« heißt diese Schnurfigur aus dem südamerikanischen Regenwald.

209

Indianerstämmen beider Amerika. Was wir in Mitteleuropa als »Abnehmen« oder »Abheben« kennen, sind nur noch armselige, spielerische Rudimente der hohen Kunst des Schnurfigurenmachens, von englischen Matrosen im 17. bis 19. Jahrhundert als Zeitvertreib auf Teedampfern meist von Asien aus in die Heimat gebracht.

Schnurfiguren sind weltweit verbreitet. Stammesvölker in Australien und der Südsee kennen sie ebenso wie in Schwarzafrika, Asien und auf dem amerikanischen Doppelkontinent. Schnurfiguren machen die Eskimo, äquatoriale Urwaldstämme und Feuerlandindianer gleichermaßen. Auf der Pazifikinsel Nauru fanden lange Zeit regelrechte Schnurfigurenolympiaden statt. Hier entwickelten sie ihre vielleicht höchste Kunstform.

Mich fasste – wie gesagt – das Schnurfigurenfieber und ließ mich seitdem nicht wieder los. In langen Jahren trug ich rund drei laufende Regalmeter Schnurfigurenliteratur aus aller Welt zusammen, nicht selten Fotokopien aus seltenen ethnologischen Fachzeitschriften oder Publikationen von Mathematikprofessoren, die sich topologisch mit diesem äußerst vielseitigen Sujet auseinandersetzten. Heute verfüge ich über Beschreibungen von rund 3500 verschiedenen Figuren aus allen Erdteilen.

Mit dieser Schnurfigurenleidenschaft war natürlich auch ein lebhafter Briefwechsel verbunden. E-Mails gibt es ja noch nicht allzu lange. In den 1980er Jahren war einer meiner intensivsten Briefpartner der US-amerikanische Mathematikprofessor TOM STORER. Er ist ein ungewöhnlicher Mann von hoher Intelligenz. Geboren und aufgewachsen war er im von der Außenwelt weitgehend isolierten Indianerreservat Old Oraibi, seine Muttersprache war ein Hopi-Dialekt. Tom schrieb mir einmal, dass er Englisch als erste Fremdsprache erlernte. Er ist der erste – und bis heute einzige – Stammesindianer, der jemals eine Mathematikprofessur bekleidete. Heute ist er emeritiert. Eines seiner Hauptforschungsgebiete war die Topologie der Schnurfiguren. Als Hopi sind sie ihm heilig, als Mathematiker sieht er in ihnen eine Herausforderung an den menschlichen Geist.

Ich hatte den Kontakt zu Tom gesucht, weil ich in einer seiner Schriften eine nicht weiter kommentierte Zeichnung einer schönen Schnurfigur als Vignette fand, die ich gerne in ein Buch (*Schnurfiguren aus aller Welt*) aufnehmen wollte, das ich 1988 schrieb. In meinem Brief bat ich ihn um Erlaubnis. Toms

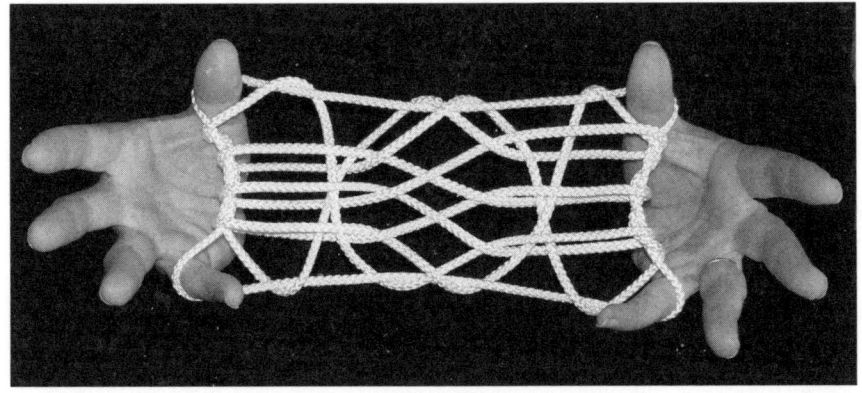

Bild 122
»Sacred Circle« –
»Heiliger Kreis« –
heißt diese mytholo-
gisch verankerte
Schnurfigur der
Hopi-Indianer

Antwort war ein kleiner Roman. Er erzählte mir, dass die Figur
»Sacred Circle« heißt und den Friedensschild der Hopi-Indianer
symbolisiert. Er sagte mir auch, dass er die an sich geheime Figur von einem alten Medizinmann erfahren habe und ihn von
meiner Veröffentlichung informieren werde, sobald er wieder
einmal ins Reservat käme. Noch bevor das geschah, schickte ich
Tom die Anleitung zum Herstellen einer Figur, die ich selbst

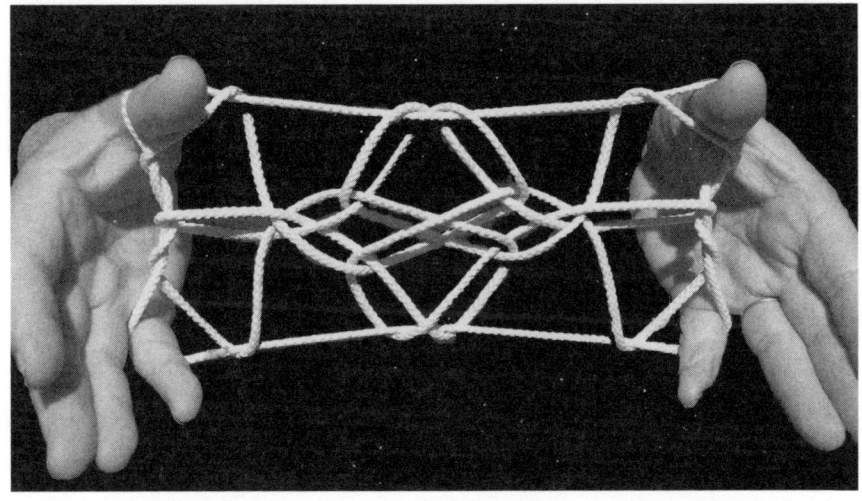

Bild 123
Die Figur, die ich
dem alten Medizin-
mann schenkte:
»The Four Regions
of the World«

erfunden hatte und die von der Technik her auf charakteristische
Hopi-Elemente zurückgriff. Ich nannte sie »The Four Regions of
the World«, was inhaltlich zur Mythologie der Pueblo-
Indianergruppe passt, zu der auch die Hopi gehören. Zugleich
bat ich Tom, sie dem alten Medizinmann als Geschenk von mir
zu widmen, als Dank, dass ich seinen »Heiligen Kreis« veröf-

fentlichen dürfe. Monate später kam die Antwort. Tom war in Old Oraibi gewesen und hatte den alten Indianer die nicht gerade leicht zu fabrizierende Figur gelehrt. Der habe sich sehr darüber gefreut. »Was für ein Mann ist der weiße Bruder jenseits des großen Wassers?«, hatte er Tom gefragt. »Wie kommt es, dass er etwas von immateriellen Geschenken versteht? Glaubst du, er hat eine ›nischnawe wde‹ (eine indianische Seele)?« – »Kann schon sein«, hatte Tom ihm geantwortet. Natürlich war ich stolz auf dieses Kompliment.

Bild 124
Ein Bachtal im Hopi-Reservat Old Oraibi

Ein halbes Jahr später erreichte mich ein weiterer Brief von Tom. Einen Bärendienst hätte ich ihm erwiesen, schrieb er launig. Wann immer er Old Oraibi besuche, müsse er zuvor wieder die schwierige Figur lernen, denn der alte Medizinmann erwarte von ihm, dass er ihn zu einem abgelegenen Bach begleite. Dort sei ein heiliger Ort auf einer Felsplatte mitten im Wasser. Und auf diesem Stein machen die beiden dann gemeinsam »The Four Regions of the World«. Übrigens sei der Medizinmann schon sehr alt, beklagte sich Tom freundlich, und der Geländemarsch mit ihm daure sehr lange.

Noch ein halbes Jahr verstrich, bis der nächste Brief von Tom kam. Ich erkannte ihn schon im Postkasten an dem gelben

Briefumschlag und dem gelben Schreibpapier, das Tom stets verwendete. »Jetzt weiß ich«, hatte ihm der Schamane nach einem erneuten Ausflug zu dem heiligen Felsen im Wasser gesagt, »jetzt weiß ich, warum der Große Geist dem weißen Bruder jenseits des großen Wassers diese Schnurfigur für mich offenbart hat. Sie ist ein großes Heilmittel gegen die Gicht in meinen alten Händen. Seit ich sie regelmäßig mache, geht es mir wesentlich besser.«

So schafft Freude an der Topologie von verschlungenen Schnurschlaufen Kontakte über Abertausende Kilometer und ethnische Grenzen hinweg. Ich freue mich noch heute über dieses ungewöhnliche Erlebnis.

Schnurfiguren sind Unknoten

Wissenschaftlich betrachtet sind Schnurfiguren weitaus nüchterner ganz einfach »Unknoten«. Das besagt, dass sie sich in eine einfache Schnurschlaufe verwandeln lassen, ohne dass man die in sich geschlossene Schnur, aus der sie gefertigt sind, aufschneiden muss.

Das ist eine recht einfache Definition. Aber es ist oft schwierig, mit ihr in der Praxis umzugehen. Wer sieht schon auf Anhieb, ob das Schnurgewirr im Bild 125a ein Unknoten oder ein echter Knoten ist?

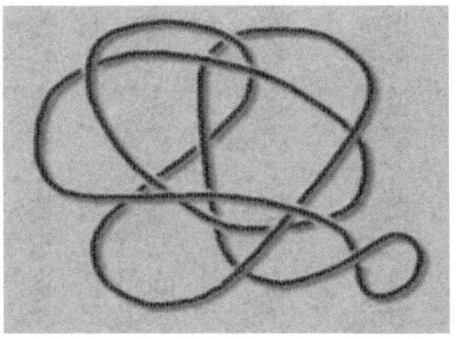 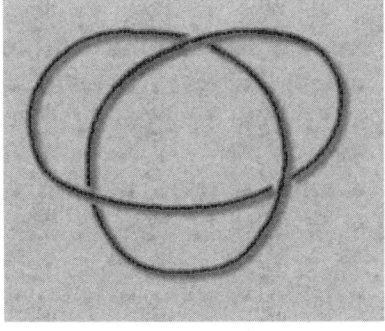

◄◄ **Bild 125a**
◄ **Bild 125b**
Die Knoten in den beiden Bildern sind topologisch identisch. Sie lassen sich ineinander umwandeln, ohne die geschlossene Schnurschlaufe zu öffnen.

Er lässt sich zwar weitgehend entwirren, aber auf weniger als drei Schnurkreuzungen kann man ihn nicht reduzieren. Es handelt sich also um einen echten Knoten. Um das festzustellen, muss man das Gebilde entweder phasenweise umzeichnen oder es tatsächlich aus einer Schnur herstellen und durch Probieren feststellen, wie weit es sich vereinfachen lässt. Einen Mathematiker kann das nicht befriedigen. Er wird nach einem Weg suchen, der es ihm gestattet, einen beliebigen Knoten eindeutig zu beschreiben und immer wieder als denselben Knoten zu erkennen, ganz gleich wie verformt er ist. Wie schwierig das ist, lässt sich ahnen, wenn man weiß, dass zum Beispiel alle vier Knoten in den Bildern 126a bis 126d identisch sind, sich also ineinander umwandeln lassen.

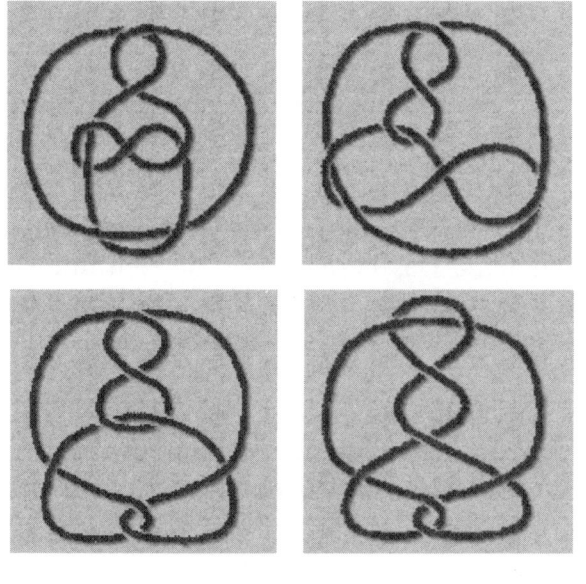

Bilder 126a bis 126d
Diese vier Knoten sind identisch. Sie lassen sich ineinander umwandeln und nicht auf weniger als 7 Kreuzungen reduzieren.

Topologen haben einige – zum Teil recht komplizierte – Methoden entwickelt, die Knoten durch Zahlencodes zu identifizieren. Wirklich befriedigend ist keine davon, denn bis heute ist es nicht gelungen, einen Code zu finden, der wirklich alle möglichen Umwandlungen ein und desselben Knotens gleich bezeichnet. Zudem lässt sich an einem Code in der Regel nicht erkennen, ob und wie weit sich irgendein Knoten reduzieren lässt, wie viele Kreuzungen er also minimal hat.

Und schließlich hält die Knotentheorie noch eine weitere bisher ungelöste Frage bereit. Topologen haben zwar in mühevoller Arbeit herausgefunden, wie viele verschiedene Knoten (also solche, die sich nicht ineinander umformen lassen) es mit minimal 3, 4, 5, 6, 7, 8, 9, 10 und 11 Kreuzungen gibt, aber niemand kennt die Anzahl von Knoten mit mehr Kreuzungen. Es ist keine Formel und auch kein sonstiger Rechenweg bekannt, der es erlauben würde, generell zu sagen, wie viele Knoten mit minimal n Kreuzungen es gibt.

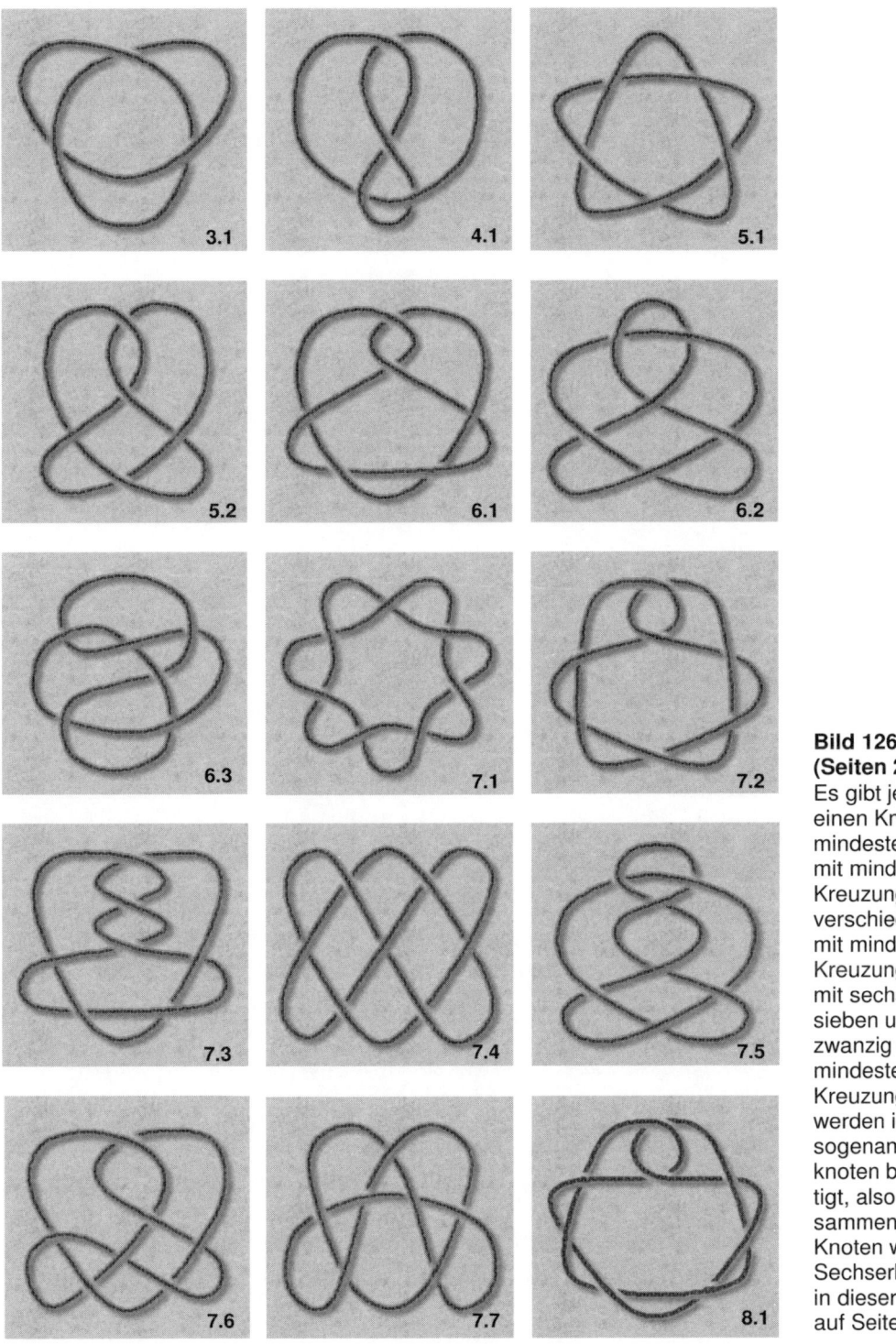

3.1　　4.1　　5.1

5.2　　6.1　　6.2

6.3　　7.1　　7.2

7.3　　7.4　　7.5

7.6　　7.7　　8.1

Bild 126
(Seiten 215 – 217)
Es gibt jeweils nur
einen Knoten mit
mindestens drei und
mit mindestens vier
Kreuzungen, zwei
verschiedene Knoten
mit mindestens fünf
Kreuzungen, drei
mit sechs, sieben mit
sieben und einund-
zwanzig Knoten mit
mindestens acht
Kreuzungen. Dabei
werden immer nur
sogenannte Prim-
knoten berücksich-
tigt, also keine zu-
sammengesetzten
Knoten wie der letzte
Sechserknoten (6.bi)
in dieser Abbildung
auf Seite 217.

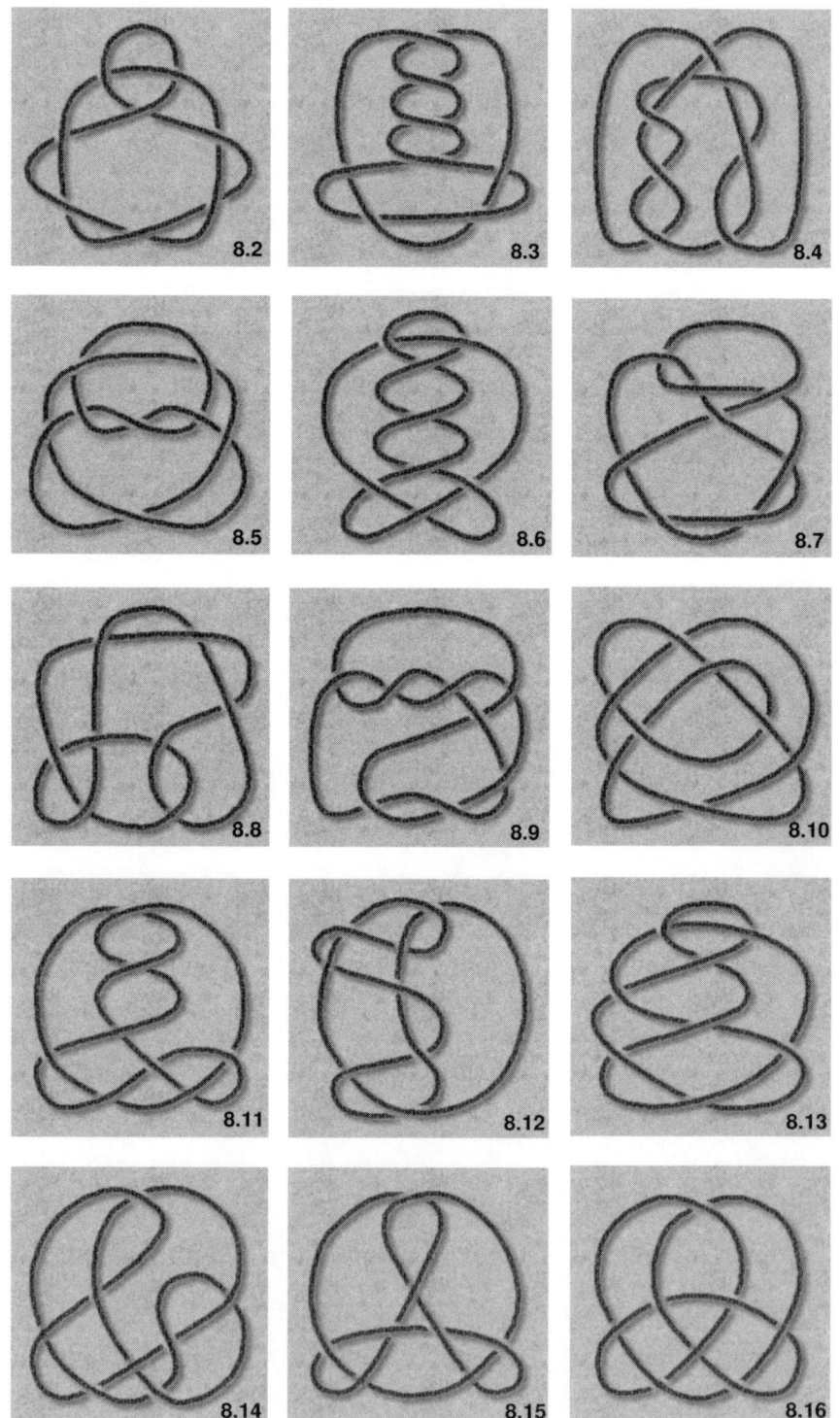

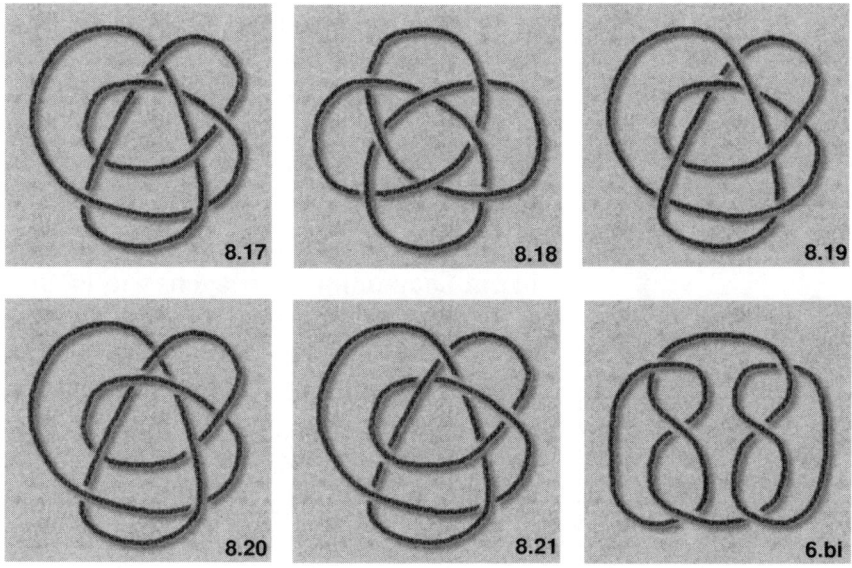

8.17   8.18   8.19   8.20   8.21   6.bi

Ich möchte hier kein Einführungskapitel in jenes Gebiet schreiben, das die Topologen als das mit Abstand schwierigste ihres Faches bezeichnen, nämlich die Knotentheorie. Es würde den Rahmen dieses Buches bei weitem sprengen. Wer sich in dieses spezielle Feld der Mathematik einarbeiten will, mag auf einschlägige Fachbücher zurückgreifen und sich durch sie hindurchkämpfen. Das ist zwar anstrengend, aber auch lohnend; denn einerseits gibt es in der noch relativ jungen Knotentheorie jede Menge Neuland zu entdecken, zum anderen macht sie auch brillante Geister bescheiden, wenn man merkt, wie schwer es sein kann, völlig einfache Fragen zu lösen. Ich will aber eine Anregung geben, wie man sich den verschiedenen Knotenproblemen von einer bisher unbekannten Weise nähern kann, indem man die Knoten in Diagrammen so abbildet, dass ihre charakteristischen Eigenschaften deutlich sichtbar werden.

Um Knoten abzubilden, muss man sie natürlich zuerst irgendwie beschreiben. Ich mache das folgendermaßen: Beginnend mit einer beliebigen Kreuzung wird die Schnur in beliebiger Richtung verfolgt. Dabei erhält jede Kreuzung der Reihe nach zunächst eine Kennzahl. Diese ist positiv, wenn die Schnur in der Kreuzung oben liegt, und negativ, wenn sie den anderen Schnurschlag unterkreuzt. Im gesamten Schnurverlauf wird jede Kreuzung zweimal durchschritten. Deshalb erhält jede Kreuzung

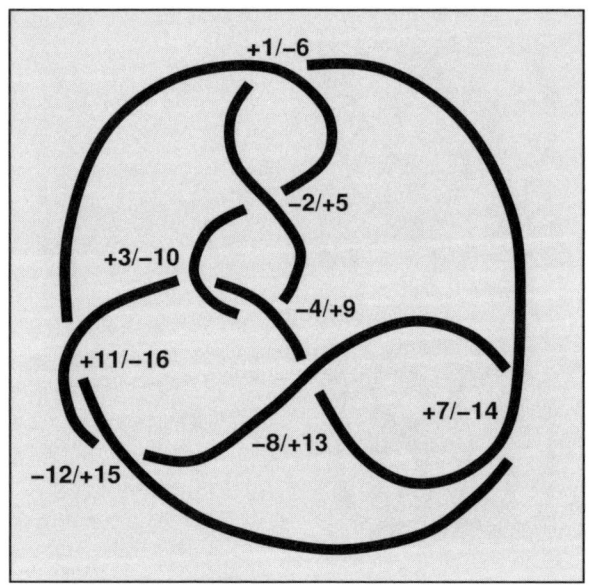

Bild 127
Beschreibung eines
Knotens mit acht
Kreuzungen durch
Nummerieren der
Kreuzungen

	01	02	03	04	05	06	07	08	09	10	11	12	13	14	15	16
1						+										
2					−											
3										+						
4									−							
5		+														
6	−															
7														+		
8													−			
9				+												
10			−													
11																+
12															−	
13								+								
14							−									
15												+				
16											−					

Bild 128
Diagramm für den
Knoten aus Bild 127

auch zwei Kennzahlen, von denen immer eine positiv und die andere negativ, eine immer geradzahlig und die andere immer ungeradzahlig ist. Bild 127 zeigt das Prinzip an einem Knoten mit acht Kreuzungen.

Diese Kreuzungskennzahlen werden nun in ein Diagramm übertragen, wie in Bild 128 dargestellt. Dabei ist jede Kreuzung zweimal abgebildet – einmal in der rechten oberen und einmal in der linken unteren Hälfte. In unserem Beispiel sagt das +-Zeichen in Zeile 1, Spalte 6, dass es eine Kreuzung mit der Zählnummer +1/−6 gibt. Entsprechend bedeutet das −-Zeichen in Zeile 6, Spalte 1 den zweiten Durchgang desselben Knotens, wenn man so will also −6/+1. Das +-Zeichen in Zeile 7, Spalte 14 bildet dann die Kreuzung +7/−14 ab.

Wichtig ist es jetzt noch, aus dem Diagramm Zahlen abzulesen, die ich Zeilenfolgezahlen nenne. Sie werden folgendermaßen ermittelt: Zählt man von Feld 6 in Zeile 1 (+-Zeichen) ausgehend nach rechts die leeren Felder in dieser Zeile ab und zählt dann in der Zeile 2 von links aus weiter bis zum Feld 5 (−-Zeichen), dann zählt man bis 15. Weil es von + in Zeile 1 zu − in Zeile 2 einen Vorzeichenwechsel gibt, heißt die Zeilenwechselzahl von Zeile 1 zu 2 −15. In Zeile 2 wird nicht bis Zeilenende gezählt, sondern nur bis Feld 10, denn unter diesem steht in Zeile 3 ein +-Zeichen.

Deshalb heißt die Zeilenwechselzahl von Zeile 2 nach Zeile 3 −5. Noch zwei Beispiele sollen das Prinzip erhärten: Von Zeile 4 nach Zeile 5 ist die Wechselzahl −9, von Zeile 6 nach Zeile 7 −13.

Für das gesamte Diagramm ergeben sich diese Zeilenfolgezahlen:

−15, −5, −15, −9, −15, −13, −15, −7, −15, −13, −15, −9, −15, −5, −15, −11

Die letzte Zahl gibt dabei den Wechsel von Zeile 16 zu Zeile 1 an, so als würde die Zeile 1 direkt unter der Zeile 16 stehen.

Die Serie der Zeilenfolgezahlen ist charakteristisch für den Knoten.

Zählt man denselben Knoten ausgehend von einem anderen Punkt (Bild 129), dann ergibt sich daraus ein anderes Diagramm (Bild 130). Stellt man aber in diesem die Zeilenfolgezahlen fest, dann erhält man:

−7, −15, −13, −15, −9, −15, −5, −15, −11, −15, −5, −15, −9, −15, −13, −15

Das ist dieselbe Folge wie aus Diagramm 128 ermittelt, nur zyklisch vertauscht. Die Identität des Knotens bleibt trotz Zählweise erhalten. Das gilt auch, wenn man einen gegenläufigen Zählsinn verwendet. Die Zeilenfolgezahlen stehen dann lediglich in umgekehrter Reihenfolge. Auch das ist leicht zu identifizieren.

Wie aber sieht es aus, wenn der Knoten umgeformt wird? – Bild 131 zeigt einen Knoten, der mit jenem aus Bild 127 und 129 identisch ist. Wieder wurden seine Kreuzungen gezählt und in ein Diagramm (Bild 132) eingetragen. Als Zeilenfolgezahlen lassen sich daraus ablesen:

−15, −13, −15, −7, −15, −13, −15, −9, −15, −5, −15, −11, −15, −5, −15, −9

Das sind wieder dieselben Zahlen in derselben Reihenfolge (zyklisch vertauscht) wie zuvor.

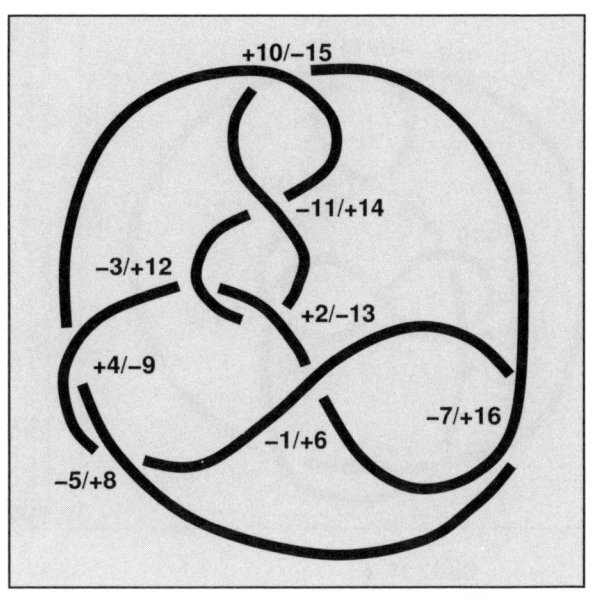

Bild 129
Der Knoten aus Bild 127, hier jedoch anders gezählt

	01	02	03	04	05	06	07	08	09	10	11	12	13	14	15	16
1					−											
2												+				
3													−			
4								+								
5								−								
6	+															
7																−
8					+											
9				−												
10															+	
11													−			
12			+													
13	−															
14											+					
15												−				
16							+									

Bild 130
Das Diagramm für die Zählweise nach Bild 129

219

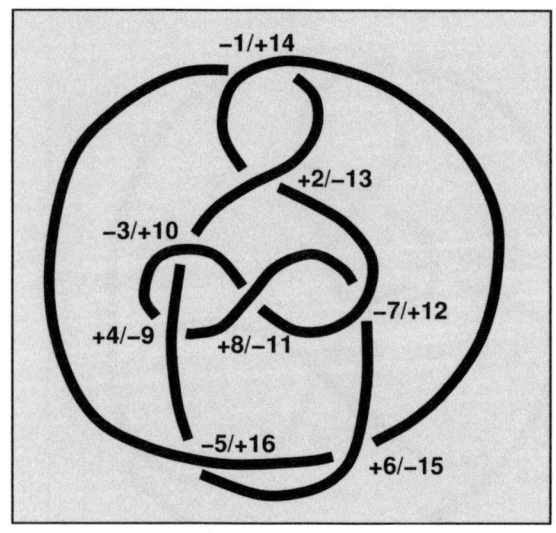

Bild 131 and table figure

	01	02	03	04	05	06	07	08	09	10	11	12	13	14	15	16
1													−			
2												+				
3									−							
4									+							
5																−
6														+		
7												−				
8											+					
9			+													
10		−														
11											−					
12								+								
13		−														
14	+															
15				−												
16			+													

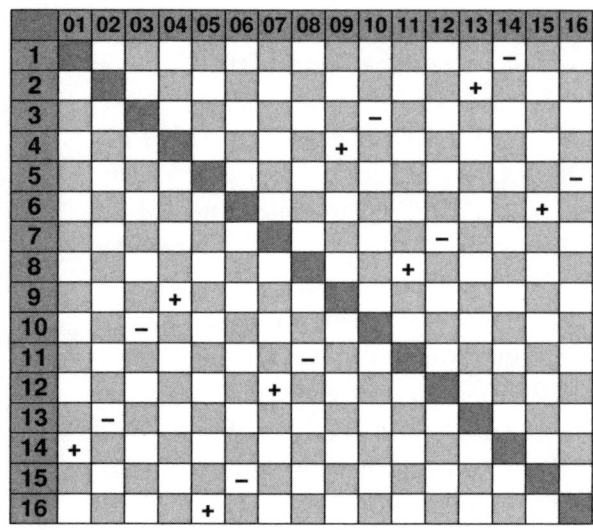

Bild 131 ▲
Der Knoten aus den Bildern 125 und 127 lässt sich in diesen Knoten umformen.

Bild 132 ►►▲
Dies ist das Diagramm für den umgeformten Knoten.

Bild 133 ▼
Zu reduzierender Knoten

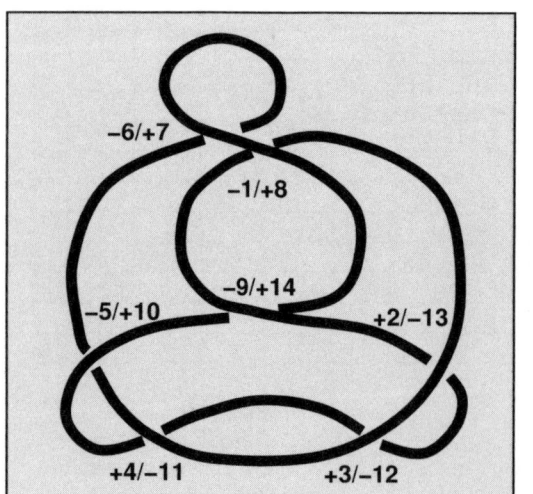

Die Zeilenfolgezahlen beschreiben also auch nach der Umformung den Knoten noch korrekt. Das ist ein bedeutender Schritt in Richtung auf eine eindeutige Knotenansprache. Leider muss aber gesagt werden, dass diese Methode für viele mögliche Umformungen ein und desselben Knotens funktioniert, aber leider nicht für alle. Es muss also noch ein Weg gefunden werden, der es gestattet, zwei (oder mehr) unterschiedliche Zeilenfolgezahlen-Serien miteinander zu identifizieren, wenn es sich um denselben Knoten handelt. Es gibt gute Hinweise darauf, dass das möglich ist.

Die Darstellung von Knoten in meinem Diagramm hat aber ein weitaus größeres Potential als lediglich die Identifikation von Knoten. Sie erleichtert es auch, Knoten mit mehr als der minimal erforderlichen Kreuzungszahl elegant zu reduzieren. Ich will das anhand des Knotens in Bild 133 erläutern. Sein Diagramm zeigt Bild 134. Hierin fällt zunächst auf, dass die Felder −6/+7 und −7/+6 einander symmetrisch unmittelbar an der Mitteldiagonalen (dunklere Felder von links oben nach rechts unten) gegenüberliegen. Hierfür gilt der folgende Satz:

220

1. Satz:

Felder (mit unterschiedlichen Vorzeichen), die paarweise auf beiden Seiten unmittelbar an der diagonal laufenden Mittellinie liegen, weisen auf einfache Schlaufen am Rande eines Knotens hin. Diese Schlaufen lassen sich öffnen. Dadurch verschwinden im Diagramm die beiden Zeilen und die beiden Spalten, in denen diese Felder liegen.

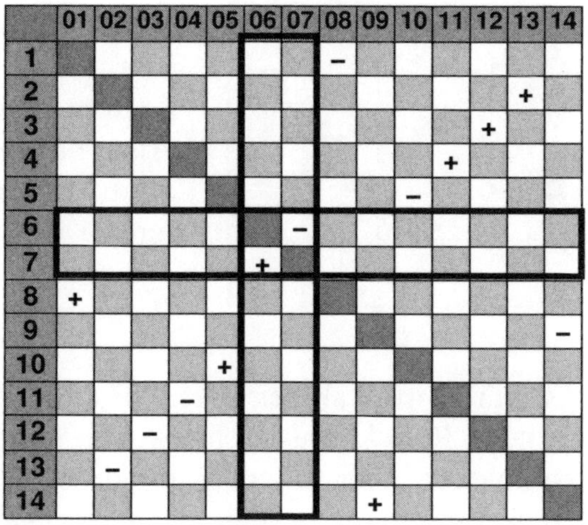

	01	02	03	04	05	06	07	08	09	10	11	12	13	14
1								–						
2												+		
3											+			
4										+				
5								–						
6						–								
7						+								
8	+													
9														–
10					+									
11					–									
12			–											
13		–												
14							+							

Bild 134
Diagramm zum Knoten aus Bild 133

Das Diagramm reduziert sich damit auf das folgende, während sich die kleine Schlaufe oben in Bild 133 auflöst:

Dieses Diagramm lässt sich nach einem zweiten Satz weiter reduzieren:

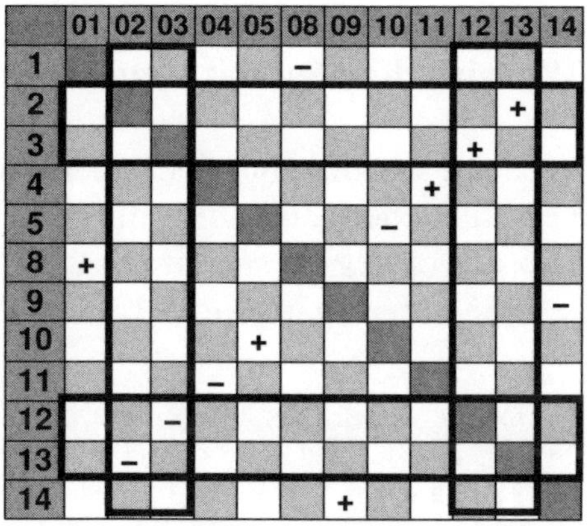

2. Satz:

Liegen zwei Felder mit gleichen Zeichen (+ oder −) diagonal zueinander benachbart, dann können die beiden Zeilen und die beiden Spalten, in denen sie stehen, gelöscht werden.

	01	02	03	04	05	08	09	10	11	12	13	14
1						–						
2										+		
3									+			
4								+				
5						–						
8	+											
9												–
10					+							
11					–							
12			–									
13		–										
14							+					

Bild 135
Reduziertes Diagramm nach Auflösen einer Schlaufe

Gleichzeitig sind die beiden Zeilen und Spalten für die beiden entsprechenden Felder in der anderen Diagrammhälfte zu löschen. Dadurch wird im Knoten eine einfache Überlappung zweier Schnurstücke aufgelöst.

In Bild 135 kann man diesen Satz wahlweise auf die Felder +2/−13 und +3/−12 (sowie −13/+2 und −12/+3) oder auf die Felder +3/−12 und +4/−11 (sowie −12/+3 und −11/+4) anwenden. Markiert ist die erste Variante. Damit reduziert sich das

Diagramm zu jenem in Bild 136. Es gibt keine Sätze, nach denen eine weitere Reduktion möglich wäre. Also hat der Knoten minimal vier Kreuzungen und ist damit der Knoten 4.1 in der Tafel auf Seite 215.

Bild 136
Weiter reduziertes Diagramm nach Auflösen einer Überlappung zweier benachbarter Schnurstücke

	01	04	05	08	09	10	11	14
1					−			
4							+	
5						−		
8	+							
9								−
10			+					
11		−						
14					+			

Es würde im Rahmen dieses Buches zu weit führen, hier noch weitere Reduktionsmechanismen vorzustellen. Sie sind etwas komplexer, aber durchaus möglich. Ich habe ein Computerprogramm geschrieben, das jeden eingegebenen Knoten stufenweise bis zu seiner minimalen Kreuzungszahl reduziert und (für die Knoten mit 3 bis 9 Kreuzungen) zugleich eindeutig den jeweiligen Knoten identifiziert, wie er in Bild 126 auf Seiten 215 bis 217 für 3 bis 8 Kreuzungen angegeben ist. Für jede Zwischenstufe gibt es das neue, reduzierte Diagramm an.

Wie viele Knoten mit wenigstens n Kreuzungen gibt es?

Wenden wir uns nun der äußerst schwierigen Frage zu, wie viele verschiedene Knoten mit minimal n Kreuzungen es gibt.
Um es vorweg zu sagen: Ich habe sie – noch – nicht gelöst, aber ich bin einem gangbaren Lösungsweg auf der Spur. Das Prinzip lässt sich einfach erklären, wenn wir mit dem Diagramm in Bild 137 beginnen. Es entspricht dem Knoten 7.1 auf Seite 215. Es wäre nicht ratsam gewesen, die +-Zeichen und −-Zeichen irgendwie beliebig zu verteilen. Zum einen muss in jeder Zeile und in jeder Spalte

Bild 137
Dieses Diagramm entspricht dem Knoten 7.1 auf Seite 215.

	01	02	03	04	05	06	07	08	09	10	11	12	13	14
1		•							−					•
2	•		•							+				
3		•		•							−			
4			•		•							+		
5				•		•							−	
6					•		•							+
7						•		•						−
8	+						•		•					
9		−						•		•				
10			+						•		•			
11				−						•		•		
12					+						•		•	
13					−							•		•
14	•						+						•	

genau ein Zeichen stehen. Zum anderen gibt es Verteilungen, die das zwar berücksichtigen, aber entweder gar keinen möglichen Knoten ergeben oder einen Knoten, der mehr als die minimale Kreuzungszahl aufweist, oder einen Knoten, der ein zusammengesetzter Knoten (siehe Seite 217, 6.bi) ist und kein Primknoten. In diesem Diagramm habe ich eine Reihe von Feldern mit • blockiert. Gäbe es in diesen +- oder −-Zeichen, dann würden sie einfache Schlingen abbilden, die sich öffnen lassen und nichts bei einem Primknoten zu suchen haben.

Im Diagramm (Bild 137) sind zwei Dreiergruppen von Zeichen umrahmt. Es hat sich gezeigt, dass folgender Satz gilt:

3. Satz

Drei Felder mit Zeichen, die benachbart in einer diagonalen Reihe stehen, kann man als Einheit um 90° um ihren Mittelpunkt drehen. Dabei entsteht ein neuer Knoten mit gleicher Kreuzungszahl, der sich nicht in den ursprünglichen Knoten umwandeln lässt. Das Gleiche gilt für jede diagonale Gruppe gezeichneter Felder mit ungerader Felderzahl.

Bild 138 zeigt, was aus der 90°-Drehung der markierten Dreiergruppen in Bild 137 resultiert. Es zeigt sich, dass dies der Knoten 7.3 der Tafel auf Seite 215 ist.

Hätte man statt der 3er-Gruppe −3/+10, +4/−11, −5/+12 eine andere Gruppe (z. B. die Gruppe +2/−9, −3/+10, +4 /−11) und die entsprechende Gegengruppe in der linken unteren Diagrammhälfte um 90° gedreht, wäre ebenfalls der Knoten 7.3 entstanden, nur in anderer Zählfolge seiner Kreuzungen. Generell gilt der folgende Satz:

	01	02	03	04	05	06	07	08	09	10	11	12	13	14
1		•							−					•
2	•		•						+					
3		•		•								−		
4			•		•						+			
5				•		•				−				
6					•		•					+		
7						•		•						−
8	+						•		•					
9	−							•		•				
10				+					•		•			
11			−							•		•		
12			+								•		•	
13				−								•		•
14	•						+						•	

Bild 138
Dieses Diagramm entspricht dem Knoten 7.3 auf Seite 215.

4. Satz

Liegt eine längere Diagonale von Feldern mit Zeichen vor, aus deren Verlauf ein Teilstück mit ungerader Felderzahl n um 90° gedreht wird, dann ist es gleichgültig, welches Teilstück mit n Feldern man dreht. Das Ergebnis ist stets derselbe neue Knoten.

Die folgenden Bilder zeigen zwei weitere Möglichkeiten, wie sich das ursprüngliche Diagramm durch Drehungen von diagonalen Felderfolgen verändern lässt:

	01	02	03	04	05	06	07	08	09	10	11	12	13	14
1		•						−						•
2	•		•										+	
3		•		•								−		
4			•		•						+			
5				•		•					−			
6					•		•	+						
7						•		•						−
8	+						•		•					
9		−				−		•		•				
10					+				•		•			
11				−						•		•		
12			+								•		•	
13		−			−							•		•
14	•						+						•	

	01	02	03	04	05	06	07	08	09	10	11	12	13	14
1		•						−						•
2	•		•										+	
3		•		•							−			
4			•		•					+				
5				•		•						−		
6					•		•		+					
7						•		•						−
8	+						•		•					
9						−		•		•				
10			+						•		•			
11			−							•		•		
12				+							•		•	
13		−										•		•
14	•						+						•	

Bild 139 ▲
Hier wurde gegenüber Bild 137 eine Sequenz von fünf benachbarten Feldern gedreht.

Bild 140 ► ▲
Ausgehend von Bild 139 wurde innerhalb der gedrehten Fünfersequenz noch eine Dreiersequenz gedreht.

Bild 141 ►
Knoten 7.5 in umgeformter Gestalt

Zunächst wurde – ausgehend von Bild 137 – eine Fünfersequenz gedreht und es entstand Bild 139. Dieses repräsentiert den Knoten 7.2 der Tafel auf Seite 215. Danach wurde innerhalb der gedrehten Fünfersequenz eine Dreiersequenz zurückgedreht. Das Resultat zeigt Bild 140. Es bildet den Knoten 7.5 von Seite 215, allerdings nicht in der dort gezeichneten, sondern in einer umgeformten Gestalt (s. Bild 141).

Damit haben wir die Knoten 7.1, 7.2, 7.3 und 7.5 gefunden. Knoten 7.4 erhält man, wenn man, wieder ausgehend von Bild 137, zwei Dreiergruppen dreht. Das Ergebnis zeigt Bild 142 auf Seite 225.

224

Damit ist das Repertoire des Drehens von Dreier- und Fünfersequenzen erschöpft. Der Grund dafür liegt auf der Hand. Innerhalb einer einzigen Siebenersequenz sind ganz einfach keine weiteren Drehungen möglich. Das lässt sich auch direkt an den Knotenbildern 7.1 bis 7.7 auf Seite

	01	02	03	04	05	06	07	08	09	10	11	12	13	14
1		•									−			•
2	•		•						+					
3		•		•				−						
4			•		•						+			
5				•		•								−
6					•		•					+		
7						•		•			−			
8		+					•		•					
9	−							•		•				
10	+								•		•			
11		−								•		•		
12					+						•		•	
13					−							•		•
14	•				+								•	

Bild 142
Durch Drehen zweier Dreiergruppen in Bild 137 entsteht dieses Diagramm. Es bildet den Knoten 7.4 ab.

215 erkennen, wenn man sich dessen bewusst wird, was so eine Drehung am Knoten bewirkt. In den Knoten 7.1 bis 7.5 gibt es generell mindestens ein Element, das so aussieht wie in Bild 143a. Schneidet man es heraus und setzt es um 90° gedreht (Bild 143b) wieder ein, dann entsteht ein neuer Knoten, der sich nicht durch Umformen aus dem ursprünglichen erzeugen lässt.

Bilder 143a und b
So sieht das Drehen einer Dreiergruppe als Drehen eines Elementes des Knotens aus.

Entsprechend ist die 90°-Drehung einer Fünfersequenz im Diagramm die Drehung eines Elementes wie in Bild 144 im Knoten selbst.

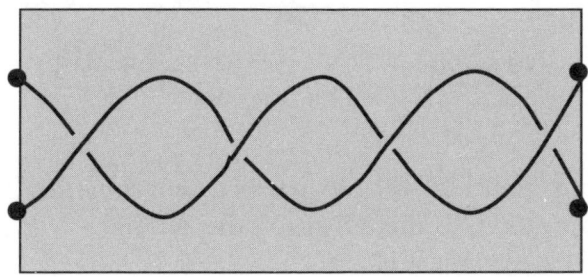

Bild 144
So sieht die zu drehende Fünfergruppe als Knotenelement aus.

Ausgehend vom Knoten 7.1 lassen sich alle jene 7er-Knoten durch sukzessives Drehen von Sequenzen erreichen, die überhaupt derartige Sequenzen enthalten. Auf die Knoten 7.6 und 7.7 trifft das nicht zu. Nun gibt es aber noch ein zweites Standardelement, das in den meisten Knoten vorkommt: ein aus drei Kreuzungen gebildetes Dreieck wie in Bild 145a.

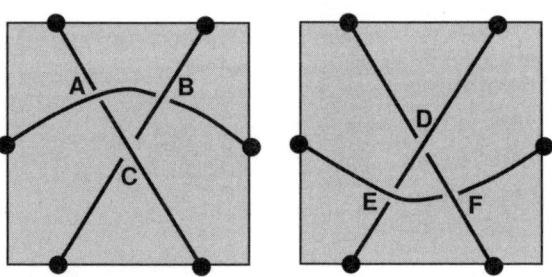

Bilder 145a und b
Transformation eines
Kreuzungsdreiecks

Es lässt sich in Bild 145b verwandeln, wodurch wie bei der 90°-Drehung aus dem Ausgangsknoten ein neuer Knoten entsteht, der sich nicht durch bloßes Umformen erhalten lässt.

Im Diagramm muss man zunächst einmal ein Kreuzungsdreieck A, B, C suchen. Dafür gibt es meist mehrere Möglichkeiten. Ein solches Kreuzungstriplet ist im Knoten 7.4 (siehe Diagramm im Bild 142) zum Beispiel −3/+8, +4/−11, −7/+12. Charakteristisch für ein Dreieck ist, dass seine Knoten aneinanderpassen wie in Bild 146a: Die 3 passt an die 4, die 7 an die 8 und die 11 an die 12. Die +- und −-Zeichen sind hierbei natürlich nicht als Vorzeichen zu betrachten. Sie stehen nur für Über- oder Unterkreuzungen der jeweiligen Schnur.

Bilder 146a und b
Um im Diagramm ein Dreieckselement zu verändern, werden Zahlen, die sich nur um 1 unterscheiden, gegeneinander ausgetauscht.

Nun tauscht man einfach die jeweils benachbarten Zahlen gegeneinander aus, also die −7 gegen die +8, die −3 gegen die +4 und die −11 gegen die +12.

226

Nimmt man eine derartige Dreiecksumwandlung im Diagramm von Bild 142 (Knoten 7.4) vor, dann erhält man das Diagramm in Bild 147. Es repräsentiert den Knoten 7.7 der Tafel auf Seite 215.

Hätte man im Diagramm von Bild 142 statt des Kreuzungsdreiecks mit den Ecken −3/+8, +4/−11, −7/+12 jenes mit den Eckpunkten −1/+10, +4/−11, −5/+14 transformiert, dann wäre das Diagramm in Bild 148 entstanden. Auch dieses repräsentiert den Knoten 7.7, wenn auch in anderer Zählfolge der Kreuzungen. Im Knoten 7.7 gibt es wiederum verschiedene Kreu-

	01	02	03	04	05	06	07	08	09	10	11	12	13	14
1		•								−				•
2	•		•						+					
3		•		•									−	
4			•		•		+							
5				•		•								−
6					•		•					+		
7				−		•		•						
8							•		•		+			
9	−							•		•				
10	+								•		•			
11								−		•		•		
12			+								•		•	
13					−							•		•
14	•				+								•	

Bild 147
Durch Umwandeln eines Dreiecks in Bild 142 entsteht dieses Diagramm. Es bildet den Knoten 7.7 ab.

	01	02	03	04	05	06	07	08	09	10	11	12	13	14
1		•	−											•
2	•		•						+					
3		•		•				−						
4	+		•		•									
5				•		•				−				
6					•		•					+		
7						•		•			−			
8			+				•		•					
9	−							•		•				
10					+				•		•			
11										•		•		−
12					+						•		•	
13					−							•		•
14	•								+				•	

Bild 148
Durch Umwandeln eines anderen Dreiecks in Bild 142 entsteht dieses Diagramm. Es bildet ebenfalls den Knoten 7.7 ab.

zungsdreiecke. Zwei davon ergeben bei ihrer Transformation natürlich wieder den Knoten 7.4, denn aus ihm sind sie durch Umwandlung ja selbst entstanden. Wandelt man dagegen das Dreieck −1/+4, +2/−9, −5/+10 in das Dreieck +2/−5, −1/+10, +4/−9 um, dann erhält man das Diagramm aus Bild 149. Es stellt den Knoten 7.6 dar.

Wir haben jetzt alle Knoten 7.1 bis 7.7 durch einfache Manipulationen in den Diagrammen gefunden. Weitere 7er-Knoten lassen sich weder durch Drehen von Dreier- oder Fünfersequenzen noch durch irgendwelche Dreiecksumformungen erzeugen.

Entsprechendes gilt auch für die 5er- und für die 9er-Knoten. Bei den 5er-Knoten gibt es dabei keine Dreieckstransformation.

	01	02	03	04	05	06	07	08	09	10	11	12	13	14
1		•									−			•
2	•		•		+									
3		•		•				−						
4			•		•				+					
5	−			•		•								
6					•		•					+		
7						•		•			−			
8		+					•		•					
9			−					•		•				
10	+								•		•			
11										•		•		−
12							+				•		•	
13						−						•		•
14	•										+		•	

Bild 149
Durch Umwandeln eines Dreiecks in Bild 148 entsteht dieses Diagramm. Es stellt den Knoten 7.6 dar.

Freundliche ungerade Zahlen

Vielleicht ist es dem einen oder anderen Leser aufgefallen, dass sich schon mehrfach in diesem Buch die ungeraden Zahlen als viel »freundlicher« erwiesen haben als die geraden Zahlen. Von der besonderen Bedeutung der 5 und des Pentagramms in der Natur habe ich berichtet. Das »Polygonparadoxon« (Seiten 105 ff) funktioniert überhaupt nur mit ungeraden Zahlen. Die magischen Würfel (siehe Seite 140 ff) lassen sich einfach nur für ungerade Ordnungen entwickeln. Die Halbdiagonalen in Polygonen mit ungeraden Eckenzahlen folgen besonders eleganten Beziehungen (Seite 162 ff). Und was die Knoten anbelangt, hat die einfache Grundform eines Primknotens mit n Kreuzungen nur für ungerade n die einfach geflochtene Ringform wie bei 5.1 oder 7.1 auf Seite 215. Diese Form bildet sich im Diagramm als Diagonale aus n mit Zeichen markierten Feldern wie in Bild 137 (Seite 222) ab. Für gerade n ist das nicht möglich.

Wir müssen hier eine andere Grundform finden. Es empfiehlt sich, von dem Knoten 8.1 (Seite 125) auszugehen, weil er die längste Sequenz diagonal in einer Reihe stehender markierter Felder im Diagramm aufweist (siehe Bild 150). Von hier aus sind folgende 90°-Drehungen möglich:

a) eine Dreiersequenz drehen,

b) zwei Dreiersequenzen drehen,

228

c) eine Fünfersequenz drehen,
d) eine Fünfersequenz drehen und innerhalb dieser eine Dreiersequenz zurückdrehen.

Auf diese Weise erhält man zunächst einmal fünf verschiedene 8er-Knoten. Dann kann man wieder mit Dreiecksumformungen fortfahren. Es ist aber auch möglich, bei Knoten mit geraden Kreuzungszahlen außerdem noch von einer zweiten Grundform auszugehen und von dieser aus sofort mit Dreieckstransformationen zu beginnen. Geschieht das fortgesetzt, dann ergeben sich zunehmend auch Dreier- und schließlich Fünfersequenzen, die sich um 90° drehen lassen. Diese zweite Grundform ist der Knoten 8.18 (Seite 217) mit dem Diagramm, das Bild 151 zeigt.

	01	02	03	04	05	06	07	08	09	10	11	12	13	14	15	16
1		•						–								•
2	•		•												+	
3		•		•										–		
4			•		•								+			
5				•		•						–				
6					•		•				+					
7						•		•		–						
8	+						•		•							
9								•		•						–
10							+		•		•					
11						–				•		•				
12					+						•		•			
13				–								•		•		
14			+								+		•		•	
15		–												•		•
16	•								+						•	

Bild 150
Eine Grundform des Knotens mit acht Kreuzungen, der Knoten 8.1

	01	02	03	04	05	06	07	08	09	10	11	12	13	14	15	16
1		•										+				•
2	•		•				–									
3		•		•										+		
4			•		•				–							
5				•		•										+
6					•		•				–					
7		+				•		•								
8							•		•				–			
9				+				•		•						
10									•		•				–	
11						+				•		•				
12	–										•		•			
13								+				•		•		
14			–										•		•	
15										+				•		•
16	•				–										•	

Bild 151
Als zweite Grundform der Achterknoten bietet sich der Knoten 8.18 an.

Den Diagrammen der Bilder 150 und 151 entsprechende Grundformen lassen sich auch bei allen anderen Knoten mit geraden Kreuzungszahlen finden.

Bei Knoten mit geraden Kreuzungszahlen taucht aber noch ein anderes Problem auf. Gingen wir bisher stillschweigend davon aus, dass im Verlauf der Schnur innerhalb eines Primknotens einer Überkreuzung immer direkt eine Unterkreuzung folgt und umgekehrt (dass also einem + in einer Diagrammzeile immer ein − in der nächsten folgt und vice versa), so zeigt sich bei den Achterknoten, dass dies für Primknoten leider nicht generell gilt. Die Knoten 8.17, 9.19, 8.20 und 8.21 (Seite 217) sind von ihrer Form her alle deckungsgleich. Dennoch sind es unterschiedliche Knoten, weil es bei den Knoten 9.19, 8.20 und 8.21 jeweils zweimal irgendwo zwei Überkreuzungen in Folge gibt. Diese Varianten lassen sich weder durch 90°-Drehungen von Dreier- oder Fünfersequenzen noch durch Dreieckstransformationen finden. Hier muss man nach anderen Verfahren suchen.

Gordion

Rund 80 Kilometer westlich der türkischen Hauptstadt liegt eine berühmte archäologische Grabungsstätte. Dort erheben sich etwa 100 Hügelgräber aus phrygischer Zeit, darunter auch das mutmaßliche Grab des Königs GORDIOS, nach dem dieser Ort heute als »Gordion« bekannt ist. Dieser Gordios besaß der Legende nach einen Streitwagen, dessen Rosse die Götter selbst eingeschirrt hatten, und zwar mit einem Knoten, den kein Irdischer entwirren konnte. Die Legende weiß auch, dass es schließlich ALEXANDER DEM GROßEN 333 v. Chr. gelungen ist, den Knoten dennoch zu lösen – allerdings topologisch reichlich banausenhaft: Er durchschlug ihn kurzerhand mit seinem Schwert. Der »Gordische Knoten« gilt heute sprichwörtlich ganz generell als Synonym für schwer zu lösende Probleme. Und an solchen fehlt es in der Topologie[15] und speziell in der Knotentheorie wahrlich nicht.

Es ist aber auch möglich, dass der von den alten Göttern geschlungene Gordische Knoten gar kein Knoten war, sondern ein »Unknoten«, der sich bekanntlich in eine einfache Schlaufe auflösen lässt. Es gibt nämlich noch eine weitere Legende. Nach ihr soll Alexander diesen Trick durchschaut und einfach einen durch den Knoten gesteckten Pflock herausgezogen haben, woraufhin der Knoten spontan völlig zerfallen sein soll. Mir ist die-

---

[15] Siehe »Topologie« im Glossar auf Seite 269

se Variante lieber, denn ich bin ein Freund topologischer Spielereien mit Unknoten.
Zum Abschluss dieses Buches möchte ich Ihnen einige davon
nicht vorenthalten. Sie sind geeignet, bei Ihren Freunden Verwirrung zu stiften.

Eine widerspenstige Bandschlinge

Wie verblüffend sich selbst einfache
topologische Gebilde wie die endlose
Bandschlinge aus Bild 152 verhalten
können, beweist ein einfaches Experi-
ment.
Halten Sie die Schlinge so mit beiden
Händen, wie links in Bild 152 gezeigt. Bewegen Sie nun die im Bild
rechte Hand abwärts und gleichzeitig
die andere Hand aufwärts. Dadurch
verdrallen sich beide Stränge der
Bandschlinge. Nun bitten Sie einen
Freund, die Schlinge von Ihnen zu
übernehmen, indem er sie an den im
rechten Bild mit A und B beschrifte-
ten Stellen jeweils mit Daumen und
Zeigefinger einer Hand fasst. Er soll
dabei in Pfeilrichtung greifen und
nicht etwa in derselben Richtung, wie
Ihre Hände die Schlinge fassen. In der
Regel wird er das ganz von selbst tun,
denn es geht leichter. Nun bitten Sie
Ihren Freund, er solle die Schlinge

Bild 152
Bewegt man die im
linken Bild rechts
gezeigte Hand ab-
wärts und die andere
Hand aufwärts, dann
verdrallt sich die
Bandschlinge wie im
rechten Bild.

nicht mehr loslassen und sie durch gegenläufiges Auf- und Ab-
bewegen seiner Hände in die unverdrallte Ausgangsposition
zurückbringen. Es wird ihm nicht gelingen.
Der Versuch zeigt schön, dass sich hinsichtlich des topologi-
schen Verhaltens selbst symmetrische Anordnungen unterschiedlich verhalten können.

Ein befreiter Flaschenhals

Legen Sie eine Schnurschlinge über einen Flaschenhals. Er darf ruhig hinterschnitten oder von einem dicken Zierkorken abgeschlossen sein, damit die Schlinge nicht leicht abrutschen kann. Halten Sie die beiden Enden der Schlinge mit der linken Hand so, dass die Schnüre etwa horizontal vom Flaschenhals fortlaufen. Nun bewegen Sie Ihren rechten Mittelfinger von oben neben die linke Schnur (von Ihrer linken Hand in Richtung Flaschenhals gesehen). Haken Sie Ihre rechte Mittelfingerkuppe um die linke Schnur herum, ziehen Sie diese hoch und dann nach rechts über die rechte Schnur hinweg. Schieben Sie dann den rechten Mittelfinger von rechts her unter die rechte Schnur, wobei Sie Ihre ganze rechte Hand so drehen, dass die Handfläche zuerst nach links und dann schließlich nach oben weist. Auch die Mittelfingerspitze zeigt nun nach oben. Lassen Sie Ihre rechte Hand nun so weit in Richtung Flaschenhals gleiten, bis Sie Ihren rechten Zeigefinger von unten her in das Schnurfach stecken können, das sich zwischen Flaschenhals und einer Schnurkreuzung vor dem rechten Mittelfinger gebildet hat (siehe Bild 153). Ziehen Sie Ihre rechte Hand nun wieder etwas vom Fla-

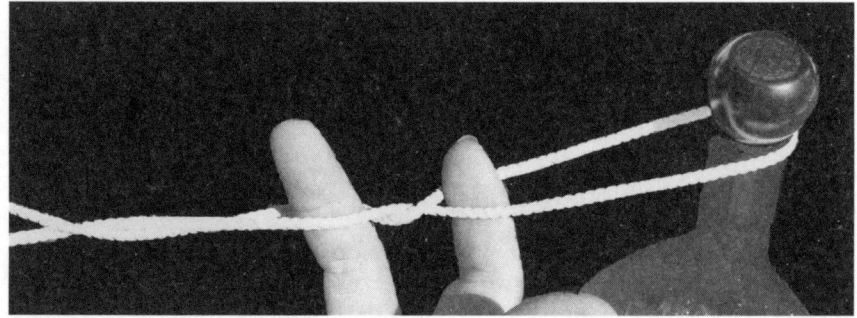

Bild 153
Beginn der Fla-
schenhalsent-
fesselung

schenhals fort und drehen Sie sie dabei so im Gegenuhrzeigersinn, dass der Handrücken wieder nach oben weist. Senken Sie jetzt den Zeigefinger möglichst weit nach unten, während Sie den Mittelfinger bis fast in die Horizontale anheben. Legen Sie die Mittelfingerspitze dann rechts an der Schnur vorbei fest von oben auf den Flaschenhals bzw. den Korken (siehe Pfeil in Bild 154). Nun ziehen Sie rasch den Zeigefinger aus seiner Schlaufe. Gleichzeitig ziehen Sie mit der linken Hand die Schlinge vom

232

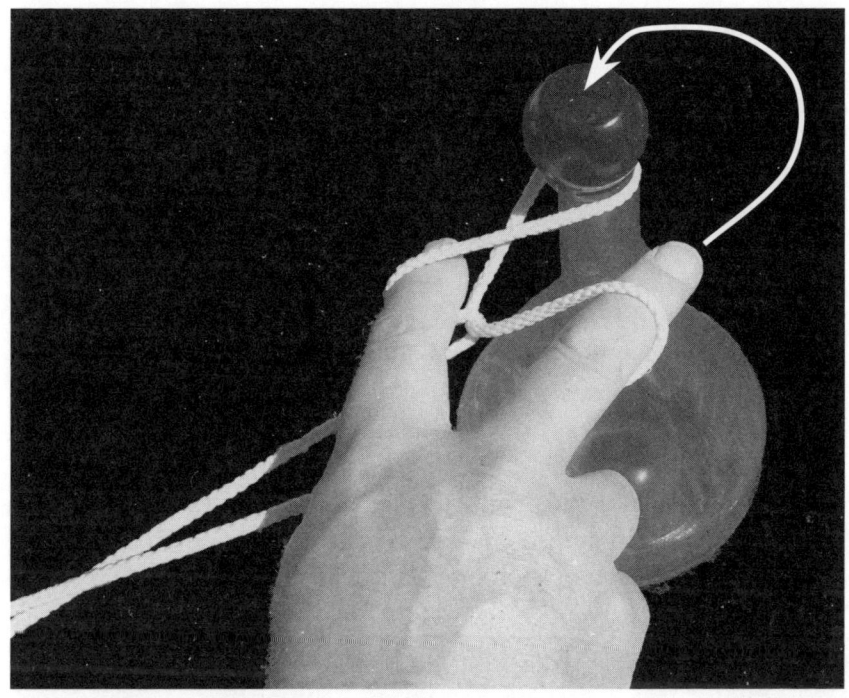

Flaschenhals fort. Die Flasche ist frei. Wenn Sie die Bewegungen zügig ausführen, ist der Effekt verblüffend.

Haben Sie staunende Zuschauer, dann können Sie jetzt noch einen »draufsetzen«. Sie wiederholen das Ganze offenbar etwas erschwert, indem Sie die Schnurschlinge nicht nur einfach über den Flaschenhals hängen, sondern sie noch mit einem Extraschlag sichern, indem Sie das rechte Schlingenende mit der rechten Hand einmal um den Flaschenhals wickeln. Danach verläuft der weitere Vorgang wie oben beschrieben bis kurz vor dem Ende. Statt den Mittelfinger zum Schluss direkt auf den Flaschenhals zu drücken, führen Sie ihn erst noch durch die Zeigefingerschlaufe, und zwar in gleicher Richtung wie den Zeigefinger. Erst danach kommt er auf den Flaschenhals. Überraschenderweise löst sich jetzt auch der Extraschlag um den Hals in nichts auf.

Besonders verblüffend wirkt dieser kleine topologische Kunstgriff meist, wenn Sie statt eines Flaschenhalses den hochgestreckten Finger eines Zuschauers umwickeln, der sich am Ende wundert, warum sein Finger plötzlich wieder frei ist.

Fingerhäkeln

Ein faszinierender, gleichsam mit den eigenen Fingern gehäkelter Unknoten ist der folgende. Allerdings erfordert er etwas Übung, wenn man ihn zügig und ohne großes Nachdenken vorführen will.

1. Hängen Sie eine Schnurschlinge über den hochgehaltenen linken Daumen.

2. Stecken Sie Ihren rechten Zeigefinger von oben zwischen die beiden Enden der Schlaufe und klemmen Sie die linke Schnur (in Richtung von der rechten Hand zur linken Hand gesehen) zwischen rechten Daumen und Zeigefinger, die rechte Schnur zwischen rechten Mittel- und Zeigefinger.

3. Drehen Sie jetzt die rechte Hand um 90 Grad im Uhrzeigersinn, sodass die Handfläche nach oben weist. Gleichzeitig drücken Sie die zwischen rechtem Daumen und Zeigefinger verlau-

Bild 155
Verschiedene
Phasen des
»Fingerhäkelns«

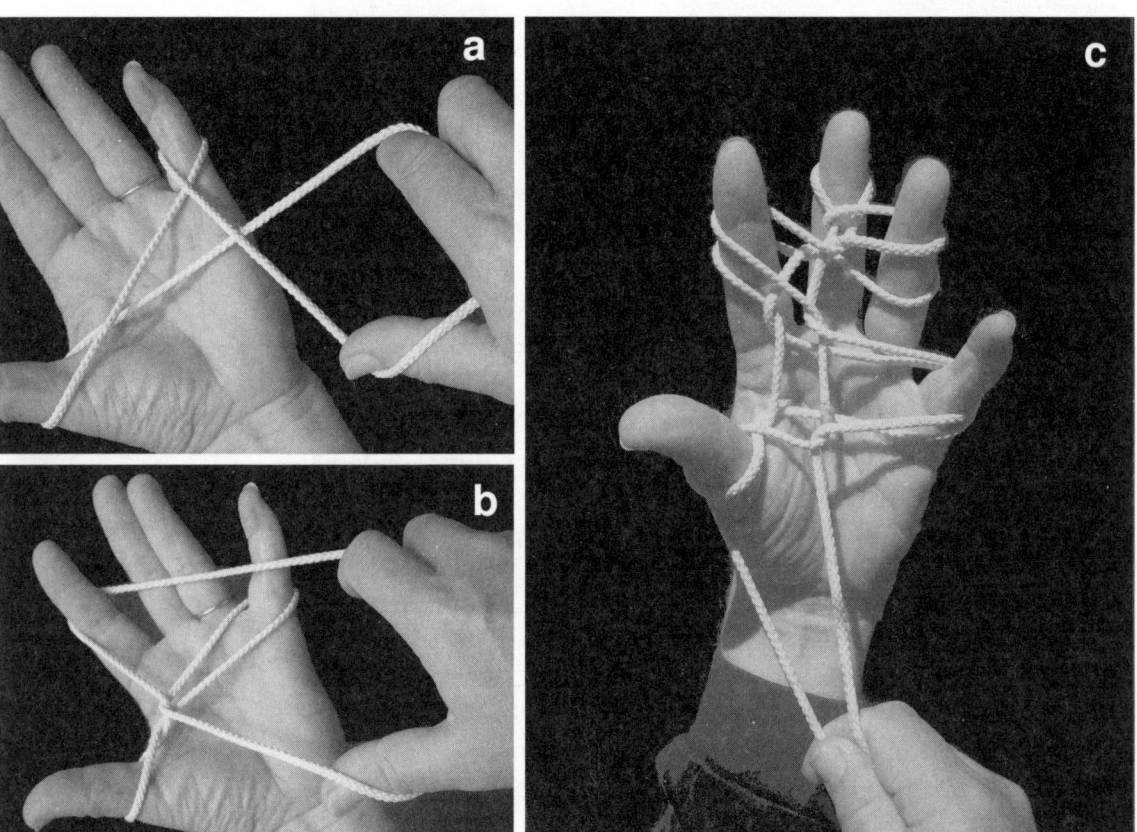

fende Schnur mit dem Daumen nach rechts. Zwischen den Händen kreuzen sich jetzt die Schnüre. Stecken Sie den linken Kleinfinger vor dem rechten Daumen von oben zwischen die Schnüre. Danach halten Sie die linke Hand wieder mit allen Fingern nach oben (Kleinfinger nach außen drehend), während Sie die rechte Hand gegen den Uhrzeigersinn drehen. Damit erreichen Sie den in Bild 155a gezeigten Schnurverlauf.

4. Nun führen Sie die Schnur, die über dem rechten Zeigefinger liegt, mit diesem Finger von links um den Rücken des linken Zeigefingers. Sie haben jetzt den Schnurverlauf wie in Bild 155b.

5. Drehen Sie die rechte Hand um 90 Grad im Uhrzeigersinn, beugen Sie den linken Ringfinger von oben in das Schnurfach vor dem rechten Daumen und drehen Sie die rechte Hand wieder zurück (Handrücken oben). Stellen Sie den linken Ringfinger wieder auf. Um ihn verläuft jetzt eine Schlaufe.

6. Nun führen Sie die Schnur, die über dem rechten Zeigefinger liegt, mit diesem Finger von links um den Rücken des linken Mittelfingers.

7. Drehen Sie die rechte Hand um 90 Grad im Uhrzeigersinn und stecken Sie den linken Ringfinger von unten durch das Schnurfach vor dem rechten Daumen.

8. Drehen Sie die rechte Hand um etwa 100 Grad im Gegenuhrzeigersinn und legen Sie die um den rechten Zeigefinger verlaufende Schnur von rechts nach links um den Rücken des linken Zeigefingers.

9. Drehen Sie die rechte Hand um etwa 100 Grad im Uhrzeigersinn und stecken Sie den linken Kleinfinger von unten durch das Schnurfach vor dem rechten Daumen.

10. Drehen Sie die rechte Hand um etwa 100 Grad im Gegenuhrzeigersinn und legen Sie die um den rechten Zeigefinger verlaufende Schnur von rechts nach links um den Rücken des linken Daumens. Sie haben jetzt Bild 155c. Hand zurückdrehen.

11. Ziehen Sie (eventuell mit Hilfe des linken Zeigefingers) den linken Mittelfinger aus seiner Schlaufe, und ziehen Sie mit der rechten Hand an der in Bild 155c rechts vor dem linken Handgelenk herablaufenden Schnur. Das ganze Häkelwerk löst sich Zug um Zug in nichts auf.

Diese Schnurspielerei ist besonders wirkungsvoll, wenn man sie sehr schnell vorführt, was allerdings Übung erfordert.

Zweifingertricks

Erster Trick

Beim ersten dieser beiden von mir entwickelten Verwirrspiele handelt es sich eigentlich gar nicht um einen Trick, denn hier geht alles mit rechten Dingen zu. Dennoch ist es überraschend.

Halten Sie die linke Hand, wie im Bild 156 gezeigt. Mit der rechten Hand führen Sie eine dünne, möglichst glatte und sehr flexible Schnur von unten nach oben zwischen Daumen und Zeigefinger der linken Hand hindurch. Das freie Ende hängt herab. Das Ende in Ihrer rechten Hand führen Sie zwischen linkem Zeige- und Mittelfinger nach unten und wickeln es danach noch zweimal um den linken Zeigefinger. Jetzt führen Sie das Schnurende abwärts, von hinten nach vorne um den linken Daumen herum

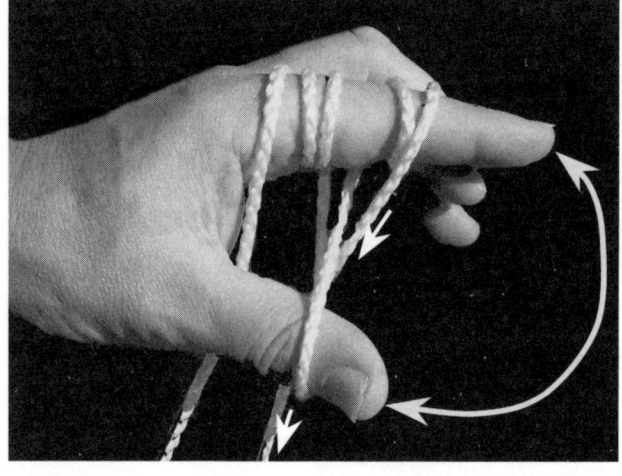

Bild 156
Schnurführung beim ersten Zweifinger-trick

und zwischen linkem Zeige- und Mittelfinger wieder aufwärts. Danach wickeln Sie es zweimal um den linken Zeigefinger. Stecken Sie nun das Ende von rechts nach links durch die um den linken Daumen verlaufende Schlaufe und führen Sie es dann hinter dem linken Daumen nach unten. Die letzten beiden Bewegungen zeigen die beiden kleinen weißen Pfeile in Bild 156.

Nun führen Sie die Kuppen von linkem Daumen und Zeigefinger zusammen, sodass diese Finger einen geschlossenen Ring bilden. Es scheint nun unmöglich, dass die Schnur ohne Öffnen dieses Ringes wieder freikommt; es sei denn, man fädelt die freien Schnurenden hindurch. Dennoch gelingt es, wenn Sie mit dem linken Mittelfinger die auf der Rückseite von Daumen und Zeigefinger herablaufende Schnur nach rechts über die Fingerkuppen schieben und dann mit der rechten Hand an dem mit einem Pfeil gekennzeichneten Schnurende abwärts ziehen.

Zweiter Trick

Anders als bei der soeben beschriebenen Daumen-Zeigefinger-Entfesselung geht es jetzt um einen wirklichen »Trick«, denn durch Ziehen am Schnurende »b« in Bild 157a lässt sich die wiederholte Achterwicklung um Daumen und Zeigefinger ganz gewiss nicht auflösen, wenn alles mit rechten Dingen zugeht. Dass es trotzdem möglich ist, liegt daran, dass hier nicht alles so ist, wie es scheint. Die verborgene Trickwickeltechnik zeigt Bild 157b. Und so wird's genau gemacht:

Halten Sie die linke Hand wie in Bild 157b. Hängen Sie ein freies Schnurende über die Wurzeln von Daumen und Zeigefinger. Die rechte Hand führt das andere – mindestens 60 cm lange – Schnurende folgendermaßen:

Bild 157a und b
Scheinbare und tatsächliche Schnurführung beim zweiten Zweifingertrick

1. um den linken Zeigefinger hinten herum und wieder nach vorne
2. unten um den Daumen nach hinten und vor dem Zeigefinger hinauf
3. um den Zeigefinger herum und wieder nach vorne
4. unter dem Daumen nach hinten und vor dem Zeigefinger hinauf
5. um den Zeigefinger herum nach unten und *hinter* dem Daumen vorbei nach vorne (hierin liegt der Trick – diese Bewegung sollten Sie möglichst schnell und flüssig ausführen, dann wird niemand den Betrug merken)
6. vor dem Daumen und hinter dem Zeigefinger nach oben
7. um den Zeigefinger herum nach vorne und hinter dem Daumen nach unten
8. vor dem Daumen und hinter dem Zeigefinger nach oben
9. um den Zeigefinger herum nach vorne.
10. Das Schnurende wird durch alle Daumenschlaufen geführt und dann hinter dem Daumen nach unten.

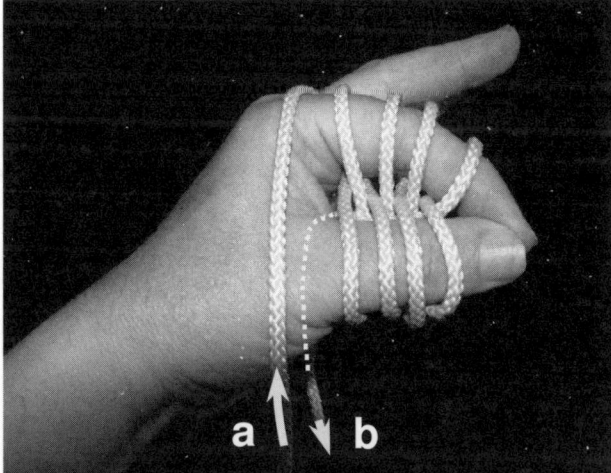

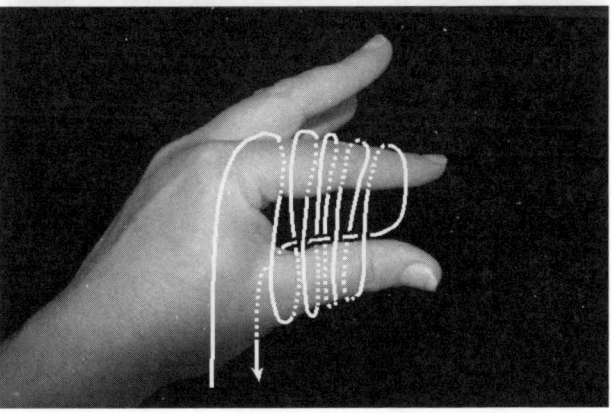

237

Danach schließt man Daumen und Zeigefinger zu einem Ring. Nun schiebt man mit dem linken Mittelfinger das hinter Daumen und Zeigefinger verlaufende gerade Schnurstück nach rechts über die Fingerkuppen hinaus und zieht mit der rechten Hand am Schnurende, das mit dem Pfeil gekennzeichnet ist (Schnur »b« im Bild 157a). Zieht sich die frei gewordene Schnurschlaufe dabei nicht von selbst von vorne zwischen Daumen und Zeigefinger hindurch, dann kann man mit der rechten Hand etwas nachhelfen. Danach gibt es wieder ein freies Schnurstück, das hinter Daumen und Zeigefinger gerade herabläuft. Auch dieses wird mit dem Mittelfinger nach rechts geschoben. Die rechte Hand zieht weiter am Schnurende »b«, und das Ganze löst sich auf. Gibt es zu starke Schnurreibung, sollten Sie es mit einer etwas dickeren, glatteren und flexibleren Schnur versuchen.

Bild 158
Vorbereitungsphase für die »Mause-ohren«

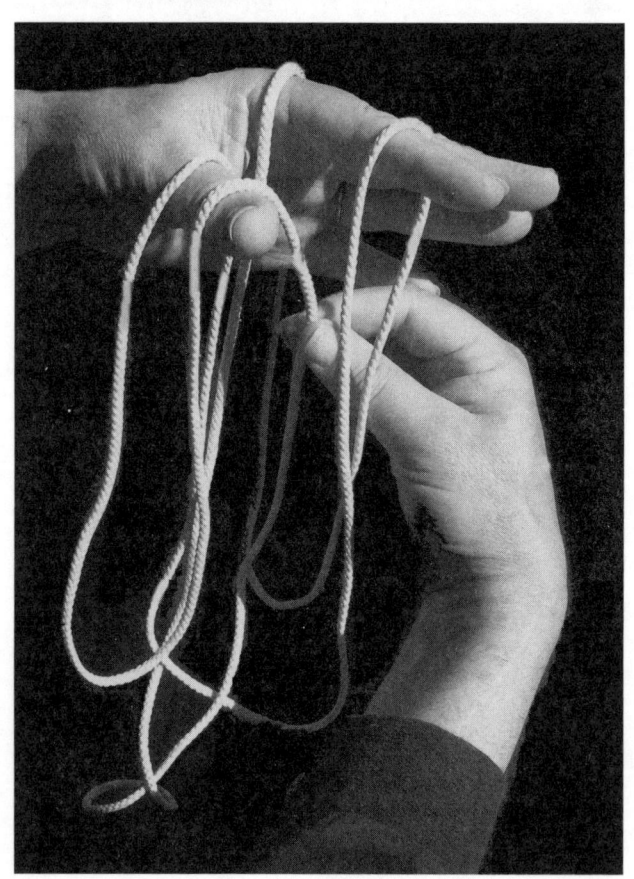

Mauseohren

Ein regelrechtes topologisches Kabinettstückchen entdeckte ich 2006. Ich habe es »Mauseohren« getauft. Man muss sehr präzise arbeiten, wenn es gelingen soll:

1. Nehmen Sie eine geschlossene Schnurschlinge aus einer etwa 1 m langen Schnur. Am besten eignet sich eine geflochtene Kunststoffschnur, deren Enden sich leicht mit einem Feuerzeug miteinander verschweißen lassen. Legen Sie die Schlinge über Zeige-, Mittel-, Ring- und Kleinfinger der linken Hand. Die Handfläche ist Ihnen zugewandt. Fassen Sie mit der rechten Hand die hintere Schnur der Schlinge in der Nähe des linken Handrückens und wickeln Sie diesen Strang einmal im Uhrzeigersinn um die vier Finger der linken Hand. Ziehen Sie das untere Ende der so ent-

standenen kleinen Schlaufe so weit nach unten, dass beide dann von der linken Hand herabhängenden Schlaufen gleich lang sind. Achten Sie darauf, dass beide Schlingen dort, wo sie über den linken Zeigefinger laufen, gut voneinander getrennt sind.

2. Stecken Sie den rechten Daumen von rechts nach links hinter dem linken Handrücken durch beide Schlaufen und ziehen Sie die linke Hand völlig aus den Schlaufen heraus. Beide Schlaufen hängen jetzt über dem rechten Daumen. Drehen Sie die rechte Hand nun so, dass die Finger von Ihnen fort weisen. Schließen Sie linken Daumen und Zeigefinger auf halber Höhe um die beiden herunterhängenden Schlaufen zu einem Ring.

3. Werfen Sie die in der Gegend der rechten Daumenspitze liegende Schlaufe über den linken Zeigefinger nach hinten und die andere rechte Daumenschlaufe über den linken Daumen nach vorne und spreizen Sie linken Daumen und Zeigefinger leicht auseinander. Sie haben jetzt die Konfiguration wie in Bild 158.

4. Greifen Sie mit Daumen und Zeigefinger der rechten Hand wie im Bild 158 gezeigt von hinten her zwischen den beiden Schlaufen, die über dem linken Zeigefinger liegen, hindurch auf sich zu und fassen Sie dort die rechte hinten über den linken Daumen verlaufende Schnur.

5. Klemmen Sie mit Daumen und Zeigefinger der linken Hand alle Schnüre fest und ziehen Sie mit Daumen und Zeigefinger der rechten Hand die von diesen Fingern gehaltene Schnur nach hinten heraus. Dabei entsteht eine Schnurschlaufe, die sich um Ihren rechten Daumen legt. Zeigefinger freilassen.

6. Halten Sie die rechte Hand so, dass der Handrücken von Ihnen fort und der Daumen zum Körper weisen. Führen Sie nun den rechten Daumen nach vorne über den linken Zeigefinger und Daumen hinweg und dann nach unten, und stecken Sie ihn schließlich von vorne nach hinten durch die vor dem linken Daumen herabhängende Schlaufe.

7. Auf dem rechten Daumen befinden sich nun zwei Schlaufen. Ziehen Sie beide gemeinsam so weit wie möglich nach oben und dann nach rechts hinten von der linken Hand fort. Halten Sie dabei linken Daumen und Zeigefinger fest zu einem Ring geschlossen. Während Sie die rechte Hand nach rechts ziehen, schütteln Sie mit der linken Hand die Schnüre frei, sodass die kleine Schlaufe, die sich zwischen Ihren Fingern gebildet hat, als sich zuziehender Knoten über die Fingerspitzen gleitet.

8. Ziehen Sie durch Auseinanderspannen beider Hände den kleinen Knoten fest. Er trennt zwei kleine durch den linken Daumen-Zeigefinger-Ring verlaufende Schlaufen von zwei großen Schlaufen, die Sie in Ihrer Rechten halten.

9. Lassen Sie nun die kleine Doppelschlaufe mit der linken Hand los und greifen Sie mit deren Fingern durch die große

Doppelschlaufe, die Sie in der Rechten halten. Spannen Sie diese leicht so auf, dass oben etwa in Doppelschlaufenmitte die beiden kleinen »Mauseohren« erscheinen (siehe Bild 159).

10. Ziehen Sie jetzt die große Schlaufe straff. Die Mauseohren öffnen sich und die große Doppelschlaufe fällt auseinander.

Bild 159
Die fertigen »Mauseohren« sind ein Unknoten.

Das alles wäre nichts Besonderes, gäbe es nicht eine verblüffende Alternative:

1. Verfahren Sie wie unter den Punkten 1 bis 5 oben.

2. Nehmen Sie die Schlaufe von Ihrem rechten Daumen herunter, verdrehen Sie sie um 180 Grad – gleich in welcher Richtung – und hängen Sie sie auf den Daumen zurück.

3. Verfahren Sie weiter wie bei den Punkten 6 bis 9 im ersten Durchgang. Das Ergebnis lässt sich ohne genaue Examination nicht von jenem beim ersten Durchgang (Bild 159) unterscheiden, ist aber topologisch dennoch ein völlig anderes. Warum, das merken Sie erst, wenn Sie die Schlaufen straffziehen.

Eine dritte interessante Variante ergibt sich, wenn Sie die Schlaufe in Punkt 2 der Alternative nicht um 180, sondern um 360 Grad verdrehen, wobei wiederum die Drehrichtung egal ist.

Knoten und Unknoten sind immer für eine Überraschung gut. Aber Sie mögen fragen, was diese Schnurspielchen eigentlich mit Mathematik zu tun haben. Nun, das fragen sich die Mathematiker auch. Anders gesagt: Sie fragen sich, wie man diesem noch sehr jungen Thema mathematisch am besten beikommt.

Anhang

Kapitel »Spielereien mit Dimensionen«

Zur Mathematik multidimensionaler Hyperwürfel
Zur zahlenmäßigen Untersuchung von n-dimensionalen Hyperwürfeln bietet es sich an, zunächst einmal alle unmittelbar der Anschauung zugänglichen Daten zu sammeln.
Zum Beispiel wissen wir, wie viele Ecken »Würfel« mit den Dimensionen 0 (Punkt), 1 (Strecke), 2 (Quadrat) und 3 (normaler Würfel) haben, und für einige nächsthöhere Dimensionen gehen sie aus Bild 18 auf Seite 37 hervor. Hier ist eine tabellarische Zusammenfassung:

Dimension n:	0	1	2	3	4	5	6
Eckenzahl e:	1	2	4	8	16	32	64

Das Bildungsgesetz für die Eckenzahlen springt geradezu ins Auge:

- Ein n-dimensionaler Würfel hat $e = 2^n$ Ecken.

Machen wir nun Entsprechendes für die Anzahl k der Kanten:

Dimension n:	0	1	2	3	4	5
Kantenzahl k:	0	1	4	12	32	80

Hier ist zu erkennen, dass sich die Kantenzahl aus der Eckenzahl aus der vorigen Tabelle ergibt, wenn man diese mit $n/2$ malnimmt. Es gilt also:

- Ein n-dimensionaler Würfel hat $k = 2^n \cdot \dfrac{n}{2}$ Kanten.

Die nächste Tabelle stellt die beobachtbaren Quadrate zusammen:

Dimension n:	0	1	2	3	4	5
Zahl der Quadrate q:	0	0	1	6	24	80

Wieder kommt man verhältnismäßig rasch weiter, wenn man von der vorherigen Tabelle ausgeht: Die Zahl der Quadrate ergibt sich, wenn man die jeweilige Kantenzahl mit $(n - 1)/4$ malnimmt. Als Gesamtformel ergibt sich also:

- Ein n-dimensionaler Würfel hat $q = 2^n \cdot \dfrac{n}{2} \cdot \dfrac{n-1}{4}$ Quadrate.

Um herauszufinden, aus wie vielen 3-dimensionalen Würfeln sich ein allgemeiner n-dimensionaler Würfel zusammensetzt, liegt jetzt bereits eine Vermutung nahe, denn die Beziehungen für die Ecken, Kanten und Quadrate lassen ein Bildungsprinzip von Formel zu Formel ahnen. Es bietet sich an, folgende Vermutung auszusprechen:

- Ein n-dimensionaler Würfel hat $w = 2^n \cdot \dfrac{n}{2} \cdot \dfrac{n-1}{4} \cdot \dfrac{n-2}{6}$ Würfel.

Freilich könnte der Nenner im letzten Bruch dieser Vermutung statt 6 auch 8 heißen. Auch das entspräche einer gesetzmäßigen (in diesem Fall quadratischen) Entwicklung. Es zeigt sich aber, dass die 6 die Verhältnisse richtig wiedergibt, wie die folgende Tabelle erkennen lässt.

Dimension n:	0	1	2	3	4	5
Zahl der 3D-Würfel w:	0	0	0	1	8	40

Die nächste Kategorie sind 4-dimensionale Würfel – sogenannte Tesserakte – als Komponenten des n-dimensionalen Würfels. Bestätigt sich die vermutete Gesetzmäßigkeit, dann müsste gelten:

- Ein n-dimensionaler Würfel hat
$$t = 2^n \cdot \dfrac{n}{2} \cdot \dfrac{n-1}{4} \cdot \dfrac{n-2}{6} \cdot \dfrac{n-3}{8}$$ Tesserakte.

Es wird hier schon schwerer, das in der Praxis durch bloßes Zählen zu überprüfen, ist aber bis $n = 5$ auch noch nicht unmöglich. Und das Ergebnis bestätigt die vermutete Gesetzmäßigkeit.

Dimension n:	0	1	2	3	4	5
Zahl der Tesserakte t:	0	0	0	0	1	10

Freilich sind das letztlich alles keine exakten mathematischen Beweise, sondern nur empirische Herleitungen, von denen sich nicht mit letzter Gewissheit sagen lässt, ob sie wirklich für alle n gelten. Aufwändigere Rechnungen zeigen aber, dass sie korrekt sind.

Der Bildungsmechanismus der Formeln gilt auch für alle höheren Dimensionen der Elemente, aus denen sich ein n-dimensionaler Würfel aufbaut.

Allgemein lässt sich sagen:

- Ein n-dimensionaler Würfel hat

$$x = 2^n \cdot \frac{n}{2} \cdot \frac{n-1}{4} \cdot \frac{n-2}{6} \cdot \frac{n-3}{8} \cdot \dots \cdot \frac{n-m+1}{2m}$$

m-dimensionale Elemente.

Noch eines ist interessant:

- Addiert man alle Elemente aller Dimensionen, aus denen sich ein n-dimensionaler Würfel aufbaut, dann erhält man die Summe 3^n.

Beim schlichten Quadrat sieht das beispielsweise so aus:

4 (Ecken) + 4 (Kanten) + 1 (Quadrat) = 9 = 3^2

Für den 4-dimensionalen Würfel ergibt sich:

16 (Ecken) + 32 (Kanten) + 24 (Quadrate) + 8 (Würfel) + 1 (Tesserakt) = 81 = 3^4

Kapitel »Überzeugend falsch«

Beweise 1 bis 6:
2 x 0 = 0 ist dasselbe wie 2 x (a – b) = (a – b), wenn a = b ist. Natürlich kann man nicht beide Seiten der Gleichung durch (a – b) teilen, denn (a – b) = 0, und dividieren durch null ist generell nicht zulässig. Bei allen »Beweisen« wurde aber mehr oder weniger unauffällig durch einen Term geteilt, der exakt gleich null ist. Im »Beweis« 1 ist das (b + c – a), weil ja definiert wurde, dass a = b + c ist. Bei den anderen Beweisen dieser Gruppe ist jeweils Ähnliches geschehen.

Beweis 7:
Hier ist schon die generelle Aussage falsch, dass ein Bruch umso kleiner ist, je größer sein Nenner ist, denn 1/0 ist hier auszunehmen. Der Wert ist eben ∞ und keine Zahl zwischen 1 und –1.

Beweis 8:

Beim Rechnen mit dem Unendlichen ist ähnliche Vorsicht geboten, wie beim Rechnen mit der Null. Schließlich ist nicht nur

$$2 \times 0 = 0 \qquad (1), \qquad \text{sondern auch} \qquad 2 \times \infty = \infty \qquad (2)$$

Würde man in Gleichung (1) oder (2) $0 = a$ oder $\infty = a$ setzen, dann ergäbe sich jedes Mal $2a = a$, oder – wenn man beide Seiten durch a teilt – sogar $2 = 1$. Das ist offensichtlich falsch. Es ist also unzulässig, 0 durch 0 oder ∞ durch ∞ zu teilen.

Beim Rechnen mit ∞ kommt aber noch eine weitere Fußangel hinzu. Während $0 - 0$ stets gleich 0 ist, ist $\infty - \infty$ keineswegs immer gleich 0, denn ∞ gibt es in verschiedener »Mächtigkeit«. Lasse ich zum Beispiel von der unendlichen Reihe $1 + 2 + 3 + 4 + 5 + 6 + ...$ alle ungeraden Zahlen fort, dann erhalte ich $2 + 4 + 6 + 8 + 10 ...$ Das ist zwar immer noch ∞, aber doch zugleich weniger als das erste ∞, denn ich habe ja unendlich viele Zahlen abgezogen. Klammere ich allerdings bei der neuen, verminderten Reihe 2 aus, dann erscheint sie als $2 \times (1 + 2 + 3 + 4 + 5 + 6 + ...)$, und das sieht so aus, als sei es genau das Doppelte der ersten unendlichen Reihe. Ergo: Addieren und Subtrahieren unendlicher Reihen ist nicht immer zulässig (nur für konvergente Reihen).

Beweis 9:

Hier liegt eine dritte Fußangel vor: die imaginäre Zahl i, definiert durch $i^2 = -1$. Für sie gelten etliche Grundregeln der Algebra mit reellen Zahlen nicht. Reelle Zahlen sind alle ganzen positiven und negativen Zahlen, die Null sowie alle endlichen positiven und negativen Dezimalbrüche. Dazu gehören die imaginären Zahlen $a \times i$ nicht. Für sie gelten die »klassischen« Rechenregeln nur sehr eingeschränkt und in mancher Hinsicht gar nicht. Das hat schon bedeutende Mathematiker aufs Glatteis geführt, vor allem, als das Rechnen mit imaginären und komplexen Zahlen (Letztere sind Summen aus je einem reellen und einem imaginären Anteil) noch recht neu war. So fiel zum Beispiel sogar der bedeutende Mathematiker LEONHARD EULER auf die Gefahren beim Umgang mit imaginären Zahlen herein, als er 1770 in einem Buch eine Rechnung anstellte, die so ähnlich aussah wie

$$1 = \sqrt{1} = \sqrt{(-1)(-1)} = \sqrt{-1} \cdot \sqrt{-1} = i \cdot i = -1.$$

$\sqrt{(-1)(-1)} = \sqrt{-1} \cdot \sqrt{-1}$ ist aber unzulässig. Im »Beweis« 9 geschah Ähnliches.

Beweise 10 bis 12:
Wurzeln liefern zwar per Definition eindeutige Ergebnisse, denn das $\sqrt{}$ -Zeichen steht generell nur für die positive Lösung. Dennoch haben quadratische Gleichungen wie $x^2 = 4$ zwei Lösungen, nämlich +2 und −2. Wer das berücksichtigt, dem werden die in diesen »Beweisen« gemachten Fehler nicht unterlaufen. So ist zum Beispiel im »Beweis« 10 das korrekte Ergebnis des Wurzelziehens auf beiden Seiten der Gleichung $(4 − 5)^2 = (6 − 5)^2$ nicht $4 − 5 = 6 − 5$, sondern $−(4 − 5) = 6 − 5$ oder $1 = 1$, was niemand bestreiten wird. Gleichartige Fehler sind auch in den »Beweisen« 11 und 12 versteckt.

Beweis 13:
Auch hier geht es − wie bei den »Beweisen« 10 bis 12 − um ein falsches Vorzeichen, nur ist diese Bosheit hier besser getarnt. In der drittletzten Zeile steht $-n = [n^m]^{1/m}$. Das bedeutet nichts anderes als $-n = \pm\sqrt[m]{n^m}$. Richtig ist das Ergebnis, wenn man auf der rechten Seite den negativen Wert berücksichtigt.

Beweis 14:
Hier widerspricht die Gleichsetzung (3) ganz offensichtlich der Gleichung (1) und ist deshalb unzulässig. Deshalb lässt sich auch trotz der Übereinstimmung 32 = 32 die Folgerung, dass die ursprüngliche Annahme (1) »richtig« ist, nicht aufstellen. Mathematisch ausgedrückt: Hier werden falsche Äquivalenzen gesetzt, was den Laien aber arg irritieren kann, zumal ihm dreist eingeredet wird, das sei korrekt.

Beweis 15:
Natürlich ist ln(2) = 0,693147... und nicht gleich 0, denn ln(2) bedeutet die Umkehrrechnung zu $e^{0,693147...} = 2$, wobei e die irrationale »Eulersche Zahl« $e = 2,7182818...$ ist. Sie spielt in vielen Wachstums- und Zerfallsgesetzen in der Natur eine wichtige Rolle.
ln(2) lässt sich in der Tat völlig korrekt durch die unendliche Reihe $1 − 1/2 + 1/3 − 1/4 + 1/5 − ...$ wiedergeben. Diese Reihe konvergiert, läuft also auf den endlichen Grenzwert 0,693147... zu. Beim Umformen der Reihe macht man daraus aber zwei Reihen, die beide nicht konvergieren, sondern deren Summen unendlich groß sind. Das ist bereits ein unzulässiger Prozess. Und nach einigem Umformen wird schließlich ∞ von ∞ abgezogen, was ebenfalls unzulässig ist (s. Anmerkungen zum Beweis 8).

Beweis 16:
Hier gilt Gleiches wie für Beweis 9 ausgeführt: Man bedient sich eines mathematisch unzulässigen Vorgangs. Logarithmen negativer Zahlen sind nicht definiert, und deshalb darf man auch nicht mit ihnen rechnen. Das hat folgenden Grund: $\log(a) = b$ ist äquivalent zur Aussage $10^b = a$. b kann dabei negativ oder positiv sein. Ist es positiv, dann ist $10^b = a$ natürlich positiv. Ist b negativ, dann lässt sich dafür $-c$ schreiben (c ist positiv). 10^{-c} ist aber keine negative Zahl, sondern nichts anderes als $\dfrac{1}{10^c}$, also eine positive Zahl. a kann deshalb niemals negativ sein, und deshalb ist $\log(a)$ für negatives a nicht definiert.

Beweis 17:
Hier wird es schon beim Übergang von der Gleichung zur Ungleichung falsch. Die stillschweigend vorausgesetzte Annahme $2a > a$ gilt natürlich nur, wenn a positiv ist. Niemand wird behaupten, dass $2 \cdot (-4) > -4$ ist. Nun ist aber $\log(\sin\frac{\pi}{6}) = \log(0,5...) = -0,30103...,$ also eine negative Zahl. Und es ist natürlich nicht
$2 \cdot (-0,30103...) > -0,60206...$

Beweis 18:
Dieser mathematische Unfug ist besonders originell und vor allem für Anfänger äußerst lehrreich, denn er zeigt überdeutlich, wie wichtig es ist, Einheiten in die Rechnung korrekt mit einzubeziehen und nicht nur mit den Zahlenwerten zu operieren.
1 € = 100 cent ist natürlich noch richtig. Aber schon in der nächsten Zeile wird es falsch, denn 100 ist zwar 10^2, aber Quadratcent ist hier natürlich nicht sinnvoll. Die cent müssen also außerhalb der Klammer stehen: 100 cent = 10^2 cent
Wenn man dann noch korrekt weiterrechnen würde, wäre alles richtig:
10^2 cent = 10^2 €/100, denn 1 cent = 1 €/100
und 10^2 cent = 100 cent = 100/100 € = 1 €
1 € bleibt natürlich 1 €, zumindest im Bereich der Mathematik. Anders ist das beim staatlichen Steuersystem, wo tatsächlich 1 cent so etwas wie 1 € netto ist.

Beide »Beweise« sind besonders heimtückisch, und ich habe die Erfahrung gemacht, dass sich vor allem jene Menschen die Zähne daran ausbeißen, die an sich besonders gute Mathematiker sind. Mathematikern kommt es auf konsequent logisches Denken an und nicht auf die mehr oder weniger gute Qualität von Handskizzen. Das ist in diesem Fall aber tragisch, denn logische Denkfehler gibt es in beiden »Beweisen« in der Tat nicht. Die Zeichnungen sind ganz einfach falsch. So wie dargestellt, sind sie gar nicht möglich. Allerdings habe ich noch einen Trick auf Lager, um auch Skeptiker, die den Verdacht hegen, hier wurde unsauber konstruiert, weiter aufs Glatteis zu führen. Wer nämlich auf den Gedanken verfällt, Bild 42 sei wahrscheinlich ungenau und infolgedessen falsch gezeichnet, der Schnittpunkt *S* läge vermutlich gar nicht da, wo er dargestellt ist, den lulle ich gerne mit der Aussage ein: »Wie meistens in der Mathematik ist auch hier eine genaue Zeichnung gar nicht erforderlich. Nehmen wir einmal an, der Schnittpunkt *S* der beiden Mittelsenkrechten läge in Wirklichkeit wesentlich tiefer, was schon ein praktisch nicht vorstellbarer Extremfall sein müsste, dann funktioniert der Beweis trotzdem.«

Hier ist das neue Bild:

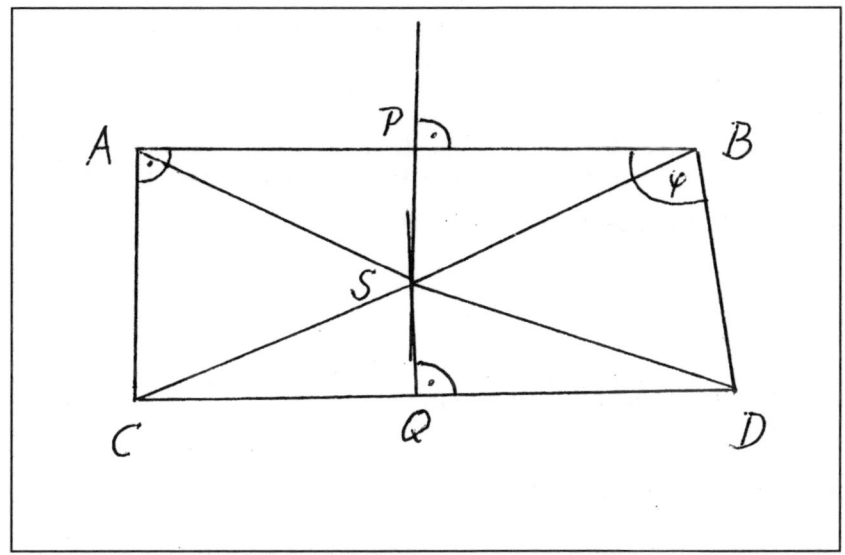

In diesem Fall lässt sich – wegen der beiden Mittelsenkrechten – sagen, dass die Strecken [*SA*] = [*SB*] und die Strecken [SC] = [SD]. Weil außerdem laut Konstruktion [*AC*] = [*BD*], sind also die beiden Dreiecke *ASC* und *BSD* kongruent und deshalb auch die Winkel *CAS* und *SBD* gleich. Weil schließlich wegen der Mittelsenkrechten in *P* die Winkel *SAB* und *ABS* gleich sind, muss auch gelten:

Winkel CAS + Winkel SAB = Winkel SBD + Winkel ABS

Die linke Seite dieser Gleichung ist laut Konstruktion ein 90°-Winkel, die rechte der Winkel φ, für den damit bewiesen ist, dass auch er 90° misst.

Und sogar dann, wenn man eine Skizze anfertigt, in der der Punkt S noch viel tiefer liegt, nämlich unterhalb von Punkt Q, ist eine gleichartige Beweisführung möglich. Dennoch: Die Zeichnung ist falsch. Konstruieren Sie sie selbst, und Sie werden merken, wo der Hase im Pfeffer liegt.

»Paturis Paradoxon«:

Die korrekte Flächenangabe für den ausgefüllten Bereich ist natürlich für beide Varianten (Bilder 47 und 48) identisch. Sie ergibt sich durch das Berechnen und Addieren der Einzelflächen aller 12 Teileelemente wie im Punkt 1. auf Seite 87 ausgeführt. Die anderen Rechnungen stimmen deshalb nicht, weil die Kantenlinien des Gesamtquadrats keine Geraden sind. Im Bild 47 sind sie ganz leicht konkav, im Bild 48 ganz leicht konvex. Deshalb hat das »Quadrat« im Bild 47 eine etwas kleinere Gesamtfläche als jenes in Bild 48. Die Differenz entspricht genau den 4 Kästchen, die im Zentrum von Bild 48 frei geblieben sind. Die genauen Kantenlängen des Quadrats (gemessen als gerade Linien) ergeben sich indes, wenn man im Bild 48 die großen rechtwinkligen Dreiecke (bestehend aus je einem Element A, B und C) betrachtet. Ihre Katheten sind wirklich geradlinig und enden genau in den Eckpunkten des Gesamtquadrats. Deshalb lässt sich hier der Satz des Pythagoras zur Ermittlung der Hypotenusenlänge (Quadratseite) anwenden. Diese beträgt also korrekt $\sqrt{202} = 14{,}21267\ldots$ Kästchen.

Kapitel »Und das soll lösbar sein?«

Aufgabe von Seite 95:

Setzt man   Alter der Mutter = m,   Alter von Hans = h, dann erhält man folgendes Gleichungssystem:

$m - h$ = 12 x 32 + 5 Monate = 389 Monate   (1)
$h + m$ = 12 x 42 + 11 Monate = 515 Monate   (2)

Daraus errechnet sich das Alter von Hans auf 5 Jahre 3 Monate. Eva ist hier völlig uninteressant. Hans wurde also vor genau 6 Jahren gezeugt. Demnach war sein Vater zu dieser Zeit bei Hansens Mutter.

Aufgabe 1:

Um dem Problem sinnvoll zu Leibe zu rücken, formuliere ich die Rechnung erst einmal um, indem ich für jedes Sternchen einen indizierten Buchstaben setze. So lassen sich die einzelnen Ziffern gezielt ansprechen:

$$
\begin{array}{r}
6x_2x_3 \times y_1y_2y_3 \\
\hline
a_1\,5\,a_3\,5 \\
b_1b_2b_3b_4 \\
c_1c_2c_3 \\
\hline
d_1d_2\,5\,d_4\,4\,d_6
\end{array}
$$

a) $6x_2x_3$ ist eine dreistellige Zahl mit einer 6 an der Hunderterstelle. Multipliziert man sie mit 2, dann entsteht eine vierstellige Zahl. Weil aber die Zahl $c_1c_2c_3$ dreistellig ist, muss $y_3 = 1$ sein. Denn nur die 1 als Faktor von $6x_2x_3$ liefert eine dreistellige Zahl.

b) Weil die letzte Stelle von $a_1 5 a_3 5$ eine 5 ist, muss entweder $x_3 = 5$ und $y_1 =$ ungerade sein, oder es ist $y_1 = 5$ und $x_3 =$ ungerade.

Fall 1: $y_1 = 5$ und $x_3 =$ ungerade. Hierbei sähe die Rechnung so aus:

$$
\begin{array}{r}
6x_2x_3 \times 5y_21 \\
\hline
a_1\,5\,a_3\,5 \\
b_1b_2b_3b_4 \\
6\,c_2\,c_3 \\
\hline
d_1d_2\,5\,d_4\,4\,d_6
\end{array}
$$

In diesem Fall müsste $a_1 = 3$ sein, weil dann $6x_2x_3 \times 5 = 3a_2a_35$ wäre. Allerdings müsste außerdem, der Vorgabe gemäß, $a_2 = 5$ sein. Das aber ist nicht möglich, weil selbst $699 \times 5 = 3495$ ist und damit a_2 maximal 4 sein kann. Fall 1 ist also nicht möglich.

Fall 2: $x_3 = 5$ und $y_1 =$ ungerade. Hierbei sähe die Rechnung so aus:

$$
\begin{array}{r}
6x_25 \times y_1y_21 \\
\hline
a_1\,5\,a_3\,5 \\
b_1b_2b_3b_4 \\
6\,c_2\,5 \\
\hline
d_1d_2\,5\,d_4\,4\,5
\end{array}
$$

249

Wegen $x_3 = 5$ muss $b_4 = 5$ oder $b_4 = 0$ sein. Daraus ergibt sich für x_2 entweder der Wert 9 oder der Wert 4. Weil es keine Zahl y_1y_21 mit ungeradem y_1 gibt, die mit 9 multipliziert a_15a_35 liefert, muss $x_2 = 4$ sein. Daraus ergibt sich unmittelbar $y_1 = 7$. Außerdem muss $b_4 = 0$ sein.

Wir haben jetzt also

$$645 \times 7y_21$$

$$
\begin{array}{r}
4\ 5\ 1\ 5 \\
b_1b_2b_3\ 0 \\
6\ 4\ 5 \\
\hline
d_1d_2\,5\,d_4\,4\ 5
\end{array}
$$

y_2 muss eine gerade Zahl (also 2, 4, 6 oder 8) sein, damit $b_4 = 0$ ist. Es zeigt sich rasch, dass nur die 2 die obige Rechnung befriedigt. Insgesamt heißt sie also:

$$645 \times 721$$

$$
\begin{array}{r}
4515 \\
1290 \\
645 \\
\hline
465045
\end{array}
$$

Aufgabe 2 :

Wieder ersetze ich zunächst die Sternchen durch Buchstaben:

$$
\begin{array}{l}
x_1x_2x_3x_4x_5x_6x_7x_8 : y_1y_2y_3 = z_1z_28z_4z_5 \\
a_1a_2a_3 \\
\hline
\quad b_1b_2b_3b_4 \\
\quad c_1c_2c_3 \\
\hline
\quad\quad d_1d_2d_3d_4 \\
\quad\quad e_1e_2e_3e_4
\end{array}
$$

Fünf Aussagen lassen sich sofort machen:

250

a) z_2 und z_4 müssen beide gleich 0 sein, weil in der b-Zeile und in der d-Zeile jeweils zwei Stellen »heruntergeholt« wurden, um weiterrechnen zu können.

b) $y_1 = 1$, weil die Zahl $c_1 c_2 c_3$ dreistellig ist.

c) Weil $y_1 y_2 y_3 \times 8 = c_1 c_2 c_3$ dreistellig ist, muss $z_5 = 9$ sein, denn die letzte abgezogene Zahl $(e_1 e_2 e_3 e_4 = z_5 \times y_1 y_2 y_3)$ ist vierstellig.

d) Wäre $c_1 c_2 c_3$ die höchste dreistellige Zahl (999), dann ergäbe sie, durch 8 geteilt, 124,875. Die Zahl $y_1 y_2 y_3$ ist also maximal 124 groß. y_2 kann nicht 0 sein, weil die höchste dreistellige Zahl $10 y_3$, mit 9 multipliziert, nur dreistellig ist, während $y_1 y_2 y_3 \times z_5$ vierstellig ist $(z_5 = 9)$. Also ist y_2 entweder 1 oder 2.

e) Mit einer fünfstelligen Zahl malgenommen muss $y_1 y_2 y_3$ eine achtstellige Zahl ergeben. Die erste Ziffer der fünfstelligen Zahl, also z_1, muss deshalb 8 oder 9 sein. Die 9 kann es aber nicht sein, denn $9 \times y_1 y_2 y_3 = a_1 a_2 a_3$ wäre einerseits vierstellig, wenn $y_1 y_2 y_3 > 111$ ist; andererseits wäre für $y_1 y_2 y_3 \leq 111$ $d_1 d_2 d_3 d_4$ dreistellig, was nicht zutrifft. Also ist $z_1 = 8$.

Damit haben wir jetzt:

$x_1 x_2 x_3 x_4 x_5 x_6 x_7 x_8 : 1 y_2 y_3 = 80809$
$\quad a_1 a_2 a_3$

———————

$\quad\quad b_1 b_2 b_3 b_4$
$\quad\quad\quad c_1 c_2 c_3$

———————

$\quad\quad\quad\quad d_1 d_2 d_3 d_4$
$\quad\quad\quad\quad e_1 e_2 e_3 e_4$

und wissen, dass $y_1 y_2 y_3 \leq 124$. Andererseits muss gelten: $y_1 y_2 y_3 \geq 124$, weil 123×80809 eine nur siebenstellige Zahl ergibt. Ergo muss $y_1 y_2 y_3$ genau 124 sein. Damit ist die Aufgabe eindeutig gelöst, und die Rechnung lautet:

10020316 : 124 = 80809
992
—————
1003
992
—————
1116
1116

Aufgabe 3:

Auch hier ersetze ich zunächst die Sternchen durch Buchstaben:

$$x_1 x_2 x_3 x_4 x_5 x_6 : y_1 y_2 y_3 = z_1 z_2 z_3 z_4, z_5 z_6 z_7 z_8$$
$$a_1 a_2 a_3$$

$$\overline{}$$

$$b_1 b_2 b_3$$
$$c_1 c_2 c_3$$

$$\overline{}$$

$$d_1 d_2 d_3$$
$$e_1 e_2 e_3$$

$$\overline{}$$

$$f_1 f_2 f_3$$
$$g_1 g_2 g_3$$

$$\overline{}$$

$$h_1 h_2 h_3 h_4$$
$$i_1\ i_2\ i_3\ i_4$$

Man erkennt unmittelbar, dass $z_2 = 0$, $z_6 = 0$ und $z_7 = 0$, weil einmal die Ziffern $x_4 = b_2$ und $x_5 = b_3$ gleichzeitig »heruntergeholt« wurden, und beim zweiten Mal $h_2 = 0$, $h_3 = 0$ und $h_4 = 0$ gleichzeitig »heruntergeholt« wurden. Damit sind zugleich die Werte von h_2, h_3 und h_4 bekannt. Außerdem lässt sich sofort sehen, dass $f_3 = 0$ und dass $i_2 = 0$, $i_3 = 0$ und $i_4 = 0$.

Weil $h_1 h_2 h_3 h_4 = h_1 000 = i_1 000$, muss $z_8 \times y_1 y_2 y_3 = i_1 000$. Diese Bedingung ist für folgende Wertepaare erfüllt :

z_8	1	2	3	4	5	6	7	8	9
$y_1 y_2 y_3$	—	500[1]	—	250[1] 500[1] 750[2]	200[1] 400[4] 600[2] 800[1]	—	—	125 250[1] 375[2] 500[1] 625 750[2] 875[3]	—

Die mit [1] gekennzeichneten $y_1 y_2 y_3$-Werte sind aber nicht möglich, weil jede durch sie geteilte Zahl maximal 3 Nachkommastellen ergäbe.

252

Ebenfalls unmöglich sind die mit [2] gekennzeichneten $y_1y_2y_3$-Werte, weil sie entweder zu maximal 3 Nachkommastellen oder aufgrund des in ihnen enthaltenen Faktors 3 zu einem periodischen Dezimalbruch als Ergebnis der Division führen würden.

Auch der mit [3] gekennzeichnete $y_1y_2y_3$-Wert kommt nicht in Frage, weil er entweder zu maximal 3 Nachkommastellen oder aufgrund des in ihm enthaltenen Faktors 7 zu einem periodischen Dezimalbruch als Ergebnis der Division führen würde.

Der mit [4] gekennzeichnete $y_1y_2y_3$-Wert kann zwar bei der Division 4 Nachkommastellen liefern, dabei ist aber stets $z_7 = 2$ oder $z_7 = 7$. Deshalb ist auch er auszuschließen.

Ergo muss $y_1y_2y_3$ entweder 125 oder 625 sein. In beiden Fällen ist mit Sicherheit $z_8 = 8$, $y_2 = 2$ und $y_3 = 5$.

Weil die Multiplikation von $y_3 = 5$ entweder 0 oder 5 in der letzten Stelle ergeben muss, ist g_3 entweder 0 oder 5. 0 kann es aber nicht sein, weil sonst auch $h_1 = 0$ wäre, was aber nicht in Frage kommt. Ergo ist $g_3 = 5$. Damit muss auch gelten: $h_1 = 5$ und $i_1 = 5$.

y_1 muss dann gleich 6 sein, denn nur 625 liefert, mit $z_8 = 8$ multipliziert, 5000.

Mit dem bisher Bekannten sieht die Rechnung nun so aus:

$$x_1x_2x_3x_4x_5x_6 : 625 = z_10z_3z_4,z_5008$$
$$a_1a_2a_3$$
$$\overline{}$$
$$b_1b_2b_3$$
$$c_1c_2c_3$$
$$\overline{}$$
$$d_1d_2d_3$$
$$e_1e_2e_3$$
$$\overline{}$$
$$f_1f_20$$
$$g_1g_25$$
$$\overline{}$$
$$5\,0\,0\,0$$
$$5\,0\,0\,0$$

Nun zeigt sich sofort, dass z_1, z_3, z_4 und z_5 alle gleich 1 sein müssen, weil sie alle, mit 625 multipliziert, jeweils eine dreistellige Zahl ergeben ($z_1 \times 625 = a_1a_2a_3$, $z_3 \times 625 = c_1c_2c_3$, $z_4 \times 625 = e_1e_2e_3$, $z_5 \times 625 = g_1g_2g_3$). Damit ist die Aufgabe eindeutig gelöst:

$$631938 : 625 = 1011,1008$$

```
631938 : 625 = 1011,1008
625
 693
 625
 688
 625
 630
 625
 5000
 5000
```

Kapitel »Planetensiegel und magische Würfel«

Der optimale magische Würfel 11. Ordnung
besteht aus 1331 Elementen. Er besitzt die magische Summe 7326, hat 363 kantenparallele magische Zeilen, 484 magische ganze und gebrochene räumliche Diagonalen und 726 magische ganze und gebrochene ebene Diagonalen. Insgesamt hat er 1573 magische Summen. Hier sind seine einzelnen Ebenen in Dezimalschreibweise:

1224	24	155	297	428	559	690	821	952	1083	1093
236	246	377	508	639	781	912	1043	1174	1305	105
458	589	720	730	861	992	1123	1265	65	196	327
680	811	942	1073	1204	1214	14	145	276	418	549
902	1033	1164	1295	95	226	357	367	498	629	760
1113	1244	55	186	317	448	579	710	841	851	982
4	135	266	397	539	670	801	932	1063	1194	1325
347	478	488	619	750	881	1023	1154	1285	85	216
569	700	831	962	972	1103	1234	34	176	307	438
791	922	1053	1184	1315	115	125	256	387	518	660
1002	1144	1275	75	206	337	468	599	609	740	871

788	919	1050	1181	1312	112	122	264	395	526	657
1010	1141	1272	72	203	334	465	596	606	748	879
1232	32	163	294	425	556	687	818	949	1080	1090
233	243	385	516	647	778	909	1040	1171	1302	102
455	586	717	727	869	1000	1131	1262	62	193	324
677	808	939	1070	1201	1211	22	153	284	415	546
899	1030	1161	1292	92	223	354	364	506	637	768
1121	1252	52	183	314	445	576	707	838	848	990
1	143	274	405	536	667	798	929	1060	1191	1322
344	475	485	627	758	889	1020	1151	1282	82	213
566	697	828	959	969	1111	1242	42	173	304	435

Ebenen 1 und 2

352	483	493	624	755	886	1017	1148	1279	79	210
563	694	836	967	977	1108	1239	39	170	301	432
785	916	1047	1178	1320	120	130	261	392	523	654
1007	1138	1269	69	200	331	473	604	614	745	876
1229	29	160	291	422	553	684	815	957	1088	1098
241	251	382	513	644	775	906	1037	1168	1299	110
452	594	725	735	866	997	1128	1259	59	190	321
674	805	936	1078	1209	1219	19	150	281	412	543
896	1027	1158	1289	89	231	362	372	503	634	765
1118	1249	49	180	311	442	573	715	846	856	987
9	140	271	402	533	664	795	926	1057	1199	1330

1115	1246	46	177	319	450	581	712	843	853	984
6	137	268	399	530	661	803	934	1065	1196	1327
349	480	490	621	752	883	1014	1145	1287	87	218
571	702	833	964	974	1105	1236	36	167	298	440
782	924	1055	1186	1317	117	127	258	389	520	651
1004	1135	1266	77	208	339	470	601	611	742	873
1226	26	157	288	419	561	692	823	954	1085	1095
238	248	379	510	641	772	903	1045	1176	1307	107
460	591	722	732	863	994	1125	1256	56	198	329
682	813	944	1075	1206	1216	16	147	278	409	540
893	1024	1166	1297	97	228	359	369	500	631	762

Ebenen 3 und 4

679	810	941	1072	1203	1213	13	144	286	417	548
901	1032	1163	1294	94	225	356	366	497	628	770
1112	1254	54	185	316	447	578	709	840	850	981
3	134	265	407	538	669	800	931	1062	1193	1324
346	477	487	618	749	891	1022	1153	1284	84	215
568	699	830	961	971	1102	1233	44	175	306	437
790	921	1052	1183	1314	114	124	255	386	528	659
1012	1143	1274	74	205	336	467	598	608	739	870
1223	23	165	296	427	558	689	820	951	1082	1092
235	245	376	507	649	780	911	1042	1173	1304	104
457	588	719	729	860	991	1133	1264	64	195	326

232	253	384	515	646	777	908	1039	1170	1301	101
454	585	716	737	868	999	1130	1261	61	192	323
676	807	938	1069	1200	1221	21	152	283	414	545
898	1029	1160	1291	91	222	353	374	505	636	767
1120	1251	51	182	313	444	575	706	837	858	989
11	142	273	404	535	666	797	928	1059	1190	1321
343	474	495	626	757	888	1019	1150	1281	81	212
565	696	827	958	979	1110	1241	41	172	303	434
787	918	1049	1180	1311	111	132	263	394	525	656
1009	1140	1271	71	202	333	464	595	616	747	878
1231	31	162	293	424	555	686	817	948	1079	1100

Ebenen 5 und 6

1006	1137	1268	68	199	341	472	603	613	744	875
1228	28	159	290	421	552	683	825	956	1087	1097
240	250	381	512	643	774	905	1036	1167	1309	109
462	593	724	734	865	996	1127	1258	58	189	320
673	804	946	1077	1208	1218	18	149	280	411	542
895	1026	1157	1288	99	230	361	371	502	633	764
1117	1248	48	179	310	441	583	714	845	855	986
8	139	270	401	532	663	794	925	1067	1198	1329
351	482	492	623	754	885	1016	1147	1278	78	220
562	704	835	966	976	1107	1238	38	169	300	431
784	915	1046	1188	1319	119	129	260	391	522	653

570	701	832	963	973	1104	1235	35	166	308	439
792	923	1054	1185	1316	116	126	257	388	519	650
1003	1134	1276	76	207	338	469	600	610	741	872
1225	25	156	287	429	560	691	822	953	1084	1094
237	247	378	509	640	771	913	1044	1175	1306	106
459	590	721	731	862	993	1124	1255	66	197	328
681	812	943	1074	1205	1215	15	146	277	408	550
892	1034	1165	1296	96	227	358	368	499	630	761
1114	1245	45	187	318	449	580	711	842	852	983
5	136	267	398	529	671	802	933	1064	1195	1326
348	479	489	620	751	882	1013	1155	1286	86	217

Ebenen 7 und 8

2	133	275	406	537	668	799	930	1061	1192	1323
345	476	486	617	759	890	1021	1152	1283	83	214
567	698	829	960	970	1101	1243	43	174	305	436
789	920	1051	1182	1313	113	123	254	396	527	658
1011	1142	1273	73	204	335	466	597	607	738	880
1222	33	164	295	426	557	688	819	950	1081	1091
234	244	375	517	648	779	910	1041	1172	1303	103
456	587	718	728	859	1001	1132	1263	63	194	325
678	809	940	1071	1202	1212	12	154	285	416	547
900	1031	1162	1293	93	224	355	365	496	638	769
1122	1253	53	184	315	446	577	708	839	849	980

897	1028	1159	1290	90	221	363	373	504	635	766
1119	1250	50	181	312	443	574	705	847	857	988
10	141	272	403	534	665	796	927	1058	1189	1331
342	484	494	625	756	887	1018	1149	1280	80	211
564	695	826	968	978	1109	1240	40	171	302	433
786	917	1048	1179	1310	121	131	262	393	524	655
1008	1139	1270	70	201	332	463	605	615	746	877
1230	30	161	292	423	554	685	816	947	1089	1099
242	252	383	514	645	776	907	1038	1169	1300	100
453	584	726	736	867	998	1129	1260	60	191	322
675	806	937	1068	1210	1220	20	151	282	413	544

Ebenen 9 und 10

461	592	723	733	864	995	1126	1257	57	188	330
672	814	945	1076	1207	1217	17	148	279	410	541
894	1025	1156	1298	98	229	360	370	501	632	763
1116	1247	47	178	309	451	582	713	844	854	985
7	138	269	400	531	662	793	935	1066	1197	1328
350	481	491	622	753	884	1015	1146	1277	88	219
572	703	834	965	975	1106	1237	37	168	299	430
783	914	1056	1187	1318	118	128	259	390	521	652
1005	1136	1267	67	209	340	471	602	612	743	874
1227	27	158	289	420	551	693	824	955	1086	1096
239	249	380	511	642	773	904	1035	1177	1308	108

Ebene 11

Kapitel »Ein Polygonparadoxon«

Zunächst einmal sei hier die genaue Rechnung für die Höhen h_1, h_2 und h geliefert. Die setzt Grundkenntnisse in Trigonometrie voraus.

Zeichnet man in einem regelmäßigen Polygon der beliebigen ungeraden Eckenzahl n_1 (im Beispiel ist $n_1 = 5$) vom Mittelpunkt aus zwei »Speichen« zu zwei benachbarten Ecken, dann schließen diese den Winkel $\varphi = 360° / n_1$ ein.

256

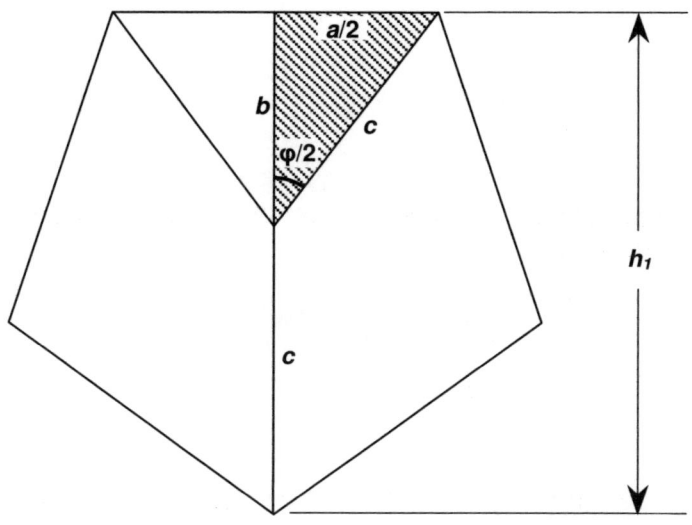

Im schraffierten Dreieck gilt dann:

$$\frac{a}{2} = c \cdot \sin\frac{\varphi}{2} \qquad (1)$$

oder $\qquad c = \dfrac{a}{2 \cdot \sin\dfrac{\varphi}{2}} \qquad (1a)$

und $\qquad b = c \cdot \cos\dfrac{\varphi}{2} \qquad (2)$

oder mit (1a): $\qquad b = \dfrac{a \cdot \cos\dfrac{\varphi}{2}}{2 \cdot \sin\dfrac{\varphi}{2}} \qquad (2a)$

Die Höhe h_1 ist:

$$h_1 = b + c = \frac{a}{2}\left(\frac{\cos\dfrac{\varphi}{2}}{\sin\dfrac{\varphi}{2}} + \frac{1}{\sin\dfrac{\varphi}{2}}\right) = \frac{a\left(1 + \cos\dfrac{\varphi}{2}\right)}{2 \cdot \sin\dfrac{\varphi}{2}}$$

Mit $\varphi = \dfrac{360°}{n_1}$ bzw. $\dfrac{\varphi}{2} = \dfrac{180°}{n_1}$ ergibt sich daraus:

257

$$h_1 = \frac{a\left[1 + \cos\left(\dfrac{180°}{n_1}\right)\right]}{2 \cdot \sin\left(\dfrac{180°}{n_1}\right)}$$

Damit berechnet sich die Summe der Höhen $h_1 + h_2$ der beiden kleinen Polygone zu

$$h_1 + h_2 = \frac{a}{2}\left[\frac{1 + \cos\left(\dfrac{180°}{n_1}\right)}{\sin\left(\dfrac{180°}{n_1}\right)} + \frac{1 + \cos\left(\dfrac{180°}{n_2}\right)}{\sin\left(\dfrac{180°}{n_2}\right)}\right]$$

Die Höhe des großen Polygons mit der Eckenzahl $n = n_1 + n_2$ berechnet sich gemäß der folgenden Skizze zu

$$h = 2 \cdot b = \frac{a \cdot \cos\left(\dfrac{180°}{n}\right)}{\sin\left(\dfrac{180°}{n}\right)}$$

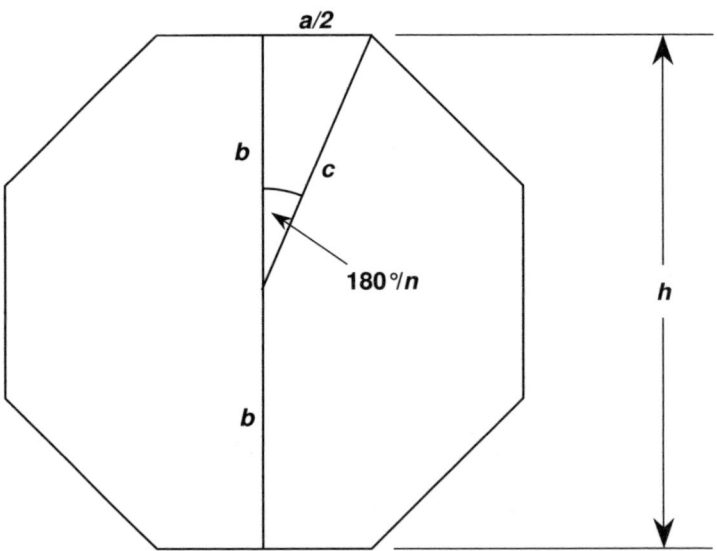

Setzt man konkrete Zahlenwerte für n_1 und n_2 ein, dann zeigt sich, dass $h_1 + h_2 \neq h$, sofern nicht $n_1 = n_2$ und damit $h_1 = h_2$ gilt.

258

Für $n_1 = n_2$ ist $n = 2 \cdot n_1$

und damit
$$h_1 + h_2 = 2 \cdot h_1 = a \frac{1 + \cos\left(\dfrac{180°}{n_1}\right)}{\sin\left(\dfrac{180°}{n_1}\right)} \qquad (3)$$

h ist
$$h = a \cdot \frac{\cos\left(\dfrac{180°}{2n_1}\right)}{\sin\left(\dfrac{180°}{2n_1}\right)} \qquad (4)$$

Außerdem gelten in der Trigonometrie die beiden folgenden Additionstheoreme für doppelte Winkel:

$$\cos(2\alpha) = \cos^2 \alpha - \sin^2 \alpha$$

sowie
$$\sin(2\alpha) = 2 \cdot \sin \alpha \cdot \cos \alpha$$

Setzt man außerdem $180°/n_1 = 2 \cdot \alpha$ bzw. $180°/(2 \cdot n_1) = \alpha$,

dann wird aus Gleichung (3)

$$2 \cdot h_1 = a \frac{1 + (\cos^2 \alpha - \sin^2 \alpha)}{2 \cdot \sin \alpha \cdot \cos \alpha} \qquad (3a)$$

und aus Gleichung (4)

$$h = a \cdot \frac{\cos \alpha}{\sin \alpha} \qquad (4a)$$

Weil bekanntlich $\cos^2 \alpha + \sin^2 \alpha = 1$ und deshalb auch $\cos^2 \alpha - \sin^2 \alpha = 1 - 2 \cdot \sin^2 \alpha$, lässt sich die Gleichung (3a) umschreiben in:

$$2 \cdot h_1 = a \frac{2 - 2 \cdot \sin^2 \alpha}{2 \cdot \sin \alpha \cdot \cos \alpha} = a \frac{1 - \sin^2 \alpha}{\sin \alpha \cdot \cos \alpha}$$

oder
$$2 \cdot h_1 = a \frac{\cos^2 \alpha}{\sin \alpha \cdot \cos \alpha} = a \frac{\cos \alpha}{\sin \alpha} \equiv h$$

Das heißt, dass für $n_1 = n_2$ in der Tat $h_1 + h_2 = h$ ist.

Bleibt noch zu klären, warum der scheinbar so plausible »Beweis« auf Seite 107 falsch ist.

Die Dreistigkeit bei der Beweisführung liegt einfach darin, dass von Anfang an durch die Hintertür unterstellt wird, das zu Beweisende sei richtig. Schon die zugrunde gelegte Zeichnung wird nämlich falsch interpretiert. Zwar zeichnet das Computerprogramm in der Tat zwei kleinere regelmäßige Polygone in ein größeres regelmäßiges Polygon ein, doch die Behauptung, die beiden kleineren Polygone würden sich in einem Punkt auf der Mittelachse mit je einer Ecke berühren, ist ganz einfach falsch. Wenn $n_1 \neq n_2$ ist, berühren sie sich nicht. Es bleibt zwischen beiden ein winziger Spalt frei. Der freilich ist so klein, dass er fast immer von der Strichstärke verdeckt wird. Der Schein, dass sich beide Polygone berühren, trügt also. Und genau auf diesem Trugschluss gründet der falsche Beweis. Weil nämlich der Punkt B' in den Bildern 57 und 58 auf Seite 107 gar nicht existiert, sondern stattdessen zwei benachbarte, aber nicht zusammenfallende Ecken zweier verschiedener Polygone, ist es auch nicht möglich, Punkt B in nur einen fiktiven Punkt B' zu transformieren. Damit bricht die gesamte Beweiskette augenblicklich in sich zusammen.

Die größte überhaupt mögliche Abweichung zwischen den beiden kleinen Polygonen mit den Eckenzahlen n_1 und n_2 ergibt sich für $n_1 = 3$ und $n_2 = 13$. Aber auch in diesem Fall ist $h_1 + h_2$ nur um 0,86 Prozent kleiner als h. Immerhin genügt das, um im Bild den Spalt zwischen den beiden kleinen Polygonen deutlich zu erkennen:

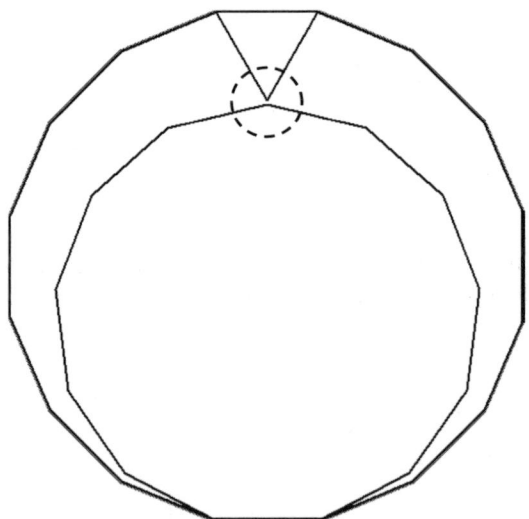

Für alle anderen Wertepaare von n_1 und n_2 ist die Abweichung kleiner und liegt meist sogar unter 1 Promille.

Kapitel »Wundersame Würfelwelten«

Beweis für die Eigenschaften der Sicherman-Würfel:
Die Wahrscheinlichkeitsverteilung der Augensummen von Würfeln lässt sich in Gestalt von Polynomen (s. Seite 268 im Glossar) darstellen.
So haben bei nur einem »normalen« Würfel alle Augen 1 bis 6 dieselbe Wahrscheinlichkeit. Bei 6 Würfen kommt im Durchschnitt jede Augenzahl genau einmal vor. Als Polynom ausgedrückt, schreibt man das so:

$$ax^6 + bx^5 + cx^4 + dx^3 + ex^2 + fx \quad \text{mit} \quad a = b = c = d = e = f = 1$$

a bis *f* sind die Wahrscheinlichkeiten, mit denen jede Augenzahl bei 6 Würfen im Durchschnitt auftritt. Die Hochzahlen von x geben jeweils den Wert der Augenzahl an. Das $c = 1$ als Faktor von cx^4 besagt also, dass die Augenzahl 4 bei 6 Würfen im Durchschnitt genau 1-mal vorkommt.

Für einen einzigen »normalen« Würfel lässt sich das Polynom natürlich vereinfacht schreiben als:

$$x^6 + x^5 + x^4 + x^3 + x^2 + x, \quad \text{weil die Faktoren aller Glieder 1 sind.}$$

Die Wahrscheinlichkeiten, mit denen die Summen der gewürfelten Augen von zwei Würfeln auftreten, stellen sich in dem Polynomprodukt $(x^6 + x^5 + x^4 + x^3 + x^2 + x) \cdot (x^6 + x^5 + x^4 + x^3 + x^2 + x)$ dar. Ausmultipliziert ergibt das:

$$x^{12} + 2x^{11} + 3x^{10} + 4x^9 + 5x^8 + 6x^7 + 5x^6 + 4x^5 + 3x^4 + 2x^3 + x^2$$

Die Koeffizienten der einzelnen Glieder dieses Polynoms zeigen wieder die Häufigkeiten, mit denen die Exponenten als Augensummen vorkommen:

$$1 \times 2, \ 2 \times 3, \ 3 \times 4, 4 \times 5, \ 5 \times 6, \ 6 \times 7, 5 \times 8, \ 4 \times 9, \ 3 \times 10, 2 \times 11, 1 \times 12$$

Die Frage ist nun, ob sich das Polynom $x^{12} + 2x^{11} + 3x^{10} + 4x^9 + 5x^8 + 6x^7 + 5x^6 + 4x^5 + 3x^4 + 2x^3 + x^2$ auch als Produkt der Polynome zweier anderer Würfel darstellen lässt. Um sie zu beantworten, bietet es sich an, das Polynom $x^6 + x^5 + x^4 + x^3 + x^2 + x$ jedes einzelnen Würfels zu faktorisieren. Das geht so:

$$x^6 + x^5 + x^4 + x^3 + x^2 + x = x \cdot (x^5 + x^4 + x^3 + x^2 + x + 1)$$
$$= x \cdot (x^6 - 1) / (x - 1) = x \cdot (x^3 - 1) \cdot (x^3 + 1) / (x - 1)$$
$$= x \cdot (x^2 + x + 1) \cdot (x - 1) \cdot (x^2 - x + 1) \cdot (x + 1) / (x - 1)$$
$$= x \cdot (x^2 + x + 1) \cdot (x^2 - x + 1) \cdot (x + 1)$$

Dieser Term ist also identisch mit $x^6 + x^5 + x^4 + x^3 + x^2 + x$

Deshalb lässt sich das Produkt
$(x^6 + x^5 + x^4 + x^3 + x^2 + x) \cdot (x^6 + x^5 + x^4 + x^3 + x^2 + x)$
beziehungsweise das Polynom
$x^{12} + 2x^{11} + 3x^{10} + 4x^9 + 5x^8 + 6x^7 + 5x^6 + 4x^5 + 3x^4 + 2x^3 + x^2$
auch schreiben als:
$x \cdot (x^2 + x + 1) \cdot (x^2 - x + 1) \cdot (x + 1)^2 \cdot x \cdot (x^2 + x + 1) \cdot (x^2 - x + 1)$

Dieses wiederum lässt sich umformulieren:
$[x \cdot (x^2 + x + 1) \cdot (x + 1)] \cdot [x \cdot (x^2 + x + 1) \cdot (x + 1) \cdot (x^2 - x + 1)^2]$

Betrachten wir die beiden eckigen Klammern getrennt und multiplizieren sie aus, dann erhalten wir:

A) $x \cdot (x^2 + x + 1) \cdot (x + 1) = x^4 + 2x^3 + 2x^2 + x$
B) $x \cdot (x^2 + x + 1) \cdot (x + 1) \cdot (x^2 - x + 1)^2 = x^8 + x^6 + x^5 + x^4 + x^3 + x$

Ergo ergibt auch

$[x^4 + 2x^3 + 2x^2 + x] \cdot [x^8 + x^6 + x^5 + x^4 + x^3 + x]$
$= x^{12} + 2x^{11} + 3x^{10} + 4x^9 + 5x^8 + 6x^7 + 5x^6 + 4x^5 + 3x^4 + 2x^3 + x^2$

Bei den Termen A und B fällt nun auf, dass bei beiden alle Koeffizienten der x^n positiv sind und dass sich jeweils alle Koeffizienten zu 6 addieren. – Es gibt keine andere Faktorisierung von
$x^{12} + 2x^{11} + 3x^{10} + 4x^9 + 5x^8 + 6x^7 + 5x^6 + 4x^5 + 3x^4 + 2x^3 + x^2$,
bei der das der Fall ist.

Sowohl den Term A wie den Term B kann man wegen seiner besonderen Eigenschaften als einen sechsflächigen Würfel auffassen, wobei wieder jeder Exponent eine Augenzahl angibt und jeder Koeffizient sagt, wie viele Würfelseiten diese Augenzahl aufweisen.

Aus Term A folgt der Würfel mit den Augenzahlen
4 (1-mal), 3 (2-mal), 2 (2-mal) und 1 (1-mal).

Aus Term B folgt der Würfel mit den Augenzahlen
8, 6 ,5 ,4, 3 und 1 (je 1-mal).

Genau das sind die Sicherman-Würfel. Das Produkt ihrer beiden Polynome A und B ist identisch mit dem Produkt der Polynome zweier »normaler« Würfel. Deshalb ist auch die Wahrscheinlichkeitsverteilung der Augensummen bei ihnen dieselbe wie bei »normalen« Würfeln. Und auch der Beweis ist erbracht, dass es neben den Sicherman-Würfeln keine andere Würfelpaarung gibt, für die das gilt.

Glossar

Gleichung, quadratische
Eine quadratische Gleichung ist eine Gleichung, in der eine variable
Größe, zum Beispiel *x*, nicht nur direkt (»linear«) vorkommt, sondern
auch deren Quadrat. Die allgemeine Form einer solchen Gleichung ist
$a \cdot x^2 + b \cdot x + c = 0$. Teilt man beide Seiten dieser Gleichung durch a,
dann lässt sie sich auf eine neue Form bringen, in der x^2 keinen Faktor
hat und die also so aussieht:
$x^2 + p \cdot x + q = 0$. Dabei sind $p = b/a$ und $q = c/a$.
Für diese »Normalform« der quadratischen Gleichung gibt es eine
bekannte Lösungsformel, die es gestattet, den Wert von *x* zu berechnen. In der Schule wird sie oft als »p-q-Formel« bezeichnet. Sie heißt:

$$x_{1,2} = -(p/2) \pm \sqrt{(p/2)^2 - q}$$

$x_{1,2}$ heißt es, weil jede quadratische Gleichung zwei Lösungen hat (die
allerdings zu einer zusammenfallen können).
Quadratische Gleichungen kannten bereits die alten Ägypter, aber
lösen konnten sie erst die Mesopotamier. Sie verwendeten dazu eine
Art formalistischer Gebrauchsanweisungen, von denen wir nicht wissen, wie sie zustande kamen und wie sie begründet waren. Die alten
Griechen verwandelten quadratische Gleichungen dann lange Zeit in
geometrische Probleme und lösten sie zeichnerisch, bis es schließlich
in nachklassischer Zeit (um 250 v. Chr.) DIOPHANT VON ALEXANDRIEN
gelang, die geschlossene algebraische Lösung zu finden.

Goldener Schnitt
Unter dem »Goldenen Schnitt« versteht man die Teilung einer Strecke
derart, dass sich der kürzere Teil zum längeren verhält wie dieser zur
Gesamtstrecke (siehe Bild 1 auf Seite 17). Mathematisch lässt sich
das schreiben als $a/b = b/(a+b)$ oder nach einer Umformung als
$a(a+b) = b^2$ beziehungsweise $a^2 + ab - b^2 = 0$. Teilt man diese
Gleichung auf beiden Seiten durch b^2, dann erhält man
$(a/b)^2 + (a/b) - 1 = 0$. Das ist eine quadratische Gleichung (s.
Gleichung, quadratische) von (a/b), aus der sich das Verhältnis
(a/b) mit der »p-q-Formel« berechnen lässt zu

$$(a/b)_{1,2} = -(1/2) \pm \sqrt{(1/2)^2 + 1} = -(1/2) \pm \sqrt{5/4}$$
$$= -(1/2) \pm (1/2)\sqrt{5} = (\sqrt{5} \pm 1)/2$$

Die Zahlenwerte sind dann $(a/b)_1 = 0{,}61803398874989482\ldots$ und $(a/b)_2 = 1{,}61803398874989482\ldots$ Beides sind irrationale Zahlen, d. h., sie haben unendlich viele, sich niemals periodisch wiederholende Stellen hinter dem Komma. Heute wissen die Mathematiker, dass die Zahl $g = (a/b)_1 = 0{,}6180339887\ldots$, wie man das Teilungsverhältnis nach dem Goldenen Schnitt gemeinhin nennt (der Kehrwert davon, $1{,}61803398874989482\ldots$, wird üblicherweise mit Φ bezeichnet), die »irrationalste aller Zahlen« ist. – Wie lässt sich »irrational« steigern? Nun, jede irrationale Zahl lässt sich mehr oder weniger gut durch rationale Zahlen (also durch echte Brüche) annähern. Wie gut das gelingt, zeigen Kettenbruchentwicklungen.

Ich will das am Beispiel $\sqrt{5} = 2{,}236067977499789696\ldots$ erklären: Sie lässt sich auffassen als die Summe aus dem ganzzahligen Anteil 2 und dem Rest $0{,}236067977\ldots$ Bildet man von dem Rest den Kehrwert, dann erhält man wieder eine Zahl, die größer ist als 1, nämlich $1/0{,}2360679774\ldots = 4{,}236067978\ldots$ Deshalb kann man schreiben

$$\sqrt{5} = 2 + \cfrac{1}{4{,}236067978\ldots}\,.$$ Der Nenner des Bruches lässt sich nun wieder zerlegen in einen ganzzahligen Bestandteil plus den Rest $0{,}236067978\ldots$ und deshalb umschreiben in $4 + 1/(1/\text{Rest})$. Setzt man das in die Gleichung für $\sqrt{5}$ ein, dann ergibt sich

$$\sqrt{5} = 2 + \cfrac{1}{4 + \cfrac{1}{4{,}236067978\ldots}}\,.$$

Dieses Procedere lässt sich fortsetzen:

$$\sqrt{5} = 2 + \cfrac{1}{4 + \cfrac{1}{4 + \cfrac{1}{4 + \cfrac{1}{4 + \ldots}}}}\,.$$

$\sqrt{5}$ lässt sich also mit rasch wachsender Genauigkeit annähern durch die Brüche
$2 + 1/4 = 9/4 = 2{,}25$
$2 + 1/(4+1/4) = 38/17 = 2{,}23529\ldots$
$2 + 1((4+1/(4+1/4)) = 161/72 = 2{,}23611\ldots$
Kein Bruch a/b mit einem Nenner $a < 72$ nähert $\sqrt{5}$ besser an.

Eine entsprechende Kettenbruchentwicklung für die irrationale Zahl π ist:

264

$$\pi = 3 + \cfrac{1}{7 + \cfrac{1}{15 + \cfrac{1}{1 + \ldots}}}$$

Mathematiker schreiben für solche Kettenbrüche vereinfacht:

$\sqrt{5} = [2, 4, 4, 4, 4,\ldots]$ beziehungsweise $\pi = [3, 7, 15, 1,\ldots]$

Nun ist bekannt, dass die Annäherung einer irrationalen Zahl durch Brüche umso genauer ist, je größer die Zahlen in der eckigen Klammer sind.

Ein Kettenbruch für das Verhältnis des Goldenen Schnitts, nämlich die irrationale Zahl g, lässt sich fast ohne Nachdenken angeben, denn

per Definition des Goldenen Schnitts gilt ja $g = \cfrac{1}{1 + g}$. Ersetzt man

das g im Nenner des Bruchs auf der rechten Seite dieser Gleichung wiederum durch diese Definition, dann ergibt sich

$$g = \cfrac{1}{1 + \cfrac{1}{g}}.$$

Der Prozess lässt sich endlos wiederholen, und es entsteht automatisch der Kettenbruch

$$g = \cfrac{1}{1 + \cfrac{1}{1 + \cfrac{1}{1 + \cfrac{1}{1 + \ldots}}}}$$

Im Nenner dieses Kettenbruchs stehen bis in alle Unendlichkeit immer nur Einser. Man kann also auch schreiben

$$g = 0 + [1, 1, 1, 1, 1, 1,\ldots]$$

Das bedeutet, dass g von allen irrationalen Zahlen jene ist, die sich durch Brüche am schwersten annähern lässt, die also den größten Abstand zu allen rationalen Zahlen hat. Man kann sie deshalb mit Fug und Recht als »irrationalste aller Zahlen« bezeichnen.

Logarithmen

Der Logarithmus ist wie die Multiplikation, die Division oder das Wurzelziehen eine mathematische Funktion. Es handelt sich dabei um eine »Umkehrfunktion«. Wie die Addition die Umkehrfunktion der Subtraktion ist, so ist das Logarithmieren eine Umkehrung des Potenzierens. Im Gegensatz zur Addition ($a + b = c \rightarrow b = c - a$) kennt das Potenzieren zwei Umkehrfunktionen: das Wurzelziehen ($a = b^n \rightarrow b = \sqrt[n]{a}$) und das Logarithmieren ($n = \log_b a$, ausgesprochen: »Logarithmus von a zur Basis b«).

In der Praxis werden Logarithmen oft dann verwendet, wenn man mit Wertebereichen über viele Größenordnungen hinweg arbeitet, zum Beispiel bei der Angabe des pH-Wertes, der aussagt, wie sauer oder basisch eine chemische Substanz ist. Der pH-Wert ist der mit -1 multiplizierte Logarithmus zur Basis 10 der sogenannten Oxoniumionenkonzentration in einer Lösung. Damit steht eine Verminderung des pH-Wertes um 1 für eine Verzehnfachung der Säurewirkung.

Logarithmen zu bestimmten Basen werden meist unterschiedlich dargestellt. So ist:

$\lg x \equiv \log_{10} x$ (Das Zeichen $\equiv$ bedeutet »identisch gleich«)

$\ln x \equiv \log_e x$ Die Basis $e = 2{,}718281828459...$ ist die sogenannte Eulersche Zahl, eine irrationale reelle Zahl, die in den Naturwissenschaften eine wichtige Rolle spielt. (Der Logarithmus zur Basis e wird Logarithmus naturalis genannt.)

$\operatorname{ld} x \equiv \log_2 x$ Der »Logarithmus dualis« oder »binäre Logarithmus«, also der Logarithmus zur Basis 2, wird in der Informatik verwendet. Gelegentlich wird er auch als $\operatorname{lb} x$ geschrieben.

Zahlreiche Formeln gestatten den flexiblen mathematischen Umgang mit Logarithmen. Zum Beispiel diese:

$\log_a (x \cdot y) = \log_a x + \log_a y$
$\log_a (x / y) = \log_a x - \log_a y$
$\log_a x^n = n \cdot \log_a x$
$\log_a x = (\log_b x) / (\log_b a)$

Bücher über die Geschichte der Mathematik nennen meist den Schotten JOHN NAPIER oder den deutschen Astronomen JOST BÜRGI (beide im frühen 17. Jh.) als Erfinder der Logarithmen. Tatsächlich waren Logarithmen aber schon indischen Mathematikern im 2. Jh. v. Chr. bekannt, und in der griechischen Antike waren Logarithmen zur Basis 2 in Gebrauch. Im 8. Jh. beschrieb der indische Mathematiker VIRASENA Logarithmen zur Basis 3 und 4. Und ab dem 13. Jh. verfassten islamische Gelehrte umfangreiche Logarithmentafeln.

Pascalsches Dreieck

Dieses Zahlendreieck heißt nicht etwas deshalb nach dem großen französischen Mathematiker BLAISE PASCAL (1623 – 1662), weil dieser es erfunden hätte. Er hat sich lediglich, wie so manch anderer auch, intensiv mit diesem interessanten Zahlenturm befasst, weil er mathematisch sehr interessant ist. Wirklich erfunden haben das Dreieck und das Rechnen damit chinesische Mathematiker lange vor Pascal.

Die Bildung des Dreiecks ist denkbar einfach: Man beginnt mit den Zahlen (0), 1, 1, (0) (die Nullen sind nur gedacht und werden nicht mitgeschrieben) und schreibt jeweils mittig unter zwei Zahlen deren Summe. Das ergibt die Zeile 1, 2, 1. Bei Fortsetzung dieses Verfahrens entsteht Zeile für Zeile das (unendlich große) Dreieck:

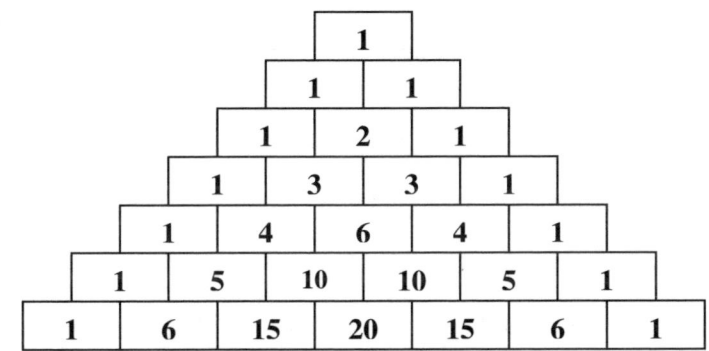

usw.

Die einzelnen Zahlen in diesem Dreieck nennt man Binomialkoeffizienten. Das hat seinen Grund darin, dass man sie zur raschen Berechnung sogenannter Binome verwenden kann. Binome sind Terme der Art $(a + b)^n$.

So ist $(a + b)^0 =$ $\qquad\qquad$ 1
$(a + b)^1 =$ $\qquad\qquad$ $1a + 1b$
$(a + b)^2 =$ $\qquad\qquad$ $1a^2 + 2ab + 1b^2$
$(a + b)^3 =$ $\qquad\qquad$ $1a^3 + 3a^2b + 3ab^2 + 1b^3$
$(a + b)^4 =$ $\qquad\qquad$ $1a^4 + 4a^3b + 6a^2b^2 + 4ab^3 + 1b^4$
$(a + b)^5 =$ $\qquad\qquad$ $1a^5 + 5a^4b + 10a^3b^2 + 10a^2b^3 + 5ab^4 + 1b^5$
usw.

Es gibt auch eine Formel, um jede Zahl in diesem Dreieck direkt zu berechnen. Dazu bezeichnet man jeden Binomialkoeffizienten gemäß seiner Stellung im Dreieck mit $\binom{n}{k}$ (gelesen »n über k«). Dabei gibt n die Zeilenzahl im Dreieck (beginnend mit der Zeile 1 1) an und k die Stelle, an der $\binom{n}{k}$ in der Zeile steht. Zum Beispiel ist $\binom{5}{3}$ = 10, denn das ist die 3. Zahl in der 5. Zeile.

Die Berechnung geht nun so vonstatten:

$$\binom{n}{k} = \frac{n!}{k!(n-k)!} \quad \text{für} \ \ 0 \le k \le n \ \ \text{und} \ \ \binom{n}{k} = 0 \ \text{für} \ \ 0 \le n \le k$$

Beispielsweise ist dann $\binom{5}{3} = \dfrac{1 \cdot 2 \cdot 3 \cdot 4 \cdot 5}{1 \cdot 2 \cdot 3 \cdot 1 \cdot 2} = \dfrac{120}{12} = 10$

Polynome und Polynomgleichungen
Unter einem Polynom versteht ein Mathematiker eine Summe von Gliedern der Gestalt $m \cdot x^n$, wobei die n ganze positive Zahlen sind. Das größte n in einem Polynom bestimmt dessen »Grad«.
Das allgemeine Polynom n-ten Grades heißt also:

$$m_1 \cdot x^n + m_2 \cdot x^{n-1} + m_3 \cdot x^{n-2} + m_4 \cdot x^{n-3} + \dots + m_{n-1} \cdot x^2 + m_n \cdot x^1 + m_{n+1} \cdot x^0$$

Ein spezielles Polynom 6ten Grades kann zum Beispiel sein:

$$5 \cdot x^6 + 18 \cdot x^4 + 7 \cdot x^3 - 12 \cdot x^2 + 4 \cdot x - 6$$

Eine *Polynomgleichung* entsteht, wenn man ein Polynom gleich null setzt, zum Beispiel

$$5 \cdot x^6 + 18 \cdot x^4 + 7 \cdot x^3 - 12 \cdot x^2 + 4 \cdot x - 6 = 0$$

Eine solche Gleichung kann man nach x auflösen. Eine Polynomgleichung n-ten Grades hat für x maximal n reelle (s. *Zahlen* im Glossar) Lösungen, die üblicherweise als x_1, x_2, x_3,... x_n bezeichnet werden. Es können aber auch weniger oder gar keine sein.
Sind alle n reellen Lösungen vorhanden und auch bekannt, dann lässt sich daraus rückwärts die Polynomgleichung bestimmen. Das geschieht mit Hilfe des »Wurzelsatzes« von Vieta. (»Wurzel« ist dabei ein Synonym für »Lösung«.) Er soll hier exemplarisch für ein Polynom dritten Grades erklärt werden, das die Lösungen (Wurzeln) x_1, x_2 und x_3 hat.
Das zu suchende Polynom sei $m_1 \cdot x^3 + m_2 \cdot x^2 + m_3 \cdot x + m_4 = 0$

Dann ist
$$m_1 = -1$$
$$m_2 = x_1 + x_2 + x_3$$
$$m_2 = -(x_1 \cdot x_2 + x_1 \cdot x_3 + x_2 \cdot x_3)$$
$$m_2 = x_1 \cdot x_2 \cdot x_3$$

Für Polynomgleichungen höherer Ordnung gelten vergleichbare Zusammenhänge.

268

Topologie

Wenn man es nicht mathematisch genau mit einer Definition nimmt, könnte man sagen: »Nimm von der Geometrie alles weg, was mit Messen zu tun hat, und übrig bleibt Topologie.«

Ein Dreieck ist sicher ein topologisches Gebilde. Ein Dreieck mit dem Winkel α = 17° oder der Seite b = 13,6 cm ist ein geometrisches Objekt, genau wie ein gleichseitiges, ein gleichschenkliges oder ein rechtwinkliges Dreieck. Für den Topologen ist Dreieck gleich Dreieck, ganz egal, wie es genau aussieht. Und Kugel ist Kugel – könnte man meinen. Doch halt. Eine Kugel ist definiert als eine Fläche, die von einem Punkt (dem Mittelpunkt) überall den gleichen Abstand hat, oder auch als eine geschlossene Fläche, die an jeder Stelle den gleichen Krümmungsradius aufweist. Und damit ist die Kugel ein geometrisches Objekt und nicht primär ein topologisches. Denn »überall gleich« bedeutet schließlich messen und vergleichen. Für einen Topologen sind eine Kugel, ein Ei und eine irgendwie geformte, völlig deformierte Blubberblase ein und dasselbe: eine in sich geschlossene, stetige Fläche ohne »Löcher« (wie bei einem Torus). Genau genommen stimmt auch das nicht, denn eine Kugel ist ja nicht nur eine Fläche, sondern – als Hohlkugel – zwei Flächen. Die Hohlkugel hat schließlich eine innere und eine äußere Oberfläche, wobei ein gedachtes zweidimensionales Kriechtier auf keine Weise von der einen Fläche aus die andere erreichen kann.

Die Topologie untersucht also die Eigenschaften geometrischer Körper ohne Rücksicht auf ihre plastische Verformung (Dehnen, Stauchen, Verbiegen, Verzerren, Verdrillen – nicht aber Zerschneiden oder Durchbohren).

Die Knotentheorie ist ein Spezialgebiet der Topologie und wird nicht selten als das schwierigste Thema der Topologie bezeichnet.

Wurzel

Das Wurzelziehen ist an sich der Umkehrprozess des Potenzierens. Allgemein ist die Umkehrung von $a^b = c$ die Wurzel $\sqrt[b]{c} = a$. Im Alltagsgebrauch meint man mit »Wurzel« meist die 2. Wurzel ($\sqrt[2]{}$) und schreibt dafür einfach $\sqrt{}$. Hier gibt es allerdings eine Fußangel vor allem für ältere Leser. Früher lernte man in der Schule meist, dass $\sqrt{a^2} = \pm a$ sei; denn $(a)^2 = (-a)^2 = a^2$, und das steht unter der Wurzel. Heute lernt man indes korrekterweise, dass der Wurzelzeichen-Operator nicht bedeutet, dass damit sowohl der positive wie der negative Wurzelwert einer Zahl berechnet werden. Er bedeutet – per Definition – ausschließlich den positiven Wurzelwert. Das hat weitrei-

269

chende Auswirkungen. Zunächst muss es statt $\sqrt{a^2} = \pm a$ korrekt heißen $a = \pm\sqrt{a^2}$, wenn sowohl der positive wie der negative Wurzelwert einer Zahl ermittelt werden soll. Zum anderen kann man aber auch nicht einfach schreiben $\sqrt{a^2} = +a$, nämlich dann nicht, wenn a selbst negativ ist. Korrekt muss es dann also heißen $\sqrt{a^2} = |a|$.

a steht also zwischen zwei sogenannten Betragsstrichen, was bedeutet, dass nur sein positiver Zahlenwert gemeint ist. Berücksichtigt man das, dann wären zum Beispiel die falschen »Beweise« 10 bis 14 im Kapitel »Überzeugend falsch« gar nicht denkbar (s. a. Seite 245 im Anhang).

Zahlen
Grundsätzlich zu unterscheiden sind Ziffern und Zahlen. Eine Ziffer verhält sich zu einer Zahl wie ein Buchstabe zu einem Wort. Ziffern sind lediglich die geschriebenen Symbole, aus denen sich Zahlen zusammensetzen.
Die Zahlentheorie kennt unterschiedliche Kategorien von Zahlen:

- Ordinalzahlen (Ordnungszahlen)
  Sie dienen zum Bezeichnen der Position eines Elements in einer Reihe (das erste, zweite, dritte ...)

- Kardinalzahlen
  Sie dienen der Bezeichnung von Mengen und Größen (5 Bücher, 24 Meter ...)

- natürliche Zahlen
  Das sind alle ganzen positiven Zahlen. Sie werden unterteilt in ungerade und gerade Zahlen. Besondere natürliche Zahlen sind z. B. die Primzahlen, die Quadratzahlen oder die Fibonacci-Zahlen (siehe Seite 20).

- ganze Zahlen
  Sie umfassen zusätzlich zu den natürlichen Zahlen auch die Null und die negativen ganzen Zahlen.

- rationale Zahlen
  Sie umfassen einmal die ganzen Zahlen, darüber hinaus aber auch die gebrochenen Zahlen, z. B. $^5/_6$ oder $237^{41}/_{59}$.
  Sie sind, ausgedrückt als Dezimalbrüche, immer endlich oder unendlich, aber periodisch. Beispiele sind: $^3/_4 = 0{,}75$;
  $^2/_7 = 0{,}\underline{285714}\,285714\,285714...$

- irrationale Zahlen
  »Irrational« hat nichts mit »unvernünftig« zu tun, wie das Fremdwort vermuten lassen könnte, sondern mit »ratio« im Sinne von »Verhältnis«. Irrationale Zahlen sind also Zahlen, die sich nicht durch ein Verhältnis zweier ganzer Zahlen (also durch einen Bruch) ausdrücken lassen. Als Dezimalbruch geschrieben sind sie unendlich, wobei keine immerwährende periodische Wiederholung stattfindet. Die wohl bekannteste irrationale Zahl ist $\pi = 3,141592653589793...$ Andere häufig vorkommende irrationale Zahlen sind viele Wurzeln,

  z. B. $\sqrt{2} = 1,414213562373...$
  Die irrationalen Zahlen werden unterteilt in
  - algebraische Zahlen
    Das sind Zahlen, die sich als Lösungen (Nullstellen) von Polynomgleichungen (siehe dort) darstellen lassen.
  - transzendente Zahlen
    Das sind Zahlen, die sich nicht als Lösungen (Nullstellen) von Polynomgleichungen (siehe dort) darstellen lassen.

- reelle Zahlen
  Dieser Begriff umfasst alle rationalen und irrationalen Zahlen.

- imaginäre Zahlen
  Das sind Zahlen, deren Quadrat eine negative reelle Zahl ist. Sie werden durch Anhängen eines »i« gekennzeichnet.
  Z. B. ist $(5i)^2 = -25$

- komplexe Zahlen
  Das sind zusammengesetzte Zahlen, die neben einem reellen Anteil auch einen imaginären Anteil besitzen, z. B. $(6 + 5i)$.

Bildnachweis:
ETH Zürich: 7, 12; TIME TRAVEL WINKLER REISEBÜRO Rösrath-Forsbach: 11;
Badische Heimat: 91; Christian Kreuzer, Verein der Freunde der Zahl Pi, Wien: 59, 60, 64;
Yasumasa Kanada, Tokio: 62 (rechts unten); Archiv Paturi, Rodenbach: alle anderen Bilder